U0029897

新世代管理者的經典工具書

當責學
應用圖解

當責經驗三十年匯總，改造社會從當責啟動

LEADERSHIP BY
ACCOUNTABILITY
ILLUSTRATED

張文隆、徐紀恩
——著——

Contents

第 1 篇

分層當責
Hold Them Accountable!

圖譜　　　圖解與故事

第 2 篇

充分賦權

Empower Them!

第 3 篇

有效賦能
Enable Them!

第 4 篇

全心敬業
Engage Them!

第 7 篇

前進文明

Energize Them!

圖譜

72

圖解與故事

結語 |

從「價值觀」開始的，我們談願景、使命，

談文化、談能量、談文明，循序以進，

附錄

推薦序 1

個人、企業與社會所必備的核心價值觀 ——當責

何飛鵬

城邦媒體集團首席執行長

　　許多年前，我遇到了推廣當責（accountability）不遺餘力的張文隆先生，有幸聽到他的當責演講，我就成為當責的信徒，在公司中推廣當責、在行為上遵守當責，在工作及生活上，不時都會有當責的啟發。

　　在公司中，我推廣每個人都多走一步，每個人除了原有工作及責任之外，還要多走一步、多做一步，一定要把工作做到完美，要把組織中的三不管地帶，用多走一步的精神填補起，讓組織變成一個無縫隙的公司。

　　在工作中，我不時都會有當責的體會。

　　有一次我搭飛機去吉隆坡，去時我忘了訂素食餐，我請飛機上的空姐代訂回程的素食餐，空姐回答說會轉告地勤訂餐，

但她的回答似乎並不很在意。最後我不得不很正式的請教她的名字,空姐才認真的詢問我要訂什麼素食餐,是東方素、西方素,還是印度素?我的回程也確實吃到素食餐。

這是當責的典型案例,剛開始空姐只是隨口答應會轉告地勤,並沒有很在意,但在我再三追問之下,她才顯示出當責態度,幫我訂好素食餐。

另一個當責的故事是,我與一家大集團的董事長約見面,為了能準時到達,我提早了一個多小時前往。到達那家公司時,我請櫃檯小姐轉告董事長,說我已經到了。沒想到我等了數十分鐘,完全沒有下文,我只好再去催促櫃檯小姐,她回了我一句話:我已打電話通知秘書,但秘書不在。最後她再通知一次,我才如時赴約。

這位櫃檯小姐沒有當責,有通知秘書,但沒有確實完成,差一點誤了董事長和貴賓的約會。當責態度極其重要,在組織中不可或缺。

在生活中,我也常常感受到當責的重要:

我從年輕時就打橄欖球,現在年紀雖大,但仍然保持一週打一次的習慣,學習了當責之後,我發覺橄欖球就是一個當責的運動:

一、橄欖球要求互相補位,每一個人都要替隊友的失誤負起完全責任,這就是當責的精神。橄欖球強調一對一防守,但是每一個人在防守中難免失誤,而被對方突破,這時候就要靠隊友補位,補位的人就是要為他人的責任負責,這就

是當責。

二、 橄欖球強調擒抱（tackle），當對方持球進攻時，最有效的防守就是擒抱，飛身撲倒對方，逼對方放球。這個動作代表要把敵人有效攔阻下來的決心，不惜用自己的身體擋下對方的進攻。擒抱就是要不顧一切地防守對方，這也就是要交出成果。

當責強調要交出成果，橄欖球的交出成果，就是要阻止對方的進攻，而擒抱就是交出成果的具體表現。

在家庭中，我也體會到當責精神，我有八個兄弟姊妹，我們極為團結，任何人有任何事時，總是所有的人都會到齊，一起幫忙。每一位都會願意為這個家庭多走一步、多做一些事，大家都不只為自己負責，而且願意為兄弟姊妹當責。

當責不只用在經營管理上，也可以用在生活中，人生無處不當責。

張文隆先生致力於推動當責式管理已有 30 餘年，花費大量的時間與心血，期望能將當責理念廣泛地在社會中傳播，其精神令人相當感動與敬佩。

張文隆先生著有《當責》、《賦權》、《賦能》、《價值觀領導力》四本著作，過去的推廣以企業為主，由上而下將當責的理念根植於企業之中。近年，張文隆先生有感於當責理念不僅適用於企業，也應該是個人與社會所必備的核心價值觀，因此有了本書《當責學應用圖解》的問世。

《當責學應用圖解》為張文隆先生這 30 年來諸多研究、講

座、研討會的經驗匯總、集大成之作。全書除了圖解說明之外，搭配生動的各式故事，循序漸進地說明當責的理念。從當責到賦權，再到賦能、敬業以及價值觀的建立，再擴展至文化與文明；層次也從個人到企業，再從企業到社會，最後推展至全體人類。結構儼然，層次分明，為當責理念做了相當完整的闡述。

　　現在作者把幾本當責相關的書，彙整成這本《當責學應用圖解》，我讀了之後，仍然有所啟發，對組織管理體悟更深，這真是一本好書。

　　無論過去是否接觸過當責的理念，閱讀本書都能讓我們對當責有整體性的了解。此書值得每一位管理者、工作者細細研讀，深思其中的管理之道，或感同身受，或從中悟得更多管理上的面向與細節，必定皆能得到相當豐富而實用的收穫。

謝謝何社長與他的團隊，過去十幾年來，當責四書順勢、順利出版。《當責》至今仍在城邦與博客來暢銷榜上，真難得，也真謝謝讀者們。現在，《當責》有了進階版——進了好大一階，就是這本《當責學應用圖解》。新書在總編美靜早早規劃下，是本圖文與故事並茂、好讀好用的好書；執編冠豪讀完五百餘頁初稿後，說：感到全身經脈通暢。作者寫完時也深有同感。現在不斷地修訂與提升完成，張帆待發，企盼能對台灣企業/組織與社會的改進與改造有所貢獻。

成一家之言

許士軍

逢甲大學人言講座教授、財團法人書香文化教育基金會董事長

　　人為萬物之靈，其所以不同於其他生物者，最顯著的，一者為人類能發明工具，並利用工具有效地達成許許多多的工作任務；再一者，人類能夠思想，將眾多形形色色的現象和事物予以轉變為抽象化的意義（meaning）。

　　在後一方面，最為關鍵者，乃是將某種意義凝聚或結晶為一種「構念」（construct）。這方面，包括我們最熟知的，如物理學中的「萬有引力」或「量子」、生物學中的「物種」或「基因」，諸如此類，它們構成知識的基石以及理論的核心。

　　以本書所探討的「當責」（accountability）而言，應當代表人類社會中如何有效分工合作的一個關鍵要素，這一構念的提出也代表管理理論上的一大創新。它點出，在管理、尤其在

組織中，一種微妙而重要的關聯特質，超越了傳統中所稱的「分工合作」，也較「授權」或「負責」這類觀念為生動。

自其廣泛的意義而言，「當責」並非一個單純的個體概念。所謂「accountable to whom for what」，既涉及「當責行為者」之當責對象（whom），也涉及當責之內容（what），屬於一種組織運作之特定設計。

這一設計，決定了一組織的性質和型態。譬如在政府組織上，由於行政首長之當責對象是總統或議會，形成所謂「總統制」或「內閣制」之分野。

又以我國大學組織而言，多年存在的一個「當責」問題。大學之當責對象究應是「教育部」？「社會」？「教師」或「學生」？往往糾纏不清。各有主張者，形成大學在「統理」（governance）上之混亂。在這情況下，讓身為校長者該做哪些事、績效如何評定，莫衷一是，往往只能或隨波逐流。

由於「當責」這一觀念的出現，突顯出傳統上所稱「責任」，或所謂「分工合作」或「逐級授權」這些概念之貧乏和膚淺。

本書作者張文隆先生，可說是將「當責」這一觀念引入國內的先驅和開拓者，20 多年來，他孜孜不倦地在業界及學界推廣這個觀念，帶動風潮。也由於作者本人這種在實務上的應用和體驗，使得他對於「當責」這一觀念的瞭解，不斷深入，啟迪新知，令人感佩。

就目前這本書來說，如他在前言中所說，透過三個價值觀：賦權、賦能和敬業，建立起「當責文化」，並創造了一個他稱

為是「當責文明」的新管理世界。這一整套思維，已有如當年太史公所稱「成一家之言」。

每次與許老師見面總是如沐春風，受益良多。最受激勵的是更有信心去總結企業經驗，前瞻企業經營。許老師常說：講得通、理得順，可以運用，能說服自己、說服別人，可以自成一派，成為一門學問。於是，「當責學」就在這些鼓勵下成形、成課、成勢，廣受歡迎；現在成書，感謝許老師。

建一套「領導思維」的經典平台

梁明成

前京元電子總經理、台灣艾克爾科技總經理、美光科技副總裁

　　我認識本書作者張文隆先生是在 2005 年，當時他正在撰寫一本叫做《Accountability》的書，作者以論語「當仁不讓」衍生了「當責不讓」，勇於承擔，於是取「當責」為書名。之後我擔任京元電子總經理，即邀請張文隆先生擔任公司的顧問，協助公司建立當責文化，從課堂講授和主管一對一的對談，推展至公司各部門之間促成團隊共識。「當責」的邏輯易懂也很合乎人性，透過公司的核心價值觀和企業文化的塑造，創造出員工樂於投入工作的正向循環。張文隆先生寫作及教學之餘，也在國內外有了超過 1,000 場的演講和教育訓練，吸收了豐富的管理經驗和案例，並常到美國學習先進的管理知識。除了完成第一本書《當責》之外，也先後出版了《賦權》、《賦能》，

以及《價值觀領導力》等著作，皆獲選為各大書局熱銷排行榜。

我的職場最後的十年分別擔任艾克爾（Amkor）台灣分公司的總經理和美光（Micron）副總裁，公司也將當責、賦權、賦能、企業文化和價值觀融入了組織，讓全球各地的分公司得以依循公司的核心價值觀運行，設定了高的目標及執行策略，以當責學的正向循環，創造更高的價值並與員工分享。張文隆先生的當責學，有效應用於公司內部的組織改造，系統性地推升企業經營績效。他也把這一系列的管理哲學，推展在政府公務部門，獲得熱烈迴響。

記得張文隆先生在出版《賦權》這本書的時候，請我幫他寫推薦序，時過十幾年，作者把他 30 幾年來從演講、教育、訓練、顧問等經歷過的人事地物，結合他的當責管理四書整合成一本給新世代經理人的經典工具書：《當責學應用圖解》，和我 40 多年來職場管理的經驗的對照，很榮幸能為這本書寫序。

這本書與其說是一本工具書，不如說是一本為管理者提供一套「領導思維」的經典平台。管理者往往重視的是短期表現和固守部門的績效為先，領導者則在創造對其他部門的承諾，幫助他人成功，鼓勵員工多做一些、多承擔一些責任，公司的績效無形中提升了許多。當員工都能朗朗上口「do more one ounce」、「get things done」、「get results」、「ARCI」、「victim cycle」、「core values」、「engagement」等當責的領導思維 Key Words 的時候，可以確信員工的互動和交流必定更加通行無阻。

本書作者將「當責」所衍生的管理精華，有次第地把這些概念以圖譜的架構，展開共七十二張圖解，藉由圖表來顯示其邏輯概念，易懂也易記。每張圖解之後，作者以他的教育訓練經驗，以及企業管理顧問的案例分享了許多關於圖解的故事，「他山之石，可以攻錯」，讀者也可以把它應用於工作上。

後疫情時代，區域經濟體的保護主義抬頭、全球供應鏈的重組等，台灣企業無一不在努力思考如何永續經營以保持領先地位，我們期待這本書出版後，能夠影響企業從內部「當責文化」再出發到「全員敬業」，從公司的企業文化和核心價值觀的實踐，來提升生活品質，發現「當責文明」的社會。張文隆先生的「當責學」，無疑地提供了企業一盞明燈。

高科技業一直是「當責式領導」業務的主戰場，激烈戰場上，戰將們都亟需執行力與領導力，「當責學」勢將持續不斷加添戰力。梁總在高科技領域裡戎馬一生，剛退休又成數家企業顧問與獨董，他想的不只是理念與工具，更進展到一套平台。我們都希望幫助戰友們更得心應手地在國際上攻城掠地。

推薦序 4

迎向一個永續經營的夢

劉啟舉

台灣基督長老教會台南新樓醫院院長

　　承蒙張老師的厚愛，要我為他的新著作《當責學應用圖解》寫序，不禁想起了我與張老師結識的過程。

　　偶然拜讀了張老師所著的《價值觀領導力》，心中震撼不已，明白了企業之所以可永續經營，最重要的是因為堅守住了創立時的核心價值觀。於是，力邀張老師來為我們全院 1,800 多名員工、前後共十幾天二十幾節課做在職訓練，期待能喚起員工對醫院核心價值觀的認同，因為只有不忘初心，同心才能同行。

　　我們是一家走過二次世界大戰、世界經濟蕭條的年代，擁有 158 年歷史的開台西醫院，當初來自蘇格蘭的宣教師馬雅各（Dr. James Laidlaw Maxwell）以醫療傳道為使命創立了新樓醫院，於是我們有了「服侍、愛心、盼望」的核心價值觀。

　　張老師不辭辛苦且不藏私地以《當責》、《賦權》、《賦能》這三本被譽為 21 世紀當責式管理名著三部曲，來教導員工如何鞏固我們醫院的核心價值觀。而今，「多當責、多恩典；More Ounce、More Grace」已成為新樓人都能朗朗上口的當責口號，也是每一個新樓人日以力行的生活一部分。

　　張老師的新著作《當責學應用圖解》，更用了活潑生動的圖譜及故事，將深奧的「當責」淺顯易懂的完整表達出來。其中特別以當責（accountability）為主軸，相輔相成的加入另外三個積極價值觀：賦權（empowerment）、賦能（enablement）、敬業（engagement），來建造一個完整的「當責文化」（culture），以提升員工能力、能量與生產力，繼而進入「當責文明」（civilization）的敬業管理新世界。

　　擁有一群肯委身、肯承諾於組織的核心價值觀，且認同其使命與願景，忠心又敬業的同工已不再是夢了，《當責學應用圖解》可以引領大家完成這個夢，這是一本能賜福給所有管理者的好書，值得推薦給大家。

當責在醫療界的應用是始料未及，應是神一路的帶領。於是，十幾年來從台大、中榮、北榮、台安、國泰、北醫、衛生署、三總、馬偕、和信、大千……，到了去年的台南新樓。感謝劉院長與石院牧及全院近兩千員工同心協力，當責與敬業的價值觀與文化要幫助同仁們做鹽做光，日後不斷發熱發揚。

自序

從「責任感」這個關鍵成功要素（CSF）開始，我們談當責、談賦權、談賦能、談敬業，順勢而下，要開創更美好事業

　　記得許多年前，曾在一篇專訪上讀到這個報導，有位記者專訪了政大企管名師司徒達賢教授。問道，您在台灣教過最多的 MBA 學生，還曾對許多學生的後續發展做了追蹤調查與研究，請問有發現他們事業成功的關鍵要素是什麼嗎？司徒教授一口氣說了十幾個「關鍵成功要素」（critical success factors，CSF），記者聽完、記下後，又大膽提問，如果只要一個，那會是什麼？司徒教授沒生氣，還陷入沉思，一陣子後回答了，若只要一個，那麼就是「責任感」吧。

　　後來，我又讀到了美國一位女作家寫的一篇故事，她有幸專訪了一百多位諾貝爾獎在許多項領域裡的得獎者，請他們分享三個他們的成功關鍵要素，結果最多人提到的居然也是：責

任感。

當責（accountability），是一種重要的責任感，也是一種在國際上日漸盛行的價值觀。價值觀依次影響著一個人的信念、哲學、原則、心態、態度、行為，以及其後的決策抉擇與行動。所以，也影響了最後的績效與成果，至深且巨。

當責，這種責任感是從信念開始，要用各種方法與工具，遙指最後目標、緊咬工作目的，就是要「交出成果」（get results），不是交出理由或交出藉口。

在本書中，我們進一步具體提出「當責學」（accountability-ism）這個新理念，說明了當責學不只是學習「當責」這單一個價值觀，還要包含與當責緊緊相依相隨、相輔相成的其他三個價值觀，依據它們大致上的應用次序，分述如：

1. 當責（accountability）
2. 賦權（empowerment）
3. 賦能（enablement）
4. 敬業（engagement）

我們也依次以清楚的連續圖譜，各做出圖解並輔以我們在實際研討會與顧問工作中的許多精彩故事，希望把它們的重點應用說明清楚，就是要在職場上達成：

1. Hold them accountable! ──要他們負起當責，不僅僅是負責（responsible）而已。
2. Empower them! ──賦權他們，不僅僅是授權（delegation）而已。

3. Enable them!──賦能他們，不僅僅是在能力（ability）上，還要在潛能力／全能力（capability）上，還要在戰場競爭能耐（competency）上。

4. Engaged them!──讓他們敬業，不僅僅是敬本業、專業，更要敬事業、業主，業主請先建立「可敬業」工作環境。

當然，在對「他們」賦予特別的、進階的、世界級的當責、賦權、賦能、敬業之前，很重要的也是領導人或管理人的自身修煉：

1. Hold oneself accountable，自己先負起當責，能以身作則。

2. Empower oneself，先賦權自己，讓自己饒有能量與影響力。

3. Enable oneself，先賦能自己，認清自己的全能力以及力有未逮之處。

4. Engage oneself，讓自己先敬業──尤其在建立可敬業的工作環境上。

Visa 的創辦人說：如果你要做個優秀的領導人，你要用約一半的時間在領導自己上。「領導自己」確是國內外領導力中較弱的一環──尤其是在台灣，彼得・杜拉克（Peter Drucker）也總是在強調領導人要能好好的「管理自己」。

屈指算來，我們在研究與應用當責已有了約 30 年歷史，後來開辦的顧問公司，也就以當責為名了；還「一招走天下」式的在美、日、星、中等 8 個國家，開辦超過 1,000 場的當責式管理研討會。說是「一招」，卻是在許多項顧問專題如策略規劃、

企業文化、領導力、影響力、衝突管理，乃至細項如銷售流程
14招等之後的蒸餾所得。我們在實作中赫然發現：「當責」正
是國人與許多東方人在執行力與領導力提升中很缺乏與需求的
一環，也是在各種實務管理中一定用得到的一項成功要素。記
得早期在與客戶們的許多對談中，一涉及「當責」的擦邊議題
時，就會引起客戶眼睛一亮的！

於是，我綜合了在西方公司所學與本土企業經驗，再融入
歐、美、印度，多國數十本與當責有關的管理著作，綜合化成
了一招「當責式管理」（Managing By Accountability，簡寫也是
MBA），全課程是兩天的研討會，包含了四個部分，亦即：

- Part 1：當責的關鍵概念與有效應用工具。針對含大、小
  老闆們的全體員工們而辦。
- Part 2：ARCI（阿喜）工具的應用研討，ARCI 亦即舊稱
  的 RACI（銳西）。Part 1 + Part 2 尤適用於部門經理與
  專案經理們。
- Part 3：如何做更好的賦權與賦能。Part 1 + Part 3 很受到
  想釐清「責與權」者的歡迎，例如在清華與人民大學等
  等的高管班等。
- Part 4：如何順勢建立當責文化與行為改變。Part 1 + Part
  4 尤適合高管與 HR 人員。但，Part 1 + Part 2 + Part 3 +
  Part 4 的全課程，才是我們在許多中、大型國內外企業
  的總經理高階團隊裡，做成的最成功展示。

往事歷歷，幾宗實例，記憶猶新，例如：

- 在廣東中山，一位經理說：老師好像在我們公司裡已經工作過十幾年了，把我們的問題具體地說得這麼清楚，也有了很具體實用的解決辦法。

- 在深圳，一家大型高新企業台籍副總裁說：這是我一甲子以來上過最好、最有用的課程。

- 在新竹，一位事業部總經理說：前面同仁說這課程是醍醐灌頂，我認為不夠，應該是振聾發聵了；不懂振聾發聵意思的，回家自己去查字典。

- 竹科一位工程師說：早上 Part 1 太震撼、太豐盛，還來不及吸收，到了下午的 Part 2 工作坊後，就融會貫通了。

- 蘇州的一位財務長說：當初看到報價單時嚇了一跳，這麼貴的課程，老闆也敢開，這老師一定是老闆的熟識吧？兩天課後的現在，我確定老闆與老師原是不認識的，這課程真的是物超所值、精彩實用。

- 晚上 10 點半，深圳一家電子大廠，從早上 8 點半開始上課，一整天內要把兩天課程與工作坊全部上完。晚上課程結束時，大老闆大喜過望說：我們休息 10 分鐘後回來再做個總檢討。一位經理陪同我們走過廠區，夜色裡隱約聽見他有些哽咽的自白：我現在終於明白上次老闆為什麼沒升我，我太重視個人的成果，沒重視團隊成果（get collective results）！很能感受到他的懊惱；真是辛苦了，希望課後他升官路會更順利些，當時他們公司的成長可真是飛快。

- 在一次 Part 1 的大會堂裡，面對一大群初入職場的 985 與 211 級別的名校大學畢業不久的初職生們，論述 3 小時當責後，一位小女生拿著我在北京清華大學出版的簡體版《當責》，打開扉頁要我簽名勉勵她：Be an Owner!
- 10 年前的中國在改革開放後，好像感情也開放了，在我們研討會後，感動落淚的學員很多。這次，一位年輕人當場站起來說：我當初的工作激情已被澆息，今天聽完課後，激情終於又再度燃起。感謝完後，她又落淚了。

台灣人似是比較淡定，或許感情也深沉些，好像沒有人在課後感動落淚的，或許有感動也不好意思分享。但，常是笑聲不斷，我們的口碑是用最輕鬆的角度來談最嚴肅的責任感話題。總覺得很可惜的是，許多公司常停在我們的 Part 1「小菜一碟」上，我們自評 Part 1 是整個當責課程裡的小菜或前菜，是精彩，但更希望吸引客戶順勢再點後面的「四菜全餐」。可惜，前菜太精彩也夠豐盛，也需要更多時間消化吸收。後來，也就忘了後面的全菜，或者後面的大菜想自己來上。

現在，我們要在書上、紙上端出四菜全餐，甚至在下半篇中再進一步補端上含文化與文明的「超級大餐」。

順著邏輯推理，「當責」之後呢？例如：

- 要負責已經不容易，如何能再提升到當責？願意負起當責後又如何呢？
- 先有責或先有權？或一齊到來？授權已經不容易，如何再提升到賦權？

- 責、權、能三者一齊到更好嗎？或者有其先來後到，與分進合擊？

- 如何做到分層當責、充分賦權？「分層負責，充分授權」的古訓真的不通嗎？

- 不敬業（not engaged）是要怪員工，還是怪老闆？西洋人說「員工敬業度不足，是領導人的領導力不足」，為何會如此呢？

- 先賦能員工還是先要求員工敬業？敬業是敬自己的專業或敬企業的專業？賦能後員工會跑掉嗎？

- 我們如何貫徹責、權、能、敬？做到**分層當責，充分賦權，有效賦能，全心敬業**的全盛境界？很難但可行，總要訂出中遠程目標，按圖索驥，所以我們端出了這兩道「四菜全餐」與「超級大餐」。

當責、賦權、賦能、敬業，是四種管理上的積極前瞻性價值觀；在本書下半部中，我們要談價值觀在文化與管理上的定位，首談的正是當責文化。當責在實務上，是要把當責的價值觀化為老闆與員工們共守的幾條「行為準則」，這些行為準則還可進一步細化成「每日例常」──在每天當中應用。有自然順勢而為的，也有強行成自然的，還有許多國內外公司把這些準則或例常列為績效考核的一部分，寫進入了 HR 的政策中，更保證成為文化的一部分。

於是，員工常會自問或互問：我（們）這樣做，夠當責嗎？甚至是：我（們）這樣想，夠當責嗎？

　　除了在一般「行為」（behaviors）上，還有在針對目標的「行動」（action）上，我們在用 ARCI 法則時也自問互問：我們團隊的 A（當責者）是誰？或，我雖然只是個 R（負責者），但也負起了個人當責（personal accountability）了嗎？

　　我們更希望的是，在 ARCI 團隊運作裡，更加強了共同目標（例如：更連結上長期願景與策略）與共同目的，及公司長期性的使命與或宗旨（purpose），而形成「當責文化」──從小號的團隊級當責文化，到最大號的企業／組織級當責文化。

　　在本書下半篇應用中，我們續談價值觀以外的其他也很有用的價值觀，也暢談文化形成的三大最基本要素：價值觀、使命與願景，針對企業／組織文化這種軟實力有許多精彩、精準的描述，是一般管理理論書籍較少涉及的，讀者可以在其中找到許多實用、有用性。

　　末了，還有兩點提醒與分享：

- 這本圖譜／圖解／故事集，是同給舊雨與新知的朋友們的，對於「舊雨」（聽說也是指風雨也擋不住的意思）──以前聽課過或爭辯過的老朋友們，這書含有許多熟悉的元素與新的資訊，能輕鬆閱讀也溫故知新；我們還用了許多原有講義材料，很有驚喜的。對於「新知」們──我們遲早總會在學習與成長路上不期而遇的，衷心歡迎你們提早進入這個世界級卻也少人行的管理領域，期盼今後在這條新路上也能風雨無阻地奮進不已。也要提醒的是，別停在「小菜一碟」的淺碟式當責上，本書

讓大家一眼全見四菜全餐，還遙指「當責文明」的超級
大餐。

- 本書在專有名詞與名句引用上，常保留了英文，想的是
要更精準地表達原意，也方便讀者們日後更好的國際溝
通。在台灣，再小的公司，其產品或服務也都行銷於國
際，在國際化的環境裡，也需要迎向世界級的管理，所
以英語溝通是很有需要的，就如我們在「圖譜之 4」中
所述說的故事裡，面對美國重要客戶的質問：你們可以
accountable 嗎？勇敢回答可以——你也的確是掌握了當
責的真義與精意。

謝謝各位舊雨與新知，你們是少數中的少數，會成為菁英
中的菁英。隨時隨地、隨手展書讀，隨看隨批、隨手記筆記，
固是人生一樂也。

第 **1** 篇

分層當責

Hold Them Accountable!

圖譜之 1

直取「當責」冠冕！

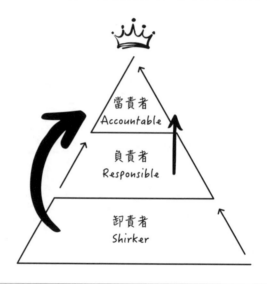

圖解

- 當責者（accountable）常會說：我準備好了，我會達成
  目標、交出成果（get results）；我知道為何而做、知道
  如何做好對的事，當責就是交出成果的責任。為了交出
  成果，我做事時會像個當家的——那怕只是個小當家，
  或小小當家。

- 負責者（responsible）常會說：我會盡職盡力地做好我該

做的工作，盡責地完成被交付的任務。我像個堅守職位的螺絲釘——有時只是個小螺絲釘，有時是個很大、很重要的大螺絲釘；我總是盡力而為的，有時也不免嘆道：真的已經盡力了。

- 卸責者（shirker）常會說：可是那不是我的工作，我沒被要求做那事的，那次失敗是因為別人不願意配合，那個我可管不著，告訴我怎麼做我會照做，到時候再說吧，我下班時間到了……我總是有很多好理由——是真的理由，可不是藉口。

故事

據報導在美國、中國與台灣都曾做過的職場調研報告裡，「那不是我的工作！」（It's not my job!）都榮登了「老闆們最討厭的一句話」的第一名。

中國最大空調設備公司格力電器（GREE）的傳奇性女董事長董明珠曾生氣地說：如果在現場聽到這句話，我會直接開除那位員工。

我可沒那麼霸氣，記得在美國一家工廠工作時，有次有位工人還真講了這句話：「It's not my job.」我還曾因此很認真地去找「工作職責手冊」（Job Description）。最後有了答案，原來廠裡以前是真有幾大本很完善的工作說明手冊的，後來被誤

用得很厲害，終於被一位也很霸氣的廠長給全燒了，廠長說就聽現場主管的——台灣的老闆們比較聰明吧，他們還是會留下工作手冊，但會在手冊裡最後加上一項：主管臨時交辦事項。

　　老闆們的看法是這樣的：有些事確實不是工作手冊上明載的，但對你交出最後成果是有幫助的，你還是不做嗎？或者，是對全案有利的、對部門有利的、對公司有利的、對客戶有利的，其實對你自己也終是有利的⋯⋯你還是不做嗎？

　　你想過嗎？如果要確定做好份內的事，也要多注意份外的事嗎？要交出成果是不容易的，聽過「煮熟的鴨子也飛了」嗎？但，人們要的是烤鴨完整端上桌，可不想在中途有任何差錯，也不想聽到錯了後的藉口或完美解釋——像是難以挽救的「完美風暴」？或許，勉強可接受的是，你立即端上的是什麼樣的補救措施？搶救了多少？或，學到了什麼教訓？最不該的就是還在怪罪其他人，再加上：是老天害的、運氣不好、凡人都會有錯嘛⋯⋯！如果總是這樣執迷不悟、推卸責任，應該是沒救了吧？

　　有救的。當責的理念與工具就是要幫助人們遠離這類推託拉扯，老想怪罪他人與環境的心態。**你可以在工作時，確定目的、瞄準目標、立志交出成果嗎？為了交出最後成果，你會有許多準備措施嗎？**甚至也會有因意外失敗時的緊急應變 B 計畫？還有如：**為了要交出那個最後成果，你會願意「多做出一點點」嗎？**例如美國人常說的：多加一盎司（one more ounce）、多走一哩路（one more mile）地及時多做一點點，這一點點常會影響很大的。我們電子業的客戶們常常分享我們的

是：及時的 one more ounce，省卻了事後好多的重工（rework）。這種為了交出最後成果而願多加一盎司、多走一哩路的工作心態與行為，正是當責的基本概念。日常生活中的簡單實例是：所有準時到、準備好開會的人，都是那些提早到的人。美國一位著名美式足球教練要求早上 7 點開始練球時，所有準點到達的球員都算遲到而受罰，因為其他人早在 10 分鐘前已在準備了。

歡迎進入當責世界——不僅僅是個人級當責，還有團隊級當責、企業 / 組織級當責、社會級當責等等的不同應用範圍。更重要的是，當責是國際適用的、是世界等級（world-class）的理念、原則，乃至管理工具。運用當責為核心價值觀（core values）的企業 / 組織包含如：美國國務院、許多大中小學、醫院、微軟……，國內如友達、穩懋……等等。

可是，人們總是難免身處在如上圖底層的推卸責任（shirking）上，如要改進時，需要先上一層樓到人們常說的盡心盡力、盡職盡責的負責（responsible）階層上，然後再繼續往上爬升到當責（accountable）那一層嗎？其實，這也是我們在研討會上 Q&A 時常遇見的問題，我們的經驗與答案總是：不必，你可以直取當責這一層的冠冕。

另一個也應直取當責冠冕的，正是習稱的負責者——由負責直升至當責，看似鄰近卻也不容易。下圖起，我們首先要來看看想想，那些世界級的專家學者們是怎樣在看當責與負責的異與同，這個異與同之間也含著提升之道吧。

圖譜之 2

一眼全看清：當責與負責的異與同

負責（Responsibility）	當責（Accountability）
＊ 切實執行的工作責任	＊ 達成目標的成果責任
＊ 對自己下的承諾	＊ 對別人下的承諾
＊ 有義務去行動、有產出	＊ 有義務確保能達標致果
＊ 依規定把事情做對	＊ 為成果而做對的事
＊ 完成被授權的職務	＊ 負起轄區內的相關責任

圖解

　　當責（accountability）與我們所習知的負責（responsibility）是有差異的，但一些簡明字典與許多文獻中也常會說，兩者近乎同義，還可相互交換使用。在現代企業／組織管理上應用時卻已越來越明顯不同了，甚至已代表了兩種不同的責任層級與職務範圍。

　　有趣的是，在早期裡，responsibility 是責任或責任感的通稱，在字根上則是 response + ability 的合體，是指回應的能力，或更積極些是指要回應任務的呼喚，它的責任範圍可以很大，

或許還涵蓋了 accountability。但是，後來 accountability 的理念
與工具在管理上已越來越獲重視，accountability 的責任越來越
具體、越來越重要，範圍也越來越大──還比 responsibility 更
大了。accountability 是 account + ability 的合體，account 在英式
英語裡本來就有責任的含意，account for 的片語就是明指著負
責，還要能說明、解釋、明辨，還要能對結果負責的。

據考證，accountable 第一次有正式紀錄的使用可追溯
至西元 1688 年，當時英皇詹姆斯二世對他的人說：「I am
accountable for all things that I openly and voluntarily do or say.」
（我為我公開且自願所做的或所說的所有事，承擔著當責）君
王們權大力大，也常翻臉無情無義，這位國王卻願意為自己所
言所行承擔起當責的重任，這句話當真是擲地有聲了。

此圖中有五項條舉式比較說明，真想讓你一眼看清、心知
肚明，也能應用於所言所行；事實倒是未必如此，還可能引發
疑竇重重。所以，在接續的下面數張圖中，我們還是要逐項再
進一步詳細說明。

故事

在我們開班授課的早期，有家大型電子公司的 HR 主管，
在我講完 3 小時的初階課程後，要求我下次把課程時間濃縮，
縮短到 1 小時以內。她還舉例說：「負責與當責的不同，列成

一個總表即可，不必再分別舉例說明了。」她是想節約時間和費用，想交差了事，但我可是要交出我預定的課程效果的。我當場拒絕，在難以溝通下也回絕了後面所有的課程了。我當時心想：不能在她自己聽了全面故事後才有的了解，卻要他人只看一覽表，像機器人般輸入訊號後照表操課即可。

看完此圖例後，你會有深刻的概念嗎？有感動嗎？樂於應用嗎？我認為不會的，這張表只是開門見山、開宗明義罷了。官模官樣的敘述，效果不會大，我們不要像機器人般輸入程式，我們要許多感動人心的故事，也要可以應用的實例；要活生生的，不要死板板的，尤其是這種硬梆梆、還很嚴肅強烈的「當責」式責任感。

所以，在開門見山後讓我們一起走入山裡，看山識山，也能盡用山中寶藏。後面有逐項細說，希望大家能更深刻地了解，加強印象並熟稔應用。

知道了當責與負責的區別，也只是表層最初階，在我們過往 8 個國家裡千餘場研討會中，大都能讓與會者有恍然大悟、同表認同的暢快感。例如，它立即指向了第一個企業應用就是讓人印象深刻的所謂「豬頭」圖，如下面所示——責任感的這兩個不同層次，也分出了兩種不同的角色與職務範圍。當責與負責是不同的，企管上就是不能如有些辭典上寫的：兩者可互換使用。

企業界朋友們戲稱的「豬頭」，圖中的 A 是 accountable，指「當責者」，是有名有姓的團隊領導人；R 是 responsible，是

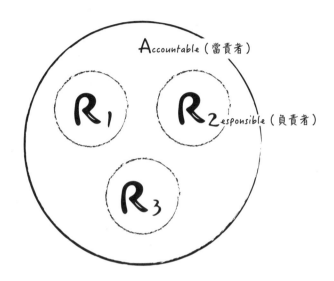

「負責者」，也是有血有肉的團隊成員。全圖的全意是：A 帶領著許多 R 們，要完成他們如圓圈所代表的工作任務，他們可能是一個團隊、一個專案、一個部門、一座工廠、一家公司或組織。A 有很強交出成果（get results）的信念，要帶領眾 R 們前進，也要管理眾 R 們之間的「白色地帶」（white space）。白色地帶裡有團隊運作上經常會發生的可控與不可控因素，有著「天亡我也」或「天助我也」的機運因素，有專業上與非專業上（如天災、人禍）的因素；但，當我是那個 A 時，我是要有一體承擔、概括承受的心態。所以，**我是需要準備、要精心規劃、要盡全力執行、要交出成果的，不是準備在失敗後交出完美理由或藉口的。**

那麼，企業裡真有人願意當起那個具有「團隊當責」重任

的「豬頭」嗎？

我們曾經在竹科一家 IC 設計公司的總經理高階團隊裡上完當責全課程後，做過「全盲眼」式的測試，結果在這將近 40 人的團隊裡，竟然有高達 90% 以上的主管們願意負起當責，當那個 A、當個「豬頭」！後來，在其他公司又做了幾次測試，總是不低於 70%，或許，**把角色與責任釐清後，當責的重責大任還是有很多人願意扛起的。**

下圖起，我們開始透視、悟透這張一覽表，也要看透這豬頭圖後的真相。

責任感有兩個層次…在成果上

負責（Responsibility）…執行責任
有責任**切實執行**被交付的任務

當責（Accountability）…成果責任
不管怎樣，有責任在任務上**達標誌果**

——上原橿夫，《願景經營》

圖解

　　上圖的文字敘述，言簡意賅，原是無須多做說明。我們把它放在第一順位是因為它是出自一位日本管理學家，我們想的是：不是只有西方人有此概念，東方人也有；但，要再說明的是，日本人在一般管理文獻上，accountability 常被日譯為：說明責任，意思是你有責任要說明事件的來龍去脈、前因後果，甚至利弊得失，不能只求交差了事、一問三不知，或只是照章行事，

事不關己似的。我們曾在東京的半導體業與電子業有過多場當責研討會，會中曾問到是否認識上原檔夫？是的，他們認識他。

日本人在做事上，是比較重視過程或流程（process）的，認為流程對了、夠用功了，結果在最後自會呈現。當責則不只重視過程，更重視成果；常須回到成果，再回顧、回修過程的。就像他們的 SOP 中，固然總是講 how，但常也要說明 why。所以，當責的邏輯論述與情感訴求常讓日本學員們感受深刻，課後調查滿意度上屢有極高度的肯定，還幾乎是各國中最高者。

故事

下述兩則小故事是流傳在學員／客戶之間的，很受歡迎、很多轉述，分享如下：

其一：郵寄一份重要文件

如果，你受老闆之令，一早要寄出一份重要文件，對方要求在隔天中午前要收到。老闆叮嚀再三文件的重要性，你會怎麼做？是什麼心態？

- 第一種：你很認真查清寄送資料的正確性，然後依公司 SOP 盡速寄出，收發室也說隔天中午前一定會到。於是，你很快送出也回報完成工作。
- 第二種：你很在乎最後成果，所以，隔天中午前，還去

電對方詢問是否如實收到？得到回覆是確定收到。這是真正的任務完成（有如美軍的立正敬禮回報，mission accomplished！），於是回報老闆。但，如果對方回答是仍未收到，你會立即請對方到他們收發室查詢，同時也追蹤自家的郵遞狀況？再提醒對方半小時後再來確認？如果仍是未收到，那麼你的補救辦法（plan B，緊急備案計畫）是什麼？會立即上線應對處理嗎？

- 第三種：是沒收到的最壞狀況。對方之後來電很生氣追問你們沒有及時寄件？你居然更生氣地回覆：已經依照公司 SOP 手續立即處理也及時寄出，還有證明如信件的編號、寄送時間……，快遞公司也答應會準時送達……。所以，如果沒有收到，那是快遞公司的責任跟我們無關。你還說，那家快遞公司又不歸我們管，我們是真的管不到他們，你自己也很感到無奈。

上面故事裡的第一種狀況正是「負責」的基本心態。第二種狀況是「當責」的最好說明，他們除了在乎過程外，也很注重最後成果，過程中出了狀況也有備案立即補上來。第三種則是很常見的「卸責」心態，很是官僚的。

其二：一封失效的 e-mail

你是一位跨部門專案團隊的專案經理，你發了 e-mail 給那些在同部門與其他部門的共 8 位成員們，然後收到郵件狀況是：

- 第一種：成員中有人不太懂也就沒照做，其勢必會影響

到你團隊的最後成果，你會主動去解說並說服他們嗎？
或靜待失敗後怪罪？並告知老闆們這不是你的錯，你該
做的都做了，是他們沒照做（注意，這時你已經失敗
了）。

- 第二種：會去找他們溝通，協助他們，也是幫助自己
幫助大家成功。專案經理是 A，是 accountable（當責
者），為了交出成果，願意及時多做一點點的。不僅僅
是 coordinator（協調者）在協調而已，是要為最後成果
負全責的。

- 第三種：有些成員根本沒收到郵件，或在亂軍中無心被
刪掉或⋯⋯，反正就是沒看到！
想問的是，第三種狀況是誰的責任？當然是身為 A 的你；
因為你是 A、是要交出成果的，成員 R_5 沒收到、不懂也
沒做，這都會影響到你們的最後成果。為了交出成果，
你願意很「雞婆」地多關心他們一點嗎？這時或許也請
稍忘了理性與邏輯吧。當然，日後我們還是希望各個 R
們也會各自負起「個人當責」。有了「個人當責」與「團
隊當責」的理念後，你們的專案團隊成功的機會就更大
了；有了「交出成果」的心態，團隊就更能聚焦、更會
創新——為了交出成果，我還能多做一些什麼？還有什
麼新創主意？

所以，要交出成果的「當責」與企業亟需的「創新」，還
常是表裡相連的。

圖譜之 4
責任感有兩個層次…在承諾上

負責（Responsibility）：
對自己所訂下的承諾
Commitments are made to **oneself**

當責（Accountability）：
對別人所訂下的承諾
Commitments are made to **others**

—— Gerald Kraines, *Accountability Leadership*,
The Levinson Institute

圖解

　　這個論述取材自傑拉德・克萊內斯（Gerald Kraines）的好書《*Accountability Leadership*》。克萊內斯畢業於哈佛大學醫學院，執業心理醫師 10 餘年後轉業為管理顧問，40 餘年來已是策略轉型領域中的著名教練，他只用了短短五個英文字，區分了當責與負責。如果，要多做解釋也許是：當責所訂下的承諾，

不只是對別人，也當然是要先對自己了。

　　「別人」是誰？可能包括如，上級老闆、平行同事、屬下們、公司外的客戶、供應商……等等重要利害關係人（stakeholders）。其實，要對自己許下並守住承諾，已經是很不容易了；還要對別人、對公司，乃至對國家社會許下承諾，真是壓力山大了。或許，在公司裡許下承諾的對象也有重要性次序，如：自己、直屬老闆、部屬、同事、客戶、供應商、投資人……，遲早也要對社會與環境？稱這些人是「利害關係人」，是因為日後或長或短，都會與你發生直接或間接、或大或小的「利害」關係的，你怎能不注意？怎能這般短視？

故事

　　部屬向老闆你抱怨說：老闆，我每天早上 8 點不到就到了工作室，整天認真工作，常做到晚上 8、9 點後才回家，有時候還加班到更晚，夙夜匪懈，週末有時還來加班，也沒申請加班費。我工作是很認真的，捫心自問是對得起自己良心，有時候還覺得上不愧天、下不怍地。老闆，你對我還有什麼要求嗎？

　　有。老闆這時你要說這兩件事：第一，要先謝謝他，他真的工作很認真努力負責；第二，要提醒他——可是，你答應要給我的報告已經慢了 2 個禮拜了，你答應給工程部門的資料也慢了 2 個禮拜了，最嚴重的是你答應給客戶的報告已經延了 1

個多月了。以當責的角度來看，你是有很大缺失的──當責不只是對自己許下承諾，也是對別人許下承諾，而且更重要的是對客戶的承諾。你聽過「accountable to customers」（對客戶負起當責），或「accountable for results」（為成果負起當責）這兩句話嗎？

對於與「accountable to customer」有關的一個客戶故事，我們還是印象深刻。這位客戶是一家營收數百億公司的老闆，他經常在天上飛來飛去搶訂單也服務客戶。他在我們的第一節當責研討會開場時，提到有一次他在舊金山處理客訴品質問題，客戶最終要求是：你們可以 accountable 嗎？他原以為accountable 就是負責，或者是更加負責吧，於是急忙說可以的。過了不久，又有類似不同的品質問題發生──上次在產品運輸上，這次是在工廠的原料供應商上出問題，終是又被要求accountable。這次，老闆忍不住當面問了客戶：accountable 在你們美語裡的真正意義到底是什麼？這位老美客戶解釋了幾分鐘，台灣老闆說當時確實有了更進一步對「責任感」的認識。但，似乎仍是意猶未盡。

於是，回來台灣後他遍查資料，還是難解，最後在台北書店裡看到了《當責》一書，在飽讀後終於恍然大悟、完全瞭解了，最後他聯繫上我，邀請我去他們公司進行一系列的培訓。記得第一場他介紹這本書及作者，也是當天的講者我，現場的學員好興奮。哇！好有意義的分享與開場白。後來，這家公司還規定：沒上過我們當責課程的同仁不能升經理職，他們約每 2

年還會再進行一次複訓,好認真的。

在「對客戶負起當責」時,你還能把品質怪罪給廠內「別部門」的錯誤嗎?或廠外的上游供應商或下游經銷與運送系統嗎?你只對自己部門內的作業負責嗎?客戶可不這麼認為。

其實,「當責」已再擴大成為公司治理與 ESG 上一個很重要的經營價值觀了,**老闆你或貴公司不只對客戶,終是要對社會、對地球環境負起當責的。**

圖譜之 5

責任感有兩個層次…在義務上

負責（Responsibility）：
有義務採取**行動**並有所**產出**
The obligation to **act** or **produce**

```
        ?
Input → Output = Outcomes
```

當責（Accountability）：
有義務確保這些「負責者」能**交出成果**
The obligation for assuring these
responsibilities are **delivered**

```
        !
Output = Outcomes
```

—— GPRA & K. Burgess, Accenture

圖解

　　上圖所述定義是 1996 年美國「政府績效與成果法案」
（GPRA）與艾森哲（Accenture）顧問公司合作所訂下的精簡定
義。

　　不管負責或當責，都是肩負著義務。負責的義務是：要採
取行動並有所產出（output）。那麼，光說不練，沒有行動呢？
那是「不負責」（irresponsible）的表現了，常看到政場上總有

一些光說不練、不負責任的傢伙啊。

那麼，我已經採取行動了，我依照 SOP、依流程、依法依規辦理了呢？是的，這就是我們所看到負的基本態度與作法——有 input（投入）了，過程中也很努力（依規定、依法辦理），就應該會有 output（產出）了。有 output 就可以交差了事、結案報告了。但，你能有所提升嗎？例如，確定 output（產出）= outcomes（成果）嗎？ outcomes 是我們組織或團隊乃至自己所真正要的成果，亦即 get results 中的 results。

所以，除非是精準的機器人作業，產出的也可能不是我們真正要的成果，**當責是要進一步確定我們的 output 等於outcomes**，我們不僅是交差了事，而是要了解實質目的與目標，是要交出真正要的成果。

如定義所述，你負有當責就是說你有義務要確定那些負責的人、負責的事是可以被「delivered」的——亦即，可以被履行、送達、交付完成、交出成果的。你還記得嗎？台積電早期有個盛行口號是：Deliver! Deliver! Deliver! 他們當時的中文用詞正是：交出成果！交出成果！交出成果！

故事

依 SOP、依流程、依規定辦理，是負責的、是必要的，也是最基本的，沒有 SOP 與流程（製程）時，工廠根本無法運作。

但，你能提升負責到當責嗎？當責者會為了達標致果、交出最後成果而再努力──他們守住 SOP、守住紀律，也充滿創意。

有一家美商台灣分公司總經理分享經驗時說：再好的 SOP 也只能達成 90% 的成功率，其他 10% 還是要靠「人」的深思熟慮。服務業更是要依靠「人」，所以在 COVID-19 中逆勢成長的雲朗酒店集團董事長盛治仁在一次公開演說中有感而發，提到在他的行業裡 SOP 最多只能達成 60% 的成功率。你知道嗎？SOP 一般只是講程序次序（procedure），只是講怎樣一步一步去做（how），不會講為什麼要那樣做（why）；很講效率（efficiency）──例如爬梯子的速率，不太講效果（effectiveness）──例如梯子要靠對牆。效果會隨需而變，更重視真正與長期的效用。

美國有家大賣場規定：服務人員在顧客接近 3 公尺內時，一定要開始微笑。這也算是 SOP 了，所以，4 公尺外時，當然就可以不用笑；但是，當責的服務態度是，即便在 5 公尺外遠遠看到焦急的顧客，也會開始自然微笑了──讓顧客知道你已經看到他，準備好要協助他們找尋合適的產品，希望客戶歡喜購物，很快地滿足他們的真正需求。

在製造業裡，如果沒有 SOP，應該是死定了。但，SOP 的確還只是基本功，只講 how（如何一步一步照做）總是不夠的，還能知道 why（為什麼要這樣做）嗎？知道 why，常會導向兩個 what，到底要達成什麼目標與目的呢？因此有什麼更好的解決方案嗎？所以，有些管理專家們說：經理人只是講做事的

how，領導人還會講做事的 why。

美國政府通過 GPRA 法案後，就要求所屬機構如 NASA（太空總署）、NIH（國家衛生院）、EPA（環保局）、FDA（食品藥物局）……，要以當責的思考及相關的工具、方法做事，讓工作與專案更有成效。當責也成了美國國務院的五大核心價值觀之一，其他如州政府及相關機構，乃至許多大中小學也列為「價值觀」了。

所以，當責是站在一個更大更遠的角度上，要確保自己與負責者交出真正要的成果。

圖譜之 6
責任感有兩個層次…在做事上

負責（Responsibility）：
把事情做對
is about **doing things right**

當責（Accountability）：
做對的事情
is about **doing the right things right**

—— Mark Lipton, *Guiding Growth*, HBS

圖解

當責是很在乎「交出成果」的，做不對的事會不會得到對的成果？也許會吧，那叫歪打正著，運氣特好，企業界當然不作興這麼做。我們還是更喜歡先確定那是對的事，然後再傾全力把那件對的事用對的方法做好。上圖中，名顧問馬克‧利普頓（Mark Lipton）在他哈佛商學院出版的著作《Guiding

Growth》中用「做對的事」與「把事做對」來區分當責者與負責者的不同。

如果，我們再綜合眾多國際上管理專家與學者們的看法，那麼會是這樣的：

把事情做對，是：	做對的事情，是：
負責的	當責的
管理者	領導者
有效率（efficiency）的	有效能／效果（effectiveness）的
比較多些是對事的	比較多些是對人的
管理多導向過程的	管理多導向成果的
比較像時鐘	比較像羅盤
像爬梯子時，講求快速	像爬梯子時，注意要靠對牆

（中間為 VS.）

故事

彼得·杜拉克曾單刀直入地說：管理上最令人洩氣的事是，那些原本不需要去做的事，你卻把它做的又快又好。這種事原也常見，我們的員工常說：老闆叫我做什麼，我就做什麼，而且會做得又快又好；至於為什麼要做？做成後有何用？我不知道，也不在乎。職場裡，這種場景多嗎？人好像成了齒輪裡的

一個齒了。

　　「把事做對」與「做對的事」，這兩者會差很多嗎？我想起以前在美國大城小鎮裡東闖西盪時，曾在一小鎮地方報上讀到一則小故事，故事說有一個大漢在刺青完後，朋友告訴他刺青短句裡的「明天」刺錯了，不是 tomoro。他很生氣地回到刺青店理論，要刺青師傅改正，否則要告他。師傅也被惹毛了，拉開抽屜找到原字條給這位大漢，說：你要告什麼？自己再看清楚一點，你本來就是寫 tomoro 要我刺上去的（美國人的拼字能力通常很差的）。

　　你覺得如果真告上了法庭，這位刺青大漢會贏官司嗎？先別回答，先看看我自己的故事。以前，我一直很喜歡寫字練字、舞文弄墨的，連帶也喜愛收集名筆，台北東區有家鋼筆名店是我經常造訪的地方。有次，我跟店家老友分享這則刺青故事，店長說真巧，他也有個相似故事。有位老顧客看上一支萬寶龍名筆，已經把玩好幾次了，終於決定要購買，說是要送給一位長輩的生日禮物。詢問可否在筆身上刻名字？店長說可以的，但須送回總店，需時約 1 週。雙方成交，買方留下長輩的名字就走了。店長在查看名字時卻嚇了一跳，這名字與他早先聽到的不同，中間的字不一樣，他立刻去電那位客戶查明確認，老客戶嚇出一身冷汗，說：你說的對，是我錯了，我錯寫成他弟弟的名字了，請幫我更正。

　　1 週後交貨，賓主盡歡。這位店主不只「把事做對」（依託好好刻字），也小心翼翼地查證「做了對的事」（刻對的字）。

回頭談那位刺青師傅，他把事情做對了，但卻不是對的事。大漢如真告他，應不會贏那官司，但，師傅是贏了官司卻輸了客戶。他心態如不改、責任感如不提升，終是會流失更多客戶，做不好生意的，哪天有可能真的還輸了官司。

我們企業界裡有時似乎是代工做多了，更講求的是效率，至於在客戶端、市場端，乃至更長遠的環境端所產生的效果／效能，大家興趣較缺乏，也似乎較不重要、較不注意了。

我們也常是鼓勵員工做個盡責盡職、緊緊栓緊的大小螺絲釘，沒想要提升到當責在位的大小當家一般，能在角色與責任上為自己的思考、選擇、行為、行動、成果乃至後果負責。

再分享網路上流傳的一個另類故事——邏輯沒有很強，卻意義很深的小故事：

馬路一旁有兩位工人正揮汗如雨地工作著，其中一位是在挖洞，洞要多長多寬多深，他測量得很精準，挖完一個洞後隔2公尺繼續挖另一個洞，有「挖洞數」的KPI目標，很盡責盡職地一洞一洞挖下去。另一位工作夥伴的工作，是把同伴挖出的土一鏟一鏟地再回填入洞裡，也很認真地踩平夯實，也是一洞一洞的埋，汗如雨下。過路人皆無感，終於有一位認真的路人甲，駐足旁觀後，很生氣地問他們倆到底在做什麼？

挖洞的人搶答說，他們是在種樹，原本還有另外一位夥伴是負責把樹苗放進洞裡的，今天那個人生病請假沒來。請假是他家的事，我們挖洞和埋洞的工作還是得照做啊，我們有各自的KPI，也要賺錢養家活口的。

　　從此，我們把那些只在乎個人的 KPI、不在乎團隊或公司的 KPI，只在乎把事情做對、不在乎是不是對的事的情況，統稱為「種樹二人組」。

　　笑談歸笑談，企業 / 公家機構內許多人做事，有時還有些神似。我們在中國做諮詢輔導時，有幾家企業聽完這故事後很有感，於是把「不做種樹二人組」列為建立當責文化的正向行為之一，同事間還會相互提醒。大約是內行人或受害者能感同身受而身體力行要改變了。

　　做對的事，英文是 do the right thing。國內有一則報導說，我們台積電不只是一個 right，有好幾個，全文是：do the right thing right with the right people at the right time（在對的時間點與對的人，把對的事，用對的方法去做出來）。看來，**成功非偶然，是刻意去做的**；也看得精、看得廣、看得遠。

圖譜之 7

責任感有兩個層次…在字義上

負責（Responsibility）：response + ability
回應的能力；任務的呼喚

當責（Accountability）：account + ability
最後「**交帳**」的認識、能力與責任，是：
全面責任（overall responsibility）
整體責任（whole responsibility）
最終成敗責任（ultimate responsibility）

圖解

有趣，responsibility（負責）這字的原意是 response + ability，亦即回應的能力，或積極些是響應任務的呼喚；所以，總是較偏向被動式地回應問題、解決問題。大責在身，能力卻不足時是要苦練後才能回應的，例如武俠小說中常寫，到深山尋師苦練 10 年後才出山報殺父深仇。我們在中國公司裡常見的海報是責任如重擔壓身，人們背負重物踽踽獨行。

accountability（當責）則是 account + ability，是指已瞭然事情的來龍去脈、前因後果、輕重緩急、利弊得失，是有責任、有能力以說明、解釋、負責、交帳，是要交出最後成果的；是事前已知事後會被追究後果或享有榮耀，所以是主動式地迎戰問題。

所以，accountability 也有一些複合後形成的同義詞，也請讀者們一一過目，印象當會更深刻。例如：你擁有了全面責任、整體責任——就像你是這事或這案的 owner（擁有者，或有 ownership 的所有權者，不是租借或代管的）。又如，最終成敗責任——所以你會牢牢看住最後的目標與目的，你總是想到要達標致果。想想，**為了最後的達標致果，你現在會是什麼樣的心態？**很積極主動吧。

我們或許已經可以感受到，在當責路上是隱約涵蓋著一種「無控制力的責任」了——你可以接受嗎？在負起當責、交出成果的沿路上，有許多因素、狀況都不是你能夠預測到和控制住的，但是最後仍然是要概括承受，一體承擔成敗的，這樣公平嗎？下述是我們幾則實例與故事分享。

故事

2010 年代，我們經常長待中國地區進行當責式管理的諮詢與輔導專案，尤其是在大深圳地區，有許多客戶很喜愛當責的

理念和應用工具。當時，深圳迅速成為大城，汽車數量激增，交通罰則的罰款也很驚人，有許多還是利用電子儀器在偵測的所謂科技執法。記得有一條罰則是：汽車車牌污損到無法辨識者，罰款 6,000 元人民幣（約 3 萬多元新台幣）。有一車主在家附近開車上班的路上被交警攔了下來，因為他的車牌處被黏了一張小廣告，導致車牌無法完整辨識，交警開單罰了車主 6,000 元人民幣。

請問，誰該繳這張罰單？是無辜、不知情的車主？還是無心也無惡意張貼了廣告的那個人？想都不用想，當然是車主。因為他是車子的 owner ——車主對車況是負有整體責任的。

accountability mindset（當責心態）是賈伯斯在蘋果管理上很重要的一環。他提出了 DRI（Directly Responsible Individual）的「直接責任個體」概念，亦即，每一件事背後都有一個人直接肩負成敗全責。在蘋果，每一個大小專案、大小任務都一定有一個很確定的 DRI，案子不管成或敗總是會找到這個 DRI。賈伯斯去世後，這個制度依舊流傳下來，於是「Who's the DRI on this?」（這案子的 DRI 是誰？）是公司內經常的用語，角色與責任相當清楚。

這個最終責任者，不會是一個部門或是一個團隊，而是一個個體或個人，就算是兩個人一起負起當責也不宜。實務管理大師吉姆・柯林斯（Jim Collins）在他的新書中也提出了這句話：「I'm the OPUR.」（我就是那個 OPUR）很感氣勢逼人的。OPUR 全名是 One Person Ultimately Responsible（負有最終成

敗責任的那一個人）。這個 one person 當然不是單打獨鬥——這種獨行俠在現代企業中已經越來越少了，這個 one person 是在領導著一個或大或小的任務團隊或跨部門專案團隊的那個人，OPUR 就是單挑一個人，不是一整個團隊在平均或共攤一份責任。其實，那個人就是本書中一直在提到的「當責者」（accountable），後文中我們會細說當責團隊運作模式的 ARCI 法則。我們有許多客戶的老闆們也常常在公司裡問起：「這個案子誰是 A ？」這個 A 領導著 A＋R 團隊在 ARCI 法則下運作。

記得有一次與一位客戶老闆一起離開江蘇常州，我簡單問起：上了這麼多當責課程，對你們的工作到底真有何用？老闆答：角色和責任更簡單明白了，例如有個案子，在熱烈討論後，商定了 Peter 是 A，Peter 就不會再問我該做什麼事、負有什麼責任了，他會回頭趕緊審目的、訂目標、想行動方案、找到或爭取資源、組成團隊，然後準備展現執行力了。

圖譜之 8

責任感有兩個層次…在角色扮演上

負責（Responsibility）…專業人的責任
專業人（specialist）執行特定任務或上級分派的工作，或圓滿達成被授權（delegation）的職務內容

當責（Accountability）…經理人的責任
經理人要體認與接受：負起發生在管轄範圍內任何活動的全部責任──無論原因為何，這是專屬於管理者的職務

—— Paula K. Martin, President, RES & CEO, NMI

圖解

上圖在角色扮演上的概括性定義其實是源自 20 世紀後期的肯寧原則（Kenning Principle），創立人喬治・肯寧（George Kenning）原是美國 GM 汽車公司高管，後來轉成顧問，專門幫助 GM 公司推動當責式管理，非常成功。他創立的顧問公司的傳人正是才華橫溢的寶拉・馬丁（Paula Martin），她也以推廣

當責應用為職志,專注於協助企業做好矩陣與專案管理,也寫了數本相關著作。

很顯然地,在這個實際應用與實用定義中,我們可以發現,當責的責任範圍與工作內容已經超越負責這個層級了。在上圖中,信心滿滿、經驗充足的寶拉·馬丁把當責看成是經理人的責任,而負責則是其下專業人的責任。經理人要能體認與接受負起轄區內任何活動的全部責任──無論原因為何。所以,不能推責於環境因素,也不能推責於屬下人員。

當然,身為「負責者」的專業人並非無須負有「當責」,而是負有「當責」中的「個人當責」;身為「當責者」的經理人負起的則是「團隊當責」,也自然帶上了人人皆應有的「個人當責」,在後面幾個圖中會有更多說明。

「無論原因為何,都要負起發生在轄區範圍內任何活動的全部責任」這是肯寧原則中所言「專屬於管理者的職務」,看起來、想起來都很尖銳,有人有時實在難以體認與接受。但為何這會是成功要素呢?看看下面故事或許比較容易了解。

故事

一家公司有很成功的管理與文化,原也是很難長期美好維持的,總是常常受到侵蝕終至喪失。GM 在成功經營大約又 50 年後的 2009 年 6 月,申請了破產法保護,隨後公司進行重整。

重整時，改正與加強企業文化也是一項要務，他們重新確認並推動四項公司層級的「最高行為改變優先序」，那四項中的一項正是：clear accountability，亦即，需要重建清晰的當責制度。

當責，可以幫助你清晰化在複雜職場與職務上的角色與責任（亦即，習稱的 Role and Responsibility，簡稱 R&R；或近稱的 Role and Accountability）。要清晰化角色與責任，對東方人來說，還得先加強理念或文化中對「當責」更為深刻、刻骨銘心的意念與感動，才會更有助於實踐。

我們有一位電子公司事業部總經理在研討會中評論「經理人的責任」與「轄區責任」時，曾有感而發地分享：「我現在終於知道，為什麼我常被升官，因為我就是愛管轄區內沒人要管的白色地帶（white space）。」

轄區大而雜，有些事發生的機率也不大。轄區內的專區已有專業的部屬（即 R 們）在專責，經理人就是要好好地幫助 R 們成功，不會越俎代庖、親自下海操作或搶功勞，剩下來的白色地帶就常是失敗之因或成功之鑰──或升官之鑰了。

一位在美國 IBM 做專案經理十幾年後，談到成功經驗時說：專案失敗有約 75% 因素是敗在那些沒人管的白色地帶。

這些白色地帶藏有的問題如：專業與非專業的、可抗力與不可抗力的、可預測與不可預測的、幸運與不幸的。例如颱風與 COVID-19 來襲、跨部門成員的吵架、客戶的突然撤單、政府法規的改變……諸如此類，都會影響達標致果，你管不管？或兩手一攤嘆：是天意，天亡我也，夫復何為？身為 A 的經理

人如能正面看待影響交出成果的因素，多一些考慮與應對，還有了 Plan B 方案備著，成功機率自然更大。智者千慮必有一失，不幸還是失敗了，就勇敢承認失敗，端出備案求老闆再給補救機會，這是當責者的心態──**他們會避開「魯蛇」心態。魯蛇常自嘆：雖敗猶榮，沒有功勞也有苦勞，或很無辜，也是受害者**──受他人、受天氣、受運氣、受老天之害。這類人是很難成功，是卸責者。

所以，**當你越願意負起發生在管轄範圍內任何活動的更大責任時，你在職場上成功的機會就會更大**，是吧？

一家超大型跨國公司的台灣分公司總經理，在一次研討會後也分享了他的親身經驗。台灣那年 921 大地震後，他的台灣業務受到很大的影響，驚動了美國總經理垂詢當年業績，還問到是否需要調整年度目標？他在仔細思考後回答：不必調整，他們的 B 計畫已經啟動，因此不會影響原定目標，會全力達標的。哇！他在白色地帶是早有了 B 計畫。他分享的最後說：那年，他不只達成原定目標，還略有超越。隔年，他晉升為大中華區的總經理。

這可是真人真事，他主動管理轄區內的白色地帶，讓他事業更成功，也為他人留下這管理金句：「現在，規劃你能預測的事；未來，才能處理你無法預測的事。」（If you fail to plan, you plan to fail.）

圖譜之 9

責任感有兩個層次…在角色與責任上

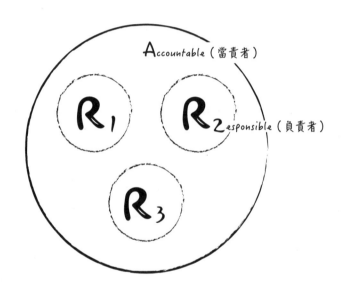

圖解

　　這個像「豬頭」般的圖，我們在圖譜之 2 時已迫不及待地先展示過了，這圖也是前面圖譜之 8 中一大堆文字敘述後的最佳圖示。後續，我們還有與這圖相關的許多應用模式與故事。

　　上圖中的 Accountable，在英文字典與應用上都屬於形容詞，這裡則約定俗成地作為名詞，代表著一個明確的個人，有

名有姓的，例如他是 Peter。Peter 在執行這個大圈圈的任務，他負有當責是要交出被要求、或共同訂出、或自訂出的目標與成果的。這大圈圈可能代表著一個專案、一個部門、一項特別任務、一個團隊、一個工廠、一個公司、一個組織。

身為 A 的當責者不是凡事親力親為，他有例如上圖中三個專業的負責者 R 們在幫助要完成本案，即 R_1、R_2、R_3，或稱老王、老林、老張，三位各有專業專精，各司其職，各有其專責範圍。這總共 4 人小組的團隊中，構成了我們戲稱的「豬頭」，大多的專案團隊當然會有更多人的，例如到 R_9。

那個似乎沒人在管的一片白色地區，我們稱為白色地帶（white space）——每種團隊工作都有這種白色地帶，哪怕是採取人海戰術或密集流程管理的團隊也會有——我們曾經與一位 HR 高管討論到此處時，她很確定地說：我們公司裡沒有白色地帶，討論就戛然而止了。

故事

舉個實例：我要朝向這個大圈圈丟出球，他們（A + R 們）都要能接住，沒接住而落地時，這案子就算失敗了。我們常問道：如果，球是掉在 R_1 負責的右眼區域，你們公司的老王 R_1 會接到球嗎？我們許多科技公司的客戶們，乃至政府機構的學員們，幾乎都會大聲而且很有信心地回答：會！因為，老王學

有專精，責任清楚。同理，有問有答，老林 R_2 和老張 R_3 都會各自接住落在他們區域與專精專責區域的球。也有一些公司人員不願或不敢回答的，可能是對 R 們的能力與信心不足，或角色仍不清吧？有些只仍在邊做邊學中。

我們再問，是誰在丟球？除了專業與技能上的直接挑戰外，還有客戶、競爭者、供應鏈在挑戰，有時老天爺也軋上了一腳。所以，球掉到專業區以外的白色地帶時，怎麼辦？誰該去接球？當然就是 Peter，他是 A，他要負起這個案子的最終成敗責任——是交出成果不是交出理由的。**A 是在外面協助 R_1、R_2、R_3 完成工作，非親力親為，亦非無事旁觀。** A 要處理廣大白色地帶的工作，這裡常常造成無法交出成果的敗因裡可能高達七成多，這裡有許多不可預測或不可抗力的事。

一個傳統的經理人，通常是把 R_1、R_2、R_3……管好就好，甚至代勞就好。白色地帶的事，就兵來將擋、水來土掩，一切順勢而為，或睜一隻眼、閉一隻眼地聽天由命。反正計畫趕不上變化，變化趕不上老闆一句話，所以就不用規劃了，一切彈性應變。

現代經理人則不然，他們更主動積極地管理這片白色地帶——有客戶說的似也成理，他們說光是有去想想、去做些規劃與預防，那些不利、不可預測的因子就好像也消失了。

我們是要想想，白色地帶有哪些成敗要因嗎？例如在客戶、競爭者、供應商、社區、家庭、技術轉變、法規改變、世界經濟……，團隊外的總部、分部相關事宜……，團隊內的工作文化、人際關係……，想想就頭痛嗎？有想過、理清就不痛了。

還有，慢點，我是 A，是科技專家，還需要搞人際關係嗎？

是的。彼得‧杜拉克曾經提醒經理人，在「自我管理」中很重要的一項是，把會影響自己成敗與交出成果的個人關係管理好，而且至關重要。當然，只是要在這些利害關係人（stakeholders）中選取其中最重要的幾項來管理好，不是去搞公關。

微軟創辦人比爾‧蓋茲在創業後的約 10 年期間，對專案團隊運作有嚴格規定：所有專案的 A 們的技術技能必須要能超越過他們的 R 們，才能夠派任也勝任。但是，大約第十年時就改變了，現代專業團隊的 A 已不可能也沒必要在硬技能上都要超越眾 R 們；而且，質言之，A 是管理職，管理上的軟能力、軟實力已是越來越重要了。

白色地帶裡要管多少事？怎麼預測與規劃？

跟你分享一個超級當責、超級堅定、也救人無數的超級故事，故事主角的 A 是瑞克‧瑞斯克拉（Rick Rescorla）先生，他在美國紐約世貿大樓的 911 爆炸事件時，是任職該大樓大客戶摩根史坦利投資公司總部的安全副總裁。

摩根史坦利總部當時位於世貿大樓南塔裡的 47 樓至 74 樓。911 當天早上不到 9 點，已有約 2,700 人在上班了，還有 250 位股票經紀人與客戶也同在洽商。早晨 8：46，北塔遭受一架飛機撞擊，17 分鐘後的 9：03，南塔又遭另一架飛機撞擊，9：58 南塔全面崩毀，夷為平地。但，摩根史坦利將近 3,000 名員工與客戶，除了 6 人外，全數獲救，平安抵達平地。這是怎麼辦到的？

　　瑞斯克拉是打過越戰的軍人，有很強的安全意識與安全理念，有更強而有力的規劃力與執行力。他注意到當時國際上已發生過幾次的小飛機撞擊事件與地下室爆炸事件，深深感受到公司位處於世貿大樓的不安全，於是建議總部搬家。但，因租約期仍久，故建議未被採納，他於是著手規劃並推動大樓遇襲時的逃生計畫。

　　每年兩次，公司全員不分階級——加上當時在場的客戶們，都必須參加演習。不論當時正在商談的是否是百萬大單，都得停下電話和手邊的工作、電腦、會議，加入逃生演練。雖然 73 樓的銀行家們常很生氣，這位安全副總裁卻也很堅持要做安全訓練。

　　2001 年 9 月 11 日早上 8：46 北塔被撞後，濃煙滾滾，大樓廣播要求大家待在辦公室裡別移動。南塔摩根史坦利公司的安全機制卻已啟動，近 3,000 名員工和客戶被要求依訓練時的方式依序走向樓下移動逃生，先逃往更安全的 44 樓，再逃向地面。大家在濃煙中手牽著手，一層一層往下走。瑞斯克拉在安抵平安樓層後，又折返回上面樓層找人救人；他，成了摩根史坦利最後受難的 6 人之一。

　　總部遭此大難，2,600 名員工差點全死於一旦，卻倖免於難。公司在此大災難中的表現，也讓全球投資人對這家公司更是充滿信心了。瑞斯克拉先生，戮力管理白色地帶，發揮當責精神，說服了忙碌無比的員工們與驕傲非常的長官們，為自己公司與客戶人身安全負起了全責——其實也為投資安全負責，總公司

早已把全套投資資料以異地備援系統的方式，安全存放在隔鄰紐澤西州的分部辦公室裡。也因如此，總公司在總部成為廢墟的幾週後，就無虞地重啟業務了。

其實，摩根史坦利並非特例，我以前工作過的美商杜邦公司，在安全上也有極為類似的作法──台北總部曾因大樓管理無法清空安全樓梯裡的雜物，而決定大搬家；我也曾在台北總部、觀音工業區、香港九龍分公司、中國多處辦公室，都在百忙中被迫中斷，走下樓梯、走向屋外安全預定地。他們重視專責區，也管白色地帶，把責任感從負責提升到當責，都有很強的規劃力與執行力。

圖譜之 10

角色與責任的「ARCI 法則」

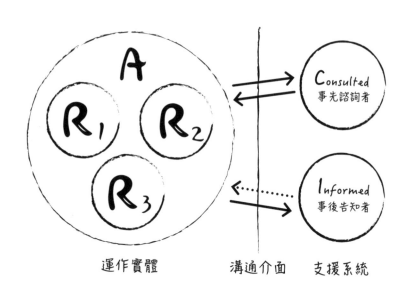

運作實體　　　　溝通介面　　支援系統

圖解

前圖譜之 9 裡，我們定義了 A 與 R 兩個要角；這圖譜之 10
裡我們加了兩個配角，亦即 C 與 I，也完整了我們所謂的 ARCI
角色與責任配置。外型上就像是「豬頭」又長出了兩個耳朵，
兩個耳朵可以擺一旁，也可以擺上方，都是美美的。

在 A＋R 所構成的圓圈執行團隊裡，你想過當責者 A 的老

闖到哪裡去了嗎？有學員戲說，就坐在 A 的頭上或肩上，指揮若定啊。這不太好吧，在 A 的資格已足、授權已成後，這位老闆應該退出圓圈而成為上圖中右上方的 C，即 Consulted（被諮詢）的角色，亦即，A 有重大問題、決定與行動之前需要先諮詢的老闆 C，C 則給予 A 意見和回饋（feedback），或予顧問（consulting）或教練（coaching）。最後的決定呢？仍應是由 A 做成的，然後 A＋R 團隊再全力執行之，務期交出成果。如此行，C 會放心嗎？通常不太會；所以，這是一個雙方漸進式放手與放心的養成過程，也是未來培育人才之道。

另一個角色是 I，即 Informed，亦即，事後被告知者。是指 A 在行動中、行動後應將半成果或成果主動告知相關部門或其他會被影響到的部門的人員；或者，會被影響到的人員也可主動要求成為 I 而隨時接受告知。

「當責」在定義上有個重要功能是：要報告的、要說明的，報告你已經做成的，更要報告你沒有做成的。職場上，許多人還是習慣於悶不吭聲，埋頭苦幹。大老闆（C）在退出 A＋R 團隊的運作圈後，總會告誡 A，別忘了會被你影響到的相關工作者 I，I 有時也可虛線回饋的，意思是也可以給 A 一些建議，這角色在未來也越來越重要了。彼得・杜拉克曾說過：「所有的決策都沒有完成，除非該通知的人都被通知到了。」

這個國際企業管理上通稱的 ARCI 法則，也是舊稱的 RACI 法則。在新名的 ARCI 中，我們把主導權還給當責者的 A，所以排到第一位。早期作業中，常是由 C 先幫 A 搞定了許多 R 們，

所以是 R 們先動起來的，也排在最前面而後依序成了 RACI。管理世界很有趣、很多樣，我們在研討會中遇過其他不少衍生名稱，例如久待權威領導下的文化，仍難忘大老闆威權，他們想改為 CARI（凱瑞，C 是老闆，應排最前），或改為 BARCI（巴喜）——我大驚，問道：B 是何物？他說是 Boss，大老闆也；他可是一家幾千億級公司副總，應該都還沒準備好要授權或賦權培養人才吧。還有怕 A 的能力不足而再追加 S（支援）而成 ARCIS 的，也有在歐洲語系或中國地區就單純因發音把 ARCI 念成「阿奇」的……美不勝收。

「ARCI 法則」最通用的定義如下所述：

- **A：Accountable，當責者，負起最終成敗責任者**。「the buck stops here」，是經理人，有說「是 / 否」的權力（authority）與否決權（veto power）；每一個活動只能有一個 A。

- **R：Responsible，負責者，實際完成任務者**。「The Doer」，是專業人（specialist）；負責行動與執行，可有多人分工，其分工方式與程度主要由 A 決定。

- **C：Consulted，事先諮詢者，A 在「最後決定」或「行動」前必須諮詢者**。「prior to making a decision」可能是上司或外人；這上司常就是直屬老闆，外人則是別部門相關主管願意提供資助者，或外部顧問。是雙向溝通之模式，提供 A 充分必要的資訊、資源與支援。

- **I：Informed，事後告知者，A 在「決策」或「行動」**

之後必須告知者。「after a decision is made」，是會被影響到的有關人員，在各層級、各部門，是單向溝通的，但也歡迎提供 feedbacks。

還是故事更有趣，下面先分享兩個。

故事

其一：A 不只是個「協調者」

有些初任 A，還是難免自認為只是個 coordinator（居中協調者），於是遊走在 A、R、C、I 之間，折衝協調，努力工作，但總是覺得力道不足、決心不足，角色也不清，他只是一時在代理 C 嗎？或代理哪位更大的 B？或只是個上級傳話人？是不想、不能或不知要扛起當責的最後成果責任嗎？於是，A 成了一位進可攻、退可守，爭功諉過者。我們發現，把一位饒有能力的 A 釘在那個豬頭位置上，讓他對「當責」有刻骨銘心的認識、認同與認真後，他的思考、心態與執行力就會很不一樣了，會讓人耳目一新。協調者只會周旋於眾 R 之間，然後去跟 C 報告：我該講的都講了，已經仁至義盡了⋯⋯。其實，當責者不只是協調者，A 還要有論述力、說服力、領導力，知道要達成什麼共同目標、有何長短程目的，會激勵別人與自己，是要交出最後成果的。所以，他的想法、作法自是不同，何況他是正

牌的 A，公司也已公告周知了。

A 要在 C 的輔導下，成為一個真正的 A。C 被挑戰的將是：你今年要幫公司培養出幾個 A？「C 的成就就是他的 A 們成就的總和」，Intel 傳奇 CEO 安德魯・葛洛夫（Andrew Grove）如是說。

其二：請 C 做個「教練者」

我們的 C 也常有不少問題，不願也不敢放手。於是，授權後仍是囉哩叭唆，欲迎還拒，也常游走在 A、R、C、I 之間，還常常時 A、時 R、時 C、時 I，與也在游走的 A，形成角色與責任上的混亂，造成不少弊端，如：

1. 真有才能、才華的 A 跑了。

2. 很想成長為 A 的，不做了。例如，當 A 的標準是軟硬能力合起來至少要 80 分，他才 70 分，那麼就請 C 多多 Coach 他，做中學、學中做可能是成長良方。在 C 自己做好風險管理後要給 A 容錯空間，以激發出更多的自主與創新。別找 90 分的來當 A，那是 over-qualified，也算浪費人力人才；60 分的，就千萬別讓當 A 了，會闖禍不斷的。別硬是要找個正好 80 分的，難找也會被看成不授權、不育才的藉口。

3. C 不要只想到 teach（教訓），多些 coach、consult 等多方輔導。我們曾遇見過一個有為的 A，被一個 20 餘年豐富工作經驗的 C 在一項技術小失誤上被教訓得很厭世。

諮詢、輔導、教練等方式雖然有些洋派，但確是未來培養人才的主流。

4. 我們曾經在工作坊中，屢次大聲詢問與會學員們：在這個「豬頭」式 ARCI 專案中，對全案了解最多的人會是誰？

最常聽到的大聲回答總是：A！我常接著戲說：好大膽子啊！你們的老闆 C 們也都在現場耶！……其中實況或許是：

- A 仍有不知道他不知道的。那麼 C，就請做好教練（coach）工作，別老是想教訓人；聞道有先後，術業有專攻啊。

- A 現在仍非了解最多的。但請 A 加油，盡快提升對全案的了解程度，否則你將會是「有虧職守」的。

- 請 C 培養人才，「幫助」A 做成決策，當他成為決定者時，會更想、也更能為全案負起當責，會成為 owner 的（案子的擁有者）。

- C 其實有更多、更大、更重要的事要辦，別在此案上角色不分地積勞了，本書後面有更多敘述。

- C 的成就，就是其下所有 A 們成就的總和。C 可別跟 A 搶功勞了，不只難看也大傷士氣。

5. 所以，在 ARCI 這四種角色中，最大的官常是在 C 或 I 上，真正做決定並引發行動的終究要回到 A。C 因有技術專長，有時也不免手癢，那麼就學學 Intel 葛洛夫——他有

時也因技術專長而挪出一小部分時間，兼職成為他屬下 ARCI 團隊中的一個 R，不只工作更有效，還傳為美談。如果短期仍不是 A 在做決定，C 也應該要說清楚何時何案，他開始會是真正的 A？當前的本案，他仍是個 coordinator，或只是個大 R。

6. 請 A 也別忘了 I。該通報的就要通報，好心常有好報，在 i 時代裡，I 的無義務回饋也常常是 A 的成功之鑰哦。

赤壁大戰中，吳蜀聯軍真正的 A 是誰？

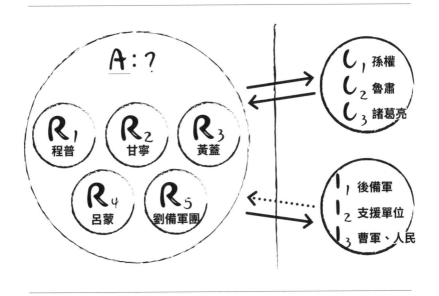

圖解

　　三國時代著名的赤壁大戰中，兩軍對戰，一方是挑戰方的魏軍，魏軍的領軍者 A 很清楚，當然是大權在握的曹操，他已經連續打了無數場勝仗，志得意滿。這次率領號稱 80 餘萬大軍，浩浩蕩蕩沿長江南下，想一舉消滅心頭之恨的蜀國劉備與吳國孫權。他「瀟灑臨江，橫槊賦詩」，不可一世，意氣風發。他的 C 正是漢獻帝，但，他根本不理 C，是為史上著名的「挾天

子以令諸侯」實例。

迎戰方的吳蜀聯軍真正的 A 是誰呢？是諸葛亮？劉備？孫權？或周瑜？這個倉促成軍的吳蜀聯軍，如果連角色與責任都分不清楚，是不可能打贏正連勝中還大舉入侵的曹操大軍的。

商場如戰場，我們這些後世商人們，能從這場大戰中學到些什麼？

你想到吳蜀聯軍的 A 是誰了嗎？請繼續看下面故事。

故事

赤壁之戰是漢朝末年三國時代一場最為驚心動魄的戰爭，你知道戰事如何布局？懷疑過領導吳蜀聯軍應戰的當責者 A 是誰嗎？別被章回小說《三國演義》及各種電視影劇或電子遊戲弄得真假不分，讓真相撲朔迷離了。

戰爭是影響著幾十萬人乃至家國生死存亡的，是比商場競爭嚴峻多了，所以戰場常是商場人學習的對象。彼得・杜拉克很早期就在研究戰爭，並從其中悟出了許多管理上的大小道理；美國西點軍校也是名家們公認為美國商界、軍界，乃至政界培養出最多領導人才的地方。

迎戰方的蜀國積弱已久，劉備連敗了十幾場仗，已無力獨立對抗，於是派了諸葛亮前往東吳陣營，想說服並聯合吳主孫權共同對抗強敵。吳國的主和派與主戰派正深陷爭論中，主和

派還佔有優勢，只有周瑜和魯肅力主一戰，還稱可贏。此番再加上蜀國諸葛亮獻策，終於說服了吳主孫權。據傳，在會議現場，孫權當場抽出佩刀，奮力砍下桌角，說：還有誰要主張求和的，就如同此桌角！於是，再無雜音，聯軍成立，一致抗敵。

那麼，迎戰曹魏大軍的吳蜀聯軍的領軍者 A 是誰？肯定不是《三國演義》中神氣活現的諸葛亮或劉備，而是不折不扣的東吳大將周瑜。周瑜是赤壁大戰得勝的大英雄，可惜被小說與民間故事污衊了近兩千年。

吳國大老闆孫權決定聯合蜀國一戰後，即任命了智勇大將周瑜為大都督主持戰事，自己則退而為 C，進一步思考布局萬一敗戰後的戰略與戰術了。

周瑜其實苦思、苦練對策與戰術很久了，他組成了如上圖中的 R_1、R_2、R_3……團隊後，也向大老闆的孫權要資源。周瑜說：給我 5 萬精兵，我可以打敗曹操號稱有 80 萬、實際只是 22 萬的水陸大軍。哇！不被虛假數據嚇到，膽敢以 5 萬對 22 萬，還稱必勝，這是何等氣魄，這戰事可關係著吳蜀兩國存亡。

孫權也如同現代企業的許多老闆們一般，也是很難給足資源。他只給了 3 萬，吳國的其他精兵大老闆則另有布局。周瑜於是湊合劉備已敗戰連連的殘兵敗將約 2 萬人，湊足了 5 萬人的兵力。所以，三國演義中描述的神勇無比含有五虎將的劉備大軍，在赤壁大戰中事實上只合成了周瑜的一個 R，如上圖所示。也神勇無比的諸葛亮應可算是周瑜的 C_3，當然同時也是劉備自己軍團內的大 C_1 了。

082 ・ 第 1 篇：分層當責

於是，赤壁大戰的雙方陣勢就如此這般地展開了。值得談一下的是周瑜屬下名將們：R_1 程普不只是名將，也是老將，與孫權家族關係更是匪淺，但還是被周瑜收服，程普後來說，在周瑜下面工作「如飲老酒」。R_2 的甘寧，桀傲不馴，驍勇善戰卻也自認不凡，很難搞定的。R_3 黃蓋是大將之才，也總是三國演義污衊的對象。R_4 呂蒙原屬純武將，但在周瑜調教下已然允文允武，讓人刮目相看——是成語「已非吳下阿蒙」故事的發源處了。

這裡想分享的是：周瑜像個超大號的跨部門專案團隊的「專案經理」，他的資源並不太足夠，還要搞定團隊裡的各方英雄好漢；但，他早已準備好戰略、戰術、戰技，已磨刀霍霍，準備一戰並胸有成竹。

三國時代被描繪的是，江山一時多少豪傑。曹操手下也是戰將如雲，劉備的五虎將，演義已有過多渲染，就更不用贅述了。這是戰前風雲，我們直接跳到戰後呢？看看蘇軾的描述：「……遙想公瑾當年，小喬初嫁了，雄姿英發，羽扇綸巾，談笑間強虜灰飛煙滅……。」也有請讀者們猜猜看，蘇軾詞中「羽扇綸巾」——拿著羽扇，戴著方巾的瀟灑人士指的是誰？絕對不是你心想的諸葛亮，而是周瑜。正史上許多詩人們描寫赤壁大戰時，都是指曹操與周瑜兩雄之間的大戰，大戰結果你知道的，是周瑜火燒赤壁，大敗曹軍。有如李白歌詠的「二龍爭戰決雌雄，赤壁樓船掃地空；烈火張天照雲海，周瑜於此破曹公」。三國演義等的小說可以怪力亂神，信筆隨寫，但赤壁之戰可是

真槍實彈地死傷了幾十萬，真實的權責運作也不能亂來，我們應從正史中看到真史實事，也才能學到經驗與教訓。

我也喜歡特別從年齡的角度來看看這些昔日英雄們。大戰當時的孫權，年方 26，他家世淵源是含金湯匙出世的，但可不是紈褲子弟，20 歲不到已經固守東吳，經歷了父兄死後的許多奪權大戰後才鎮守住的。諸葛亮是許多後世人心目中的神，其實更神的是，當時他也年方 27，以現代企業中年輕人而論，應該是大學畢業，唸了研究所，沒當兵，有了 2、3 年的實際工作經驗而已。周瑜呢？約 33 歲，算是中年大將等級了，他沒念研究所吧，約有 12 年國家級實務經驗了，他不只能運籌帷幄，還曾真刀實槍、出生入死，此戰役中也中箭受傷，也可能因此而導致 3 年後的英年早逝——據說孫權大為慟心，因為讓他規劃中的一統三國大夢也隨之幻滅了。

這些年輕人面對的可是雄才大略、經驗老到的 40 幾歲劉備與 50 幾歲的曹操，他們卻一點也不畏懼，還出奇制勝。想到現代企業經營，想說的是：**奮起吧！年輕人，誰怕誰，去擁有那一片天。也請經驗老到的 C 們，勇敢地培養、放手、相信年輕的 A 們**。年輕的 A 們，也敢於用年紀更年長的 R 們。後續圖譜裡，我們要幫助眾位年輕 A 們提升論述力、說服力、影響力與領導力——在你們很擅長的硬硬的硬技能之外，好好增強軟軟的卻越來越有用的軟技能、軟實力！

圖譜之 12

「當責式領導」的應用全貌

社會當責
Social Accountability

3. 加值社會　Organizational Accountability

組織當責

2. 領導組織　Team Accountability

團隊當責

1. 經營自己　Individual Accountability
Personal Accountability

個人當責

圖解

在圖譜之 1 到圖譜之 11 中，我們依序說明了何謂當責、當責與負責的不同，以及當責與負責在 ARCI 法則上作為工具的應用。我們引述了東、西方學者專家的論點，也分享了我們在許多國內外研討會中的實務經驗，後續更期待讀者們有進一步、深一層的全面認識了。

論語裡孔子說：「工欲善其事，必先利其器。」意思是，

一個工匠如果要把事情做到完善，就必須先磨利他所用的器具。
美國應該算是最偉大總統的林肯也有同樣的經驗分享，他說：
「如果給我 6 小時去砍倒一棵樹，我會用前面 4 個小時把斧頭
磨利。」（Give me six hours to chop down a tree and I will spend
the first four sharpening the axe.）這可是經驗之談，林肯早期窮
苦，是真當過擺渡工與伐木工的。6 小時裡有 4 小時是在準備器
具──大約佔了 67% 的全部時間！怕你不相信，所以還特別把
原文寫出供參如上──台人常常一上場就喘口氣後狂砍 6 小時，
沒能砍倒時就說：沒有功勞也有苦勞？現代企業人在磨利器具
上不應只指工具，還應包括其背後的原理原則、流程系統、規
劃計畫，乃至心思意念吧。我們曾有客戶在聽完短短 2 個小時
專題演講後，大喜過望，全公司開始大推 ARCI 法則與當責文
化，讓我們大驚不已。

　　如上圖所示，ARCI 的團隊當責運作模式只是在「當責式領
導」的整體經營中佔了第二位階，我們實在也應該看看全貌。
在第二階的「領導組織」下面，還有一個很重要的「經營自己」
──如何以個人當責（personal accountability）來好好經營自
己的事業與人生？或以個體當責（individual accountability）來
好好經營自己在工作團隊裡與他人的互動──例如 peer-to-peer
accountability（同事間的當責），都是重要課題。

　　在第二階的「領導組織」裡，除了團隊當責外，還有一個
很自然而然發展出來的「組織當責」，亦即，組織或企業的當
責文化。依我們許多年的實務經驗，當責隨後還會加上當責以

外的其他適當價值觀，而發展出更完整的企業／組織文化——一個我們很少顧及，卻是許多歐美人心目中企業競爭上的終極武器。

在第三階「加值社會」裡，我們有了近來已經很盛行的「社會當責」，**當責已經成為 ESG 與公司治理上一種很重要的價值觀**。我們的社會迫切需要企業領導人的價值觀從經營「股票持有人的價值」（stockholder's value）提升到「利害關係人的價值」（stakeholder's value），加值社會共利、公利，乃至於保護這被嚴重破壞的地球環境，稱為社會當責（social accountability）。社會當責不同於其他類型當責，它已經由自身自動自發，轉成了社會上的一種規範乃至強制性的要求了。

總結來說，後續的序列圖譜裡，我們將依序論述個人當責→ 個體當責 → 團隊當責 → 組織當責 → 社會當責，也會因此而繼續磨利我們的 ARCI 工具。**當責是事先積極主動地擔負起責任，而非事後消極被動地被追究責任；否則，上述美好議題卻在不當的中文翻譯後變成了個人究責、團隊究責、組織究責與社會究責，成了一片負向的追悔、追捕與補救的可怕工作環境了。**

故事

我們在歷次工作坊中，最先論述的總是當責目前在全世界

好企業與好社會中的應用實況，說明它已是一種國際語言、一種共同價值觀、一種溝通平台，一個很值得在行走國際時學習與應用的理念。當責與負責異同的簡單說明也常常造成了不小的震撼，深究之，其實也只是普通常識，可惜沒獲得普遍重視與應用罷了。許多大小老闆們常跟我們說，這些真的是普通常識，他們早已熟知可是就是講不出來，也就謝謝我們幫他們把背後的道理邏輯說清楚了。接下來當然是：如何落實？

簡單。兵分二路，第一路是把 ARCI 工具磨得越來越銳利、越厲害，應用在一些重要的跨部門、跨國專案裡；第二路是把當責的理念確認為價值觀，再化為文化，化為行為準則或每日例常，讓它盤據在員工心裡。

我們總覺得第二路更為重要而且是要先從「個人」做起的，好好貫徹自己，言行如一。當然，改變個人思考、思想、價值觀、行為與行動，並不容易。但一切起自個人，終是可成為文化——含**個人文化、團隊文化、部門文化、事業部文化、企業／組織文化**，乃至**社會文化與國家文化**，這是一條漫漫卻利益滿滿的長路。一切總是起於個人的心理與足下。所以，下面我們要先來看看、想想，並起而行做做當責管理的最基礎要素：個人當責（personal accountability）。

圖譜之 13

為了成果，你願意「多加一盎司」嗎？

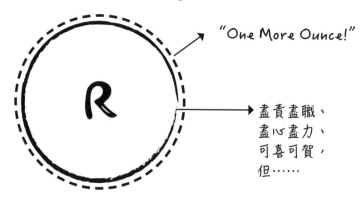

Personal Accountability

"One More Ounce!"

R

盡責盡職、
盡心盡力、
可喜可賀，
但……

圖解

當責，不只重心態、過程，更重成果；當責是一種「交出成果」的承諾與實踐。交出成果容易嗎？實在不容易，我是常戲問：聽過「煮熟的鴨子都飛了」嗎？那麼，**如果我不想讓煮熟的鴨子飛了，我願意再「多做一點點」在防備上嗎？**有位客戶說，有次烤鴨還真的在慌亂與興奮中掉入泥巴裡。或者是，飛都飛了，就好好寫份報告說明一下理由吧，反正也盡力了，

有很多因素無法預測與控制，相信老闆會理解的。

我也常在工作坊中戲問：有一個組織常是因故不幸無法交出重要成果，但卻也依然一直存在著，活得好好的，請問這是什麼樣的組織或公司？反應很快的學員常常搶答：是國營企業、公家機構，在中國的客戶們就更有感了。

這個多做一點點的概念，西方人說是「多加一盎司」（one more ounce）。我常用的咖啡杯是 16 盎司，比較一下一盎司還真的不多。但，在職場工作上，及時的、多付出的「一盎司」心力，還真厲害，更保證了交出成果，或減少了意外，減少了事後的重工（rework）。

所以，例如上圖中的實線圓圈，正是我們常說的：我已經盡責盡職、盡心盡力了（老闆你還要我怎樣？）。確實，他是個稱職的好員工，這種人在職場上也已不多了，但你還能多加一盎司而成為優異員工的。什麼是多加一盎司？

- 多一點責任感、多一點決心，多一點自動自發的精神。
- 讓工作可能大不同，更確定可以交出成果，或，交出更佳的成果。

還有，

- 這一盎司是我為了最後成果而自己想出、做出，沒人強迫我的；想想，這裡面有多大的成就感與滿足感。

所以，這樣的存心與努力，西方人也稱為 discretionary effort，亦即，**是自主決定下而做出的努力**，仍算是職場上的稀缺品——有待員工自我肯定，更有待老闆們努力去經營那種工

作環境，本書後續還有諸多說明。但，這種 one more ounce 的想法與作法也與我們所謂的「個人當責」超相近，就是在上圖實線圓圈之外，再加上個虛線圓圈所代表的。

在生活上，我們都有經驗，如果要達成目標交出成果，總是要多做一點點才更有把握，不是嗎？考試時，設定 60 分就好的，常會因此而被當；設定在 70 分左右的，才能低飛過關哦。

故事

與客戶們在許多互動中的小故事與讀者們分享。

其一：one more pound？

在中國，有學員深受感動，他覺得 one more ounce 是不夠的，他想做到 one more pound（多加一磅）！我答說那太多了，105% 就夠了，150% 是太多太大了，可能會不勝負荷、積勞成疾的，需要重設更合理的工作範圍與內容。

其二：one more inch！

西方人也稱為 one more mile（多走一哩路），或 the extra mile（再多走一哩路）——有專家更有感而發地申論說：在這外加的一哩路上，一定是人稀車少，不會有交通阻塞，會很順暢的。

　　有一次我們到台北馬偕醫院講課，發現他們的院刊上正談到 one more mile，他們引述《聖經》〈馬太福音〉第 5 章 41 節的話：「有人強迫你走一哩路，你就同他走二哩。」院刊上還進一步說明是：

第一哩路：是律法規定，是合法的（註：是當時的羅馬律法）

　　　　　是義務與責任所在

　　　　　是要勉力完成，是被動行為

　　　　　可能有：埋怨、不滿、不舒服

第二哩路：是關心別人的需要，出乎愛心

　　　　　是關心最後的成果，出乎熱誠

　　　　　是「比好再更好」積極超越原來的需求與期待

　　寫得好，也是當責精神的精華所在。管理大師湯姆·彼得斯（Tom Peters）在他 2021 年新作《Excellence Now》中甚至鼓吹「going the extra inch」——「一哩路」或許太長，**我們其實更需要的是那起心動念與勇敢踏出的那一小小步**，1 英吋（2.54公分）也好——好渺小，但可能是一個偉大的開始。

其三：25-8-53 密碼？

　　湯姆·彼得斯是個有名的、甚至極端的人性主義管理學者，他還有個經典小故事，他自問自答：什麼是人才？如果你認真嚴肅來看待，那麼人才是一宗 25-8-53 事件。這 25-8-53 數字，宛如一道通關密語，真義是：人才總是會 one more ounce 的，尋常人一天有 24 小時，一週有 7 天，一天有 52 週；人才卻依

次是：25-8-53，你看出其中的 discretionary effort 了嗎？

其四：one more day！

說過了，我們曾經在 8 個國家開辦超過 1,000 多場的當責式管理有關研討會與工作坊。我們，從來沒有任何一次遲到過——不管那國家、那城市的交通有多混亂、多難掌控。我們怎樣做到的呢？因為我們力行 one more ounce，我們珍惜客戶朋友們的寶貴時間，總會提早半小時到甚至 1 小時或更早抵達現場。有次還提早 1 天到——因為氣象預報說台灣在我們原訂起飛日可能會因颱風而關閉機場，還真的被料到，機場關閉了，我們卻仍在上課當天準時抵達現場。也分享一個利多經驗：早到，還可以跟也早到的與會者多聊聊，收穫更多哦。

其五：做個「管家婆」？

最後了，實例實在很多。其實，這種 one more ounce 的精神也正是台灣人原本就很正典的「雞婆」精神。有位日本觀光客在台旅遊後為文說，台灣人真雞婆，她有次看見一件車禍，現場隨後是：有人幫忙扶起機車、有人幫忙撿起摔落物、有人追攔到肇事車、有人電話 119……很感動，台灣人怎麼這麼熱心和雞婆。

作家小野感概地說，台灣還需要越來越多的雞婆者；嚴長壽先生在經營亞都麗緻飯店時也是當責的喜愛者，他說他是一個無可救藥的雞婆者。我們不是在亂雞婆一通的，而是為了交

出成果、為了達標致果，知道更要雞婆的。

雞婆還有英文，就是 Kay-Poh。我以前在新加坡經商與開課時都經歷過，他們跟我說，雞婆是福建話的「家婆」（台語發音），所以叫 Kay-Poh。後來我進一步去考證，發現家婆其實就是指「管家婆」，就是管家中最大的那位。那麼，你知道嗎？好的管家婆為了把家管好，他們又豈止是心甘情願地多做了一點點？想想，那個 A 在管理那個「豬頭」的白色地帶時，像不像一個稱職的管家婆？

我們也一定想到了，**大老闆們也不能單方面要求員工犧牲奉獻，凡事 one more ounce，老闆們這一端在賦權、賦能、與敬業環境的建立上仍有很大努力提升的空間**——這也是我們隨後各篇中的論述與故事了。老闆們有善待，員工們會湧泉以報的——尤其在經營環境很艱困時。

圖譜之 14
讓「刮鬍刀」在公司內到處滾動吧！

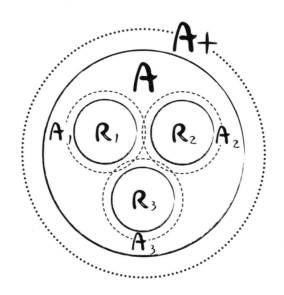

圖解

如上圖，如果你的角色與責任正如 R_1 ——就是那個右眼實線圓，你能懷著「個人當責」——就是再加上那虛線圓的心態與信念、多加一盎司地在團隊裡工作嗎？那麼，你是宛如戴著光環般在做事。如果，再加上當責的團隊文化正在運作著，你會跟其他人的光環互相連結、相互輝映，功效當也會相加相乘。

身為當責者的 A，自身也有「個人當責」在薰陶著；所以，在執行自己的專案期間與結束後，也會常常走出自己的圓圈，在外面多加一個圓——多加一盎司，以尋求別的團隊可能的相加相乘效果。我個人的經驗是，**當你走出自己的圓圈時，原本是想幫助點別人的，卻常赫然發現別人其實又幫助了你**，有過這樣的經驗嗎？試試看吧。

記得有次在北京一家高新科技公司主持一個兩天的當責研討會時，印象很深刻的是，那位董事長看到這張圖時很興奮，站起來說：我喜歡這張圖，它原來是像個「豬頭」的，現在有了「個人當責」加持後，卻變成了一把美麗的「剃鬚刀」（即台灣的刮鬍刀）。他隨後轉身問了總經理：今年底，你可以讓這把剃鬚刀在全公司到處滾動嗎？總經理一下愣住了，不明上意。原來，董事長是要總經理能推動當責文化，讓每位員工都像把剃鬚刀般地在公司到處行動，把當責文化落實到公司四處。

約半年後，我們在台北接到一家大型建設公司的邀請，要重回北京開課。原來這位董事長是那家高新科技公司董事長的好友，在一次參觀科技公司並了解當責文化後，大為賞識，也想在他的建設公司建立一個類似的文化。這位大董事長要求我們課程的規格很簡單：就跟那家科技公司的完全一樣就好；我們要求的也很簡單：董事長的經營團隊也一定要到齊。

大哉問是，把個人當責發揚成個人文化／個人風格，然後繼續推進到團隊文化、部門文化，乃至企業／組織文化，這是個可行、可敬的挑戰；但，如果反向操作直接從大老闆的企業／

組織文化開始，「倒行逆施」地推回來是否更可行？是的，更可行，上下正反向一起呼應操作就更棒了。到了有一天，我們公司裡的人都很有信心地跟自己人、跟外人說：我們公司的人都是這樣做事的；或更有信心地說：我們公司的人不會做那種事的！那麼，企業文化，於焉成形。

故事

這宗「剃鬚刀」事件還曾帶起過學員們不少 Q&A，例如：

Q： 如果，團隊裡或公司裡，只有我一人在實踐個人當責呢？

A： 那你可能會死得很慘（眾人笑），因為眾人會把眾事往你身上推；所以，還是要取得共識，發展為團隊行動。當然，由大老闆發動或支持以期成為文化是超級重要的。所以，我們的課程都是對老闆們先開辦，也不對外開辦公開班。你們不用擔心，也沒藉口的，因為老闆們都在現場，都很愛當責（眾又笑）。

Q： 幾個 R 們的虛線光環有相交處，作業時是否會常撞在一起？

A： 答案是：yes and no。就像棒球賽的外野，三個選手快跑去接一個高飛球，結果三個人可能撞在一起，球也掉了地──連美國職業棒球隊都偶有這種場景。但，

多練習就有默契，會減少許多互撞掉球的機會，多了
許多輕鬆接殺的美技。這樣總是比在怪罪隊友誰距離
比較接近、跑不夠快、接不夠準，互推一氣更好太多
了。

Q： 乾脆多幾個 R，讓他們實實在在以實線相交相疊，更
足以防止漏接？

A： 這可不行也不宜。實線交疊時，常會引起角色與責任
（R&R）混亂的老問題，相交處是重要地帶，多人重
疊負責時常容易引來推延敷衍，時間久了反而形成互
不管的灰色地帶。人們還是比較喜歡賈其餘勇，勇於
任事的。

Q： 可不可以進用更多的 R，以彌補白色地帶？

A： 哈哈，你還是想用人海戰術？老闆可不依，那是增加
人事成本的問題，也會造成人才發展上的不利。事實
上，再多的人都還是會有空白或死角的問題。多少人
才是最適人力？A 是當責者在成立團隊前就該要好好
考慮的。

Q： 小小少少多加一盎司，會有如此大的影響力，真會少
了漏接球？

A： 是的，說來有趣，漏接球還經常發生在鄰近的虛線區。
經驗常顯示，只要多點心注意到，差點漏接的球就進
了手套。企業運作也常如此，老天也真有趣。

小結論：團隊的當責文化發展成功後，其實也是美國人常

講的俗話：「你幫我抓背，我也會幫你抓背。」（小心性平，笑）
自己抓不到自己的背是很討厭的。不然呢？你背後捅他一刀，
他背後捅你一刀？這個團隊硬技能再高，也常是歸於失敗的。
阿里巴巴全盛時期裡的馬雲說：在我們的團隊裡，R_1 會對 R_9 說，
我不會容許你失敗，因為你的失敗就是我的失敗、團隊的失敗。
其實，一個成功的團隊裡不只會互相幫助，還會互相挑戰。

　　我們所堅持的交出成果（get results），可正是 Get
collective results！交出我們團隊最後要的成果！

圖譜之 15
「防毒面具」是因應有毒工作環境嗎？

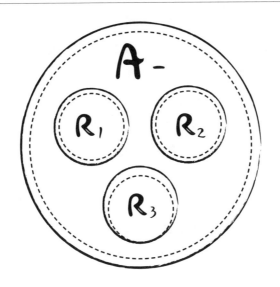

圖解

　　上圖中，身為當責者的團隊領導人 A，在工作心態上因故常往內縮，上行下效，很快地 R_1、R_2、R_3……也會往內縮，於是形成了像帶著防毒面具工作的狀況；也有可能是成員中有人本位主義很強，未經刻意輔導改善而蔚然成為團隊風氣。這狀況很像在有毒工作環境下，戴上防毒面具工作，工作不會愉快，掉球意外也變多了。

　　戴著防毒面具的人，自以為做好了自己的工作也很努力，但績效常不是 1.0，一不小心就是稍差些的 0.99，當每天都是如斯工作時，1 年 365 天後的績效就是 0.99 × 0.99 × 0.99……自乘 365 次，最後只剩下可怕的 0.03 了——真實狀況當然不會如此可怕，因為人不會像機器人在運作已設定好的程式而一成不變地演算，中間過程或許時好時壞，也時有佳績吧。

　　如果，有毒工作環境造成了成員們工作力度與績效不穩定或不夠好時，是何以致之？孰令致之？我們發現，有些古訓或古諺也很容易造成誤導，例如：

1. 百聽不厭的「各人自掃門前雪，休管他人瓦上霜」。我們在中國講學時常會故意誇大挑戰——如果，隔壁鄰居的瓦上霜雪越堆越高，大家還是不聞不問，有天突然倒下，會不會也壓壞你家？有學員還搶答：不會；我住鄉間，鄰居隔得遠。好吧，不談風雪。再提：你家隔壁新鄰居，家中囤有汽油，小兒子每日叼著菸進進出出，你管不管？哈哈，這下可要管了。今日職場上或團隊裡，很多事總是相互關聯、互相影響，很難明哲保身或獨善其身的，掃清自家門前雪常是不夠的，也常會被害到的。不是幫他清或罵他清，多些相互溝通吧。我們還有位客戶說，他聽完 one more ounce 後很感動，還身體力行，隔天起在掃庭院落葉時，還特別地多掃出一公尺鄰居的庭院，後來發現鄰居掃地時也會多掃一公尺些，兩家關係好像也更好了。

2. 聞之肅然起敬的「不在其位，不謀其政」。孔子說的，
   許多今人仍是奉為圭臬。但，在今日職場中也引發疑雲
   重重，你怎能不換位思考，或為別人──他／她可是工
   作夥伴啊──多想想呢？「謀」只是多想想、了解、考
   慮，而不是去搶做、圖謀、代做。我們希望每個人都能
   「在其位，謀其政」，但，要「謀取更好的政」一定也
   要知道同伴在做些什麼？怎樣互相影響？相得益彰或相
   毀相亡？也請知道我們要把「位」截然劃清，井水不犯
   河水，是很難的。職場上強調「不在其位，不謀其政」
   時總是很認真的，要「不謀其政」又要「不謀而合」是
   更難了。於是，「分工合作」常變成了「分工不合作」，
   團隊裡的白色地帶越來越大，防毒面具越戴越緊，工作
   風氣越來越毒。

   最能扭轉乾坤的，應該就是這個 ARCI 團隊裡的 A（當責
   者）。**當他「當仁不讓，責無旁貸」地扛起當責並以身作則
   時，就上行下效了，終會形成當責的團隊文化。**或者，更具體
   地，在團隊開始時即一起制定團隊守則，在團隊章程（team
   charter）中明確化：目的、共同目標，及以共同價值觀為準則
   的行為規範，積極推動這種軟技能／軟實力──別小看這一招，
   微軟裡技術高手雲集，個個頭角崢嶸也桀驁難馴，他們早期團
   隊裡績效考核中也列有行為績效，佔比還高達 50%。我們在中
   國時如此輔導過的 A 們，也在先後不同團隊裡，連續成就了更
   好的績效。

故事

　　不管對內或對外，在心態與行為、行動上向內縮的 A＋R 團隊，圖繪出來後像戴防毒面具，確是個創意，有些人身處其中，卻也甘之如飴。

　　我們有時會戲問：一早上班，先在大門口處領、帶或戴個防毒面具，一天工作會愉快嗎？大家搖搖頭。但，每天上班一定要帶著（非戴著）防毒面具，還確有其事的。我以前工作過的工廠，因場內有劇毒的氯氣，所有員工與來賓進場時一定要領到、腰繫著防毒面具，是備而不用以防萬一的。這家公司特重安全，全球著名。所以，帶著防毒面具，心有警惕也安之若素了。相信嗎？有人還會愛上防毒面具，死也不肯拿下來！

　　正好 50 年前，我在當時的大專聯考裡上榜後，第一件事就是要上台中成功嶺接受為期 2 個月的軍事訓練。印象最深的一景是：全班 9 條好漢「戴著」防毒面具一起進入一間毒氣室，一起跑圓圈後再答數，沒事啊。然後，又被要求脫下防毒面具，哇！立感顏面刺痛難耐、呼吸更是困難，沒能 1 分鐘吧，大家一把鼻涕一把眼淚，奪門而出——也算是另場槍林彈雨的震撼教育之一，心想的是，以後在戰場絕不會落掉了防毒面具。

A 與 R 常各自成為大小號的「穀倉」

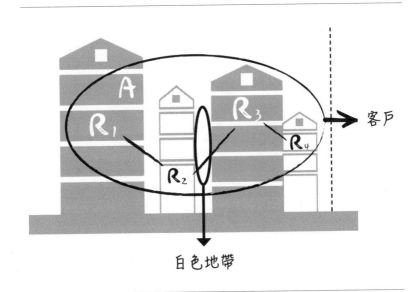

圖解

上圖的四個「穀倉」（silos）常被企業界比喻為四個部門──例如，一家新創高科技公司的研發部、生產部、銷售部、以及行政、財務、人事……等等合起來的一個部。然後，隨著公司不斷成功與成長，部門也不斷增加與擴大，大到最後光是法律部就可能有 100 多人。

為什麼譏稱這些部門是穀倉？因為正如上圖所示，這些穀

倉只在最上方開有窗戶可以向外通、向外看──如在企業裡可用於對外溝通、分享資訊，甚至相互支援等；穀倉的整段中間部分是沒有窗戶的，穀倉之間各司其職、互不隸屬，各個穀倉最後一齊在上端向老闆們與大老闆報告了。

所以，用穀倉來形容部門運作，還是很傳神的。A 部門下的一位小 R 要跟 B 部門的小 R 溝通或合作時，會先跟自己的上級們逐級報告，最後再由上級與 B 部門上級溝通，再由 B 部門上級與他們的 R 溝通或指示，然後兩個 R 終於可溝通或合作了。我們有時稱這叫「倒 U 型」溝通，習以為常了，直接溝通與合作常因職場政治而不可造次。

大前研一在他《思考的技術》一書中曾提及日本人在部門溝通上則有些不同，A 部門老闆不好直接對 B 部門老闆明說，於是找來自家部門小 R 先去與對方的小 R 去向他們老闆探探口風，探完後再回報以決定老闆們如何溝通，稱是正 U 型溝通。有時，對方小 R 也會直接明言：那樣不可行，就直接停止了他們的向上溝通，於是 U 型變成 J 型或 L 型溝通，沒溝通了。

那麼，部門老闆們的相互溝通呢？就在大老闆的不時或每週每月會議上了。大老闆的這個 top team 有時只是分享資訊，思考如何達成公司總目標，各部門個別把自己的任務完成即可，也不須互相幫助或合作。這時這個 top team 其實不像真的團隊（team），更只像是個工作團（working group）。所以，公司的部門或事業部老闆們出去看同一家客戶時，常被誤認或戲說為來自不同的公司。

　　美國組織在許多「倒 U 型」溝通方式盛行後又創造了許多精彩的形容詞如：turf（地盤）、castle（城堡）、fiefdom（封地）、chimney（煙囪）、部門牆、本位主義……等等。那麼，為什麼不在「穀倉」中間部分多開些窗口，方便更好的互通、互動，乃至互助呢？

　　有，就如上圖中的跨部門團隊，成員們的 R_1、R_2、R_3、R_4 分別來自不同部門，各有不同專長，在 A 的領導下共同迎向公司外部客戶的真正需求與團隊共同目標。A 要處理穀倉之間的許多白色地帶，可能如重要供應商、競爭者、經銷商……等問題。這個 A，如果是新產品專案經理，做得好時前景無限，例如，將會是成功後的新產品總經理、新事業部總經理，甚或總公司總經理，或者愛上了專案專業後，成了專業的專案經理也其樂無比。

　　企業為了提高效率與效能，很需要打破穀倉現象（silo effect），成功操作了就稱為 silo-busting。強烈的當責理念、當責工具如 ARCI、當責文化中 A + R 協作、C 們的主動支持，也成了 silo-busting 的成功要素了。

　　我們的跨部門團隊看起來也像是在這些立體穀倉的中間某一階段上，橫刀一切所切出來的典型 ARCI 豬頭圖了；常常，這些橫斷面的高低也切得很不齊一，職位上高低有致，又增加了幾許彈性與有效性，後面圖中有更多闡述。

故事

　　2020 年 1 月，COVID-19 已初臨，我還不知情地在紐約州四處旅行，在初雪的紐約鄉下農家看到許多穀倉實況。穀倉很多樣，也有用在工業上，還有在各穀倉上加有連通管的，但中間總是不開窗。還有，另一種用在軍事上，深挖入地底，地洞打開時就是要發射火箭彈了，專業上稱作發射井（launching silo）。好險，中間同樣沒窗口互通。我們的企業 silo 放置地面上，肉眼可視；他們軍事上的 silo，埋入地下，莫測高深。現在，還有廢棄的發射井又被改裝成「末日住宅」，專供有錢怕死的富豪們在核戰核災時使用了。

　　silo 常被畫成古堡或城堡，堡上端坐的是國王，也意會著誰是 silo 的真正創造者。我們在許多研討會的討論中常常直言：今天，貴公司的 silos 創造者都在現場，讓我們就開誠布公談談……有效嗎？也不盡然。就像有些總經理在會後也有感而發說：我們公司 10、20 年來 A 與 C 角色不分，從今起，我們要來試試改變了。改成了嗎？當然也不盡然。看來，管理更像藝術，而**影響力不只是來自邏輯推演，也來自情感感動，別把人當成機器人般地做程式設計了。**

　　部門的形成與精進代表著專業分工，原是進步與成長的象徵，組織更有能力辦更大的事了，卻也意外形成了過度的官僚（bureaucracy）與階層（hierarchy）。我們在許多企業 / 組織裡

看見的是：分工但不合作，不只不合作還相互對立；或者，雖合作（cooperation），但不能同心協作（collaboration）；或者，連合作之前的協調（coordination）都做不好了。

公家機構不會倒，但，動見觀瞻，眾所矚目；私人企業的效率與效能也越來越被需要。我們在正常的官僚與階層組織——是難以消除的，聽說連天堂也在用——之外，越來越需要 silo-busting 的當責文化與 ARCI 法則等軟技能與軟實力了。

圖譜之 17

強隊裡最需要的「同事間當責」

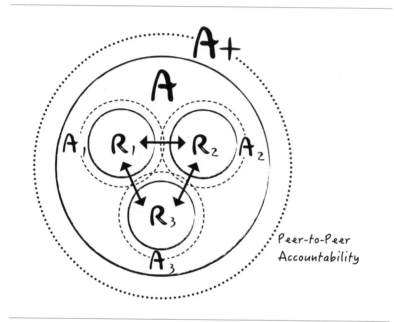

圖解

　　上圖看似複雜卻也簡單，我們只是在圖譜之 14「刮鬍刀」裡的 R_1、R_2、R_3 三位工作夥伴之間加上了三支互動的雙向箭，意思是，他們會多些相互認識、溝通、幫助，更重要的是：相互挑戰。例如互問：我這樣做會害到你嗎？你為何不那樣做？你那裡推延 1 天我這裡可能會延遲 1 週……是善意的挑戰，

甚至是積極性的對抗（confrontation）——仍不算「衝突」
（confliction），因為我們是有共同的目標與目的。在內斂型的
東方文化裡，似乎難了些，但也越來越普遍化了，也是超強團
隊裡一種越來越需要的「軟」技能——我們稱之為「同事間當
責」（peer-to-peer accountability 或 P2P accountability），在這
種團隊裡，我們犯錯的機會大大地降低，效能與效率也大大地
提升。

故事

　　許多年前，我在美國參加一個研討會，有位講者在講當責。
演講中途他突然開問：在貴公司團隊裡，R_1 敢挑戰同事 R_2 嗎？
例如，R_1 會對 R_2 說：我沒有惡意，但你昨天為什麼那樣做……？
那樣做短期內是可以降低成本，但長期來看是會增加製造上很
大風險的，例如……。

　　聽眾很多，他就不等回答地自答了，說：在我們公司不會
這樣做，R_1 會去找他老闆 A，A 聽完後認為有道理時，很快要
去找 R_2 談；R_1 還會先提醒 A：別說這是我說的。A 在與 R_2 談
完後，R_2 也欣然同意，答應立即改善。A 不願居功，在離開前
加說：其實，這不是我的主意，是另一位 R 看到想到的，他說
不要說他是誰。記得當時引來哄堂大笑。

　　笑話歸笑話。這樣處理會不會引起團隊溝通的混亂？是的，

會更亂。有更好的方式嗎？有。R_1 何不直接跟 R_2 說？其實，為了團隊整體成功，為了團隊的共同目標與目的，R_1 是有責任要這樣做的，這作法即稱「peer-to-peer accountability」，亦即同事對同事之間的當責。想想看，R_1 直接找 R_2 談談，也強調了沒有惡意，是為了團隊的成果和利益——台灣人說是「互相漏氣求進步」啦。還有，我們當責原理不也是要求這樣做的嗎？還有，談時再加一句：如果日後我出現問題，也請你對我直說無妨。或，你還有何更表善意、緩和緊張的表達招式？請分享了。

我們可是正在建立一種「P2P 當責」的團隊文化，讓往後在團隊裡溝通更快速、更容易，也更可能交出團隊成果的。

「當責式管理」還有更大的挑戰嗎？

有。在這一系列圖譜上，除了我們已經熟悉的個人當責、團隊當責、「同事間當責」之外，進而論之，還有所謂的對上的當責，英文或稱 peer up accountability ——你是 R_1，敢惹虎鬚跟 A 說：老闆，我沒有惡意（哈哈，又來了），你是否帶領我們在正確的方向上？我們每天夙夜匪懈、全力以赴，希望不只把事做對，更希望是在做對的事……。

既然有 peer-up，自然也應有 peer-down，亦即，你自己對下屬的當責。例如：R_3 是跨部門來的成員，他在回到自己部門後，可能也是一位小 A，下面還有幾個小小 R 們在一起工作。R_3 敢要求自己的小小 R 部屬們也負起個人當責嗎？別以為主管都敢對部屬們要求負起當責的，那次會議中的講者又說，美國的調研顯示，只有 40% 的美國主管敢於對部屬提出這種要求。

那麼，內向一些的台灣主管們的比例應該更低了。

　　所以，在這張圖裡原有的平行相對關係後，還要加上對上與對下的關係了，都是很大的挑戰。有時我們也稱這是一種「個體當責」（individual accountability），談的是在團隊／團體內，各個體間存在的互動關係，是很需要整體上「當責文化」的形成與支持的。能夠遂行這些當責的團隊，應是世界級超強團隊吧！

　　號稱全球最大的 CEO 組織 Vistage International 的董事長格雷格・布斯汀（Greg Bustin）就曾說過：**「在高績效團隊組織裡，當責不只是由上而下（top-down）的，也是由下而上（bottom-up）的；還是肩並肩（side-to-side）的。」**誠哉斯言，說的容易卻是經營上一大挑戰吧。但，有目標總比沒目標或不知何目標的，更強些了。

圖譜之 18

圈內圈外大不同

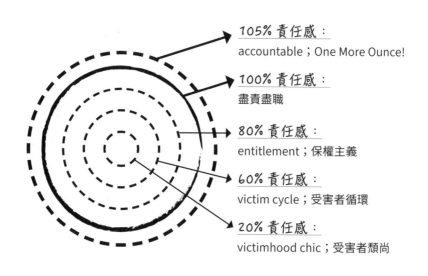

105% 責任感：
accountable；One More Ounce!

100% 責任感：
盡責盡職

80% 責任感：
entitlement；保權主義

60% 責任感：
victim cycle；受害者循環

20% 責任感：
victimhood chic；受害者頹尚

圖解

我們要藉著上圖來論述「個人當責」（personal accountability）的位階，也看到責任感的全貌。在上圖中，那條最粗的實線圓圈代表著 100% 的責任感，他們負責盡職、盡心盡力，堅守崗位、盡忠職守，這種人在職場上已經很少見了。

但是，領導人如果不再進一步激勵他們繼續往上升一層到 105% 的當責上，他們是有可能會像隕石一樣地往下墜落。漸漸

掉落到下一層稱做「保權主義」（entitlement）的，他們為了保全自己的權益、權利，開始想到犧牲一部分的責任也在所不惜。據報，在全球各種組織中，許多國家的政府機構人員是偏向著這種心態的；現在，也越來越多發生在更多的新世代年輕人中了，這裡的責任感大約只剩下 80%。

如果再往內層掉落，就是常見的「受害者循環」（victim cycle）了。他們總是在怨天尤人、怪天怪地，理由／藉口一大堆——在下文的圖譜之 19 中所闡述的「線下」六大項受害因素裡懊惱抱怨循環不已，走不出更好的人生。他們已不太情願承擔責任了，責任感也繼續下降至約 60%。

再繼續往下一層，就是只剩約 20% 責任感的「受害者頹尚」世界（victimhood chic），這群長期受害者也常有辦法爭取到一些同情與關注而更加沉溺其中，還蔚為風尚了。

員工敬業度調查與研究領域的專家蓋洛普（Gallup）公司把員工敬業度（employee engagement）分成了三個等級，亦即：**敬業的（engaged）**員工、**不敬業的（unengaged）**員工，以及**超不敬業的（actively disengaged）**員工。在他們的全球大普查中，這三種員工在全世界職場上的總平均佔比分別大約是：20%、60% 與 20%。最後的這群「超不敬業」者，大約就是這些受害者頹尚族了，這些人的責任感或敬業度都已經很難回升上來。更有甚者，其中更有些已介入了阻礙發展、怠工破壞而形成危害了，他們的責任感趨於 0%，甚至是負值。

故事

聽過「內捲」（involution）這新名詞嗎？

在一種工作環境裡，內部競爭越來越激烈、資源越來越少、工作越來越繁複、努力越來越得不到應有的收益，工作漸漸失去了意義、沒了前展——往前進展，人們順勢進入了更大的內鬥與內耗，這就是所謂的內捲。內捲的英文是 involution，是進化 evolution 的反義詞，意即向內競爭或演化了。宛如是在滾輪上無意義奔跑不已的倉鼠，越跑越快時，滾輪還會越來越小；又宛如一群螃蟹在竹籠裡競相拉扯嚴重，沒有一隻可以成功爬出去。

內捲，是約 2 年前中國的流行語，也讓台灣人心生莫大警惕。「今天又內捲了一天」，造成的結果是責任感驟降，更別談當責與敬業了。

隨著內捲之後，是疲倦已極而產生的另一種更現代的流行語稱「躺平」——中國流行語，沒有特別英文，亦即：躺平休息、不想奮鬥、不想負責、無欲無求地從不婚不生，到啃老。責任感持續下降至約 0 了。還好，他們靜靜地躺平，也不危害人。

去年的 2022 年，英國人的年度關鍵詞居然選出了「Goblin Mode」（哥布林模式）。「哥布林」是歐美小說中的妖精，長長尖尖的耳朵，綠身勾鼻金魚眼，貪婪、卑劣、狡猾。所以，「哥布林模式」是用以特別形容去年人們「毫無歉意地自我放

縱、懶惰、邋遢或貪婪」的行為了。

　　全球人們的責任感似乎在不斷下降，在東方與西方之間不斷激盪，從內捲的極度疲倦到躺平不在乎了，到肆無忌憚地邋遢貪婪了。雖然，只是一部分人們，但是他們呼聲很大、影響也大，似乎期盼也殷？

　　別再往圈圈內繼續沉淪了，我們需要回到上圖中的圈外圈，也就是「當責」這一圈；而且，很顯然地，提升到當責也維持在當責，我們仍然很需要員工當責之後的：充分賦權（empowerment）、有效賦能（enablement），以及建立敬業（engagement）環境、重塑價值觀（values）與企業／組織文化（culture）等，而這也正是本書「當責學」（accountability-ism）完整的內容與標的。

圖譜之 19

線上線下大不同

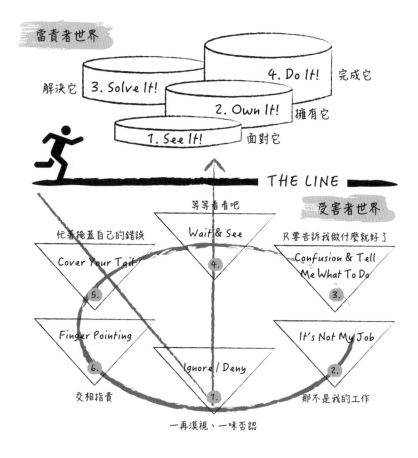

—— 取材自：R. Connors & T. Smith, *Journey to Emerald City*

圖解

　　如果，我們把圖譜之 14 的刮鬍刀上，或圖譜之 15 的防毒面具上，或圖譜之 18 上的粗實線圓圈圈，用力拉成一條直線；那麼，就成了本圖上的那一條中央水平線（THE LINE）。水平線清楚明白地分出線上與線下兩邊截然不同的世界。

　　水平線上是「當責者世界」，要進入這個美好世界看起來也很簡單，就是在為人處世上要：面對它、擁有它、解決它、完成它，四個步驟罷了。

- **面對它**，是指：別逃避了，面對殘酷現實吧。包含承認失敗，設法重新再來；別再心存雖敗猶榮、滿滿苦勞的魯蛇心態，活在虛幻不實裡，面對真實現況。

- **擁有它**，是指：別閃躲了，就成為那個難題的實質擁有者（owner）吧，東閃西躲，總是增加了無謂的痛苦。這種「擁有者」的心態，正是「當責者」該有的。

- **解決它**，是指：別逃跑了，難題依舊會在那裡。想想如何 one more ounce，「我還可以多做些什麼？」或 going the extra mile 地提升現狀以解決問題。

- **完成它**，是指：你可以的、有辦法解決問題的，記得要交出成果，別停在過程裡。Get results！而且是要 Get collective results！

四個「它」：在面對它與擁有它以後，你會發現心無懸念與旁鶩，已初步立於不敗之地了。然後，解決它與完成它，會讓你充滿活力、戰力與創意，這就是當責者積極主動的世界。

反觀之，掉落水平線之下呢？就是受害者世界。兩位原作者特別提出了六種心態，這六種心態似乎是貫通東西兩方世界、人類皆然的受害心態，例如：

1. **一再漠視、一味否認**，如：其實，我們的環境不一樣……。

2. **那不是我的工作**，如：那件事可沒寫在我的工作職責手冊裡……。

3. **只要告訴我做什麼就好了**，如：一道命令一個動作，其他的我不想負責……。

4. **等等看看吧**，如：反正，船到橋頭自然直吧……。

5. **忙著掩蓋自己的錯誤**，如：我早已把失敗的理由都找好了……。

6. **交相指責**，如：那可是我老闆的主意……。

受害者在這六方向裡害人害己、循環不已，甚至耗掉一生，令人不得不回首警惕。水平線上的另一端呢？正是人們在做抉擇的地方——真好，上帝給了我們凡事的自由選擇權；但，選擇完後，別忘了一定要為選擇後的成果或後果負起全責／當責，別再推諉卸責了。

故事

分享兩個在我們研討會中發生的小故事。

其一：記得快爬上來

被稱是 20 世紀最偉大經理人的 GE 前執行長傑克‧韋爾契（Jack Welch），有次曾自嘆，自己也常三不五時地掉落到受害者循環裡。但，他想到或看到後會盡速爬上去到「當責者世界」。

如果，偉大如韋爾契都會掉下去，那麼哪位企業人不會常掉下去呢？韋爾契自己會上來，我們自己上不來怎麼辦？這時就要靠職場上良師益友的提醒、幫忙，或借助於企業裡無所不在的當責文化了。所以，有些公司裡，當責文化推得很徹底，他們的員工自己還會自行找到一位益友當成所謂的 accountability partner ——是記名在案的「當責夥伴」，是要對你直言無諱地提醒當責——你不能生氣，還要感激他的。

記得一次研討會中，有位德國藥廠在台分公司的總經理就有感而發地說：原來掉入「受害者心態」，也是企業領導人的常態，我現在心裡更感釋懷了；原來更要緊的是趕緊爬上去，別在下面待太久、享受或懊悔太久了；原來，人非聖賢，並非永遠總能在上面；原來，一個成功的人，是讓自己更多的時間是待在上面，不像失敗者就大半時間躲在下面，偶爾才會上去一下下了。

其二：別輕易放下它

曾經取得日本立正大學博士學位的法鼓山聖嚴法師，對水平線上面的世界也很有感受，他的說法是：

面對它、接受它、處理它、放下它。

是的，**面對它、接受它**，連宗教界大師也勸人別再閃躲了。但，你一定不可以在接受它後就直接跳到**放下它**，你還是要先**處理它**。在企業界呢？我們還是不會輕易放下它的，那樣太佛心了，企業界講求的是交出成果的**完成它**，比較不是輕嘆一聲「我已盡力了」後，輕輕放下它。

擁有它⋯⋯而成為擁有者（owner），是企業人的特點，面對難題挺身而出成為難題的擁有者是勇者；義無反顧地擁有後，他與成功、或失敗後的成功的距離就拉得更近了。

圖譜之 20
你願意「踩線」以「交出成果」嗎？

> 為了 get results!（交出成果！）
> 你，踩「線」在所不惜嗎？　　（10 分）

vs.

> 因為會踩「線」，你，寧願放棄
> get results！嗎？　　（1 分）

——取材自：William Byham, Erik Duerring, Yue-er Luo, Bill Proudfoot,
Leadership Success in China

圖解

　　這一道管理實務上的測試題，是我在讀完 DDI 顧問公司所出版《Leadership Success in China》一書後，所演繹出來的一道大膽試題，我們常用在我們的研討會裡。其內有兩個主題：

　　一是：get results 的「交出成果」一直是我們當責的主題，是交出成果，不是交出理由或藉口，我們甚至直言 accountable 是 accountable for results 的簡稱，企業經營裡 results 的重要性難

以言宣，現在也有了如上述的考驗。

二是：踩「線」，是踩了什麼線？我們也直言，是階級之線、是部門之線。**如果你在工作過程中，為了交出成果，勢必將踩到這兩種「線」時，你會主動去踩嗎？**其實，現代企業裡，許多工作也已很難由單人或單部門來完成了。

踩線，實在是有違華人傳統概念。孔子說：「不在其位，不謀其政。」諺語說：「各人自掃門前雪，休管他人瓦上霜。」而你，偏要越線、踩線嗎？但，越線、踩線常不是圖謀他人的政，而是圖謀自己的政。為自己、為自己團隊，會更敢踩嗎？

我們的上海客戶還曾問起：法律之線、道德之線，為了交出成果也能踩嗎？當然不能。公司價值觀之線也不能踩，踩了企業核心價值觀（core values）之線後，在某些優秀公司裡，不管你績效再好也會被開除的。

或者，在奮鬥過程中因為會踩到部門之線或階級之線，我們就明哲保身地讓成果漏失，而後只能徒呼負負？其實不必，我們需要特別注意的只是：**在踩線前、踩線中與踩線後，都別忘了要鼓起勇氣溝通再溝通**，溝通時好好先提升你自己的說服力與影響力，你的說服力又來自於對自己、對別人、對公司的目的與目標的深深了解，甚至於你平時的人際關係與人脈。

所以，你又意外發現，我們在定義與討論個人在進入團隊工作時，一腳踩入「無人在管」的白色地帶，反而相對超容易了。現在，我們居然還要踩入別人甚至長官專管的領域裡！

故事

記得有次在與台積電一位處長談事時，他就提到：在我們公司裡，我們鼓勵員工「mind other's business」——什麼意思？管別人家的事？是的，當別人的事會影響到你的成果時，你本來就應該要站出來去管管——也不是真管，是溝通，甚至是商討互助以共成。言之成理啊！企業裡就是一個相輔相成、互信互倚（interdependence）以成事的地方。部門的事本來就難以只在自己部門內完成，你老是「mind your own business」（只管你自己的事），有天會不會難竟全功？

我們的一位台灣 IT 服務業客戶老總有次跟我說，他在 IBM 生涯裡，最大的學習是勇於適時說出：「It's my business!」好極了，他要管了；也好大的氣魄與信心，這檔事，他管定了。

有一說是，「受害者」最常愛用的英文句是什麼？答案是：「Why me?」（為什麼是我？）用法例如：老天！（或老闆、或老婆）為什麼老是我？很無奈、無解，或無語問蒼天的況味。

回答那位受害者的也常只是兩個字，即「Why Not!」——你這傢伙總是自私自利、不在乎別人；還眼光如豆，只顧眼前、不關心周遭處境與未來，最後倒楣的人「為什麼不是你？」如果，你早知如此，早一點做規劃、面對問題、擁有問題、採取行動，就不會常嘆為什麼老是我。**所以，我這次會管事管到別部門去，是因為那事會影響到我 2 個月後的成果。**

　　最後，要分享的是，上圖中的相對論與實際測試是在我們仔細說明後，以舉手大致做民調的，而且避開敏感的現況，去想像一番未來。所以，我會這樣問：在未來，你希望貴公司的狀況是如 1. 所述的（10）分，或如 2. 所述的（1）分？或中間數值的多少分？再提醒一次：踩線前、踩線中、踩線後，別忘了都要多多溝通。測試結果呢？很有趣的，大抵如下：

　　在台灣大約是 7、8、9、10 分，公家機構略低些。日本企業，大致偏低，5、6、7 分吧，似乎更重流程與體制。在中國呢？大致是 9、10 分，還甚至飆到 11、13 分——超過 10 分的 11、13 可是他們自提的，一副磨刀霍霍的樣子，使我得趕緊再提醒大老闆一定也要畫出清清楚楚不可踰越的「紅線」，例如在道德、倫理、價值觀、法律，乃至於老闆特定要求（例如，凡事不可貳過、不可違反安全等等的特定邊界條件）。

　　我問的是「未來」的希望，無關現在，所以是比較不敏感、不致牽涉到現場老闆或辦公室政治，大家的回答總是遲疑後的踴躍。在中國，常會跑出 11 甚至是 13 分，應該是他們更有激情、更愛當責、更想交出成果、更急切於表現，大約是我想到的理由了。台灣老闆與員工的積極主動程度，也讓我們很有感——雖然曾有家千億級公司的一位副總很保守而堅定地反對任何踩線行為，也不知他後來是否有些許改變？

圖譜之 21

讓我們大聲喊出、大力做到…

圖解　　故事

　　我們有 3 小時到 3 天長短不同的課程。上圖中三句口號，是在最早 3 小時課程結束時，請與會朋友們一起站起來、一起大聲喊出各三次的精華金句。大家大聲喊過後，相信應該會記得更清楚、更牢固，英語也更熟練、更順口了。

　　一起大聲喊過的朋友們，包括董事長、總經理與高管團隊、大學校長、院長、將軍、經理與員工、大學生與高職生，以及幼兒園的老師們；國籍也多，如中、台、日、星、馬、印、韓……

等；大家在我們帶頭下大聲喊出，興致淋漓地結束。隨後，通常就是吃午飯，飯更香。

有次在中國，是在一個超大會堂裡，共約 3,200 人參與——你聽過這麼多人在一個屋頂下，站起來整齊劃一地大喊三遍的聲響震撼嗎？

一個字、兩個字、三個字，三句口號總和了 3 小時內容；意義重大，再述如下：

一個字：Accountable ！

如果，責任感是人生與事業成功的 CSF（關鍵成功要素），那麼我們要如何提升或強化責任感？例如，單純地比負責更負責、比努力更努力嗎？人生與事業都很長，我們可不想拚苦勞、使蠻力，搞不好還弄得積勞成疾。

所以，我們提出把負責提升一級到當責的境地。凡事做個當家，當家作主，那怕是小當家，或小小當家，在認清目的與目標，思考現狀與挑戰後，願意為成果負責，很自然地就會為過程、行為、行動與自己的起心動念負責，為了達標致果，充滿了創意與創新，這就是「當家的責任」的當責。前面 20 張連續圖就是簡要敘述了。

當責，是個國際化與世界級的理念，認識與應用時更有利於國人在國際工商活動上的溝通與成功。別小看這一個字，我們發現縱然曾經留美留英並在當地工作多年，仍然很難真正了解 accountable 的真義與全貌，在中文翻譯上更是疑竇重重。現在，

你對 accountable 與當責的認識已夠深刻，大叫三聲後更是痛快淋漓，accountable 的責任感希望你與老闆們能一起重燃工作的熱情。

兩個字：Get Results ！！

如果，不是交出成果，那麼會交出什麼？通常是交出一大堆為什麼沒成果的理由，也就是 get reasons。這些理由很是言之成理，很有邏輯也已有證據，更應是寶貴經驗（key learnings）了──可以幫助你下次不要再犯，執行更成功。但，對這次失敗已無助益，或者退而言之，在這次作業的先行規劃中你怎沒預想到其中的一些「理由」？或有想到卻沒有預作防範、預作對策？現在，事後的理由，像不像在找藉口？

在許多老闆心中，你的 reasons（理由）再多再強，也徒然成了 excuses（藉口）。於是，get results 變成了 get reasons，又變成了 get excuses。解決之道就是，敗了就敗了，承認失敗並接受該有的處罰，**別躲在雖敗猶榮的假象或陰影裡，嚴重妨害了為下次作業及早規劃與復仇成功。**

Get results ！就是要達標致果──達什麼目標？那個目標要不要與老闆、與自己、與成員討論清楚？要達成時需要什麼行動方案與資源乃至新的能力？當然要。所以，當責者會有規劃，在爭取資源時也很主動積極，甚至於具有侵略性──因為事關自己與團隊能否達標。目標清楚也要知道目的（purpose）何在嗎？當然要。因為目的裡總是含著激勵人心士氣之源，所以，當責者知彼知己，也一定知道如何激勵別人與激勵自己。

三個字：One More Ounce ！！！

作為當責者，要達標致果，在這條路上（常非直路）總是險阻重重，意外頻生，你願意除了「正事」外也很「雞婆」地「多加一盎司」嗎？這多加的一盎司常常是加在事先的思考與規劃上、事中的創新與創意上，與事後的反饋與前饋上。還記得前述《聖經》上多走一哩路的故事嗎？

這個 one more ounce 的關鍵性驅動力是來自一種「自主判斷並自主決定，該多做一些努力」（discretionary effort），常常又是源自對目標與目的的認同與激勵，也受工作環境中友善的互信、互惠、互助與互尊所影響；不是老闆命令或威脅的，常是老闆激發出來的。所以，在多加一盎司的努力上，也有賴老闆們「多加一把勁」以激勵人心士氣，不是單純多加些加班費——這區區加班費是支付不了員工的 discretionary effort 的——那是免費的，免費的最貴也最寶貴了，是老闆們用心經營的結果，我們在後面「敬業度」裡還有更多闡述。

在管理上，老闆們都愛上員工們多加一盎司的努力，但別視為理所當然，它是被激發或自發出來的，或許也是被提醒出來的，但不會是被要求或命令出來的。

我們除了金錢外還有什麼更好激勵新世代員工的方法嗎？希望本書會有所啟發。常用也實用的「胡蘿蔔與大棒子」（carrot and stick）其實是更適用於激勵動物——例如騾子、驢子，對吧？激勵人才呢？激勵最優秀、最想留住的人才呢？

張老闆怎樣同時做好 A、R、C
或 I 四種角色？

張老闆

COTs	張1	張2	王	趙	陳	江	張3
1.	A	C	**A**		I	I	**C**
2.	A	C	I		I	A	**C**
3.	A	C	C	**A**		R	I
4.	A	C	I	I	R	R	**A**
5.	A	C	I	**A**		I	**C**
6.	A	C	I	I	A/R$_2$		R$_3$

（左側直排：重要任務／專案／活動）

圖解　　故事

　　舉個例子說個故事吧，張老闆你在負責一個事業部，這一
年算算大小特別任務還真多，二十來項吧。再想一想，其中有
六項超重要，如有閃失，肯定會大大影響今年的績效，那麼，
就稱它們是六大 COT（Critical Operating Tasks）吧——或是，

重大案。這六個重大案需要好好經營，那就用當責式管理來試試，誰來當各專案的 A ？

　　既是重大案，我又是老闆，依往例我責無旁貸地就來當那六個重大案的 A，以前總是這樣，別的事業部也是這樣。於是，我們有了上圖中左側第一行了，張老闆一路下來連當了六個 A。想想，又是日理萬機、忙得不可開交的一年了。

　　同樣，也是回到老路上，張老闆高高在上，會是時 A、時 R、時 C、時 I 地遊走、折衝在四個角色之間，最後總會在看似混亂卻也亂中有序中大致完成了這幾個大案。

　　或許，你也可以不必這樣，我們有位客戶笑說：老是如此，有天調查局還會找上你——因為你「A」太多了。真實是，你一路一直 A 下去也太累了，累身也累心，搞不好有時出身未捷不幸死了一、兩個案。

　　那麼，在上圖中退一行，到第二行試試看 C ？只在一旁督導，做好諮詢、顧問與教練的角色呢？聽說，會被笑成是：位高權重責任輕，打球打到手抽筋？好吧，你就做個全盤思考，找出事業部裡四位大將：老王、老趙、老陳、老江，請他們分別擔任當責者的 A，管理好 COT 的 1、2、3、5、6 各項；我也因很有需要、太有專長地親自下海主持了 COT 4，就像所謂的「CEO Marketing」（大老闆兼行銷員）一樣，管理著幾個重量級 key accounts（關鍵客戶）及幾個新客戶開發案。此外，今年你還得思考新策略、推動事業部級的當責文化與人才發展計畫，夠忙了。

　　於是，老王、老趙、老陳、老江與自己共五人，初步排定角色與責任圖如上圖。大家會各自在下一階層或下兩階層，在自己部門甚或別人部門裡找到合適的 R 們而成立 ARCI 團隊，其中比較特殊的是老陳學有專精還兼了自己團隊裡的 R_2 一角，老闆的你也下海兼了老陳團隊裡 R_3 的角色，希望也有助於打破官僚體制老觀念——聽說 Intel 傳奇 CEO 葛洛夫也常這樣推動團隊效率與效能，實情也是因為你對這個 R_3 的工作太專精了，不用老闆你太可惜了。所以你撥出一部分寶貴時間去當部屬的部屬，當然你也是想試著打破組織內強烈的 silo 本位主義。

　　六大 COT 的角色與責任清楚了，每個案子都有個清楚的 A，年底成果是惟這些 A 們是問了。他們的目標與目的都要很清楚，但仍需做出初步與詳細些的規劃與你會商諮詢，還會規劃出行動方案後再找你要資源，然後會因此很快找到更合適的 R 們，建立起 ARCI 團隊，公告周知，HR 也存檔，日後 A 與 R 們的績效考核都跟這有關的。拍拍手喘口氣，你覺得輕鬆有效許多，但，心裡還是有些放不下？正常吧。

　　我們在此想做個複習，在當責式管理裡，我要怎樣當一個更好的 A？如果以那個有兩耳朵的豬頭圖為例先做個預覽，A（當責者）要完成的工作是：

- 對 C：如協定目標，爭取資源，建立互信，取得授權……。
- 對 R：如明確各個 R 的大小圈圈，建立團隊，建立團隊文化，鼓勵個人當責、同事間當責，做好賦權，也培養下一個 A……。

- 對 I：要主動事後告知，也歡迎回饋和建議⋯⋯。
- 對白色地帶：思考可控與不可控的成敗要素，知道最後還是要概括承受的⋯⋯。
- 規劃並管理自己在其他團隊的其他工作與任務。
- 對自己：想想自己在本案中的挑戰，要做中學、學中做的？尤其在軟技能上如協作、溝通、影響力，含在部門內外適時的成員培訓。

所以，預覽後你會發現，**A 們都需要更強的前瞻力、溝通力、影響力與論述力——尤其是最後一項的論述力**，是台灣經理人最缺乏與忽視的一環——你是 A，可以把全案的來龍去脈、前因後果、輕重緩急、利弊得失，對 C 與 R 們論述清楚嗎？論述力也因此加強了你的說服力、影響力與領導力，不再像以前常是立馬披掛上陣，依靠經驗也依靠無所不能的大家長式威權而領導了。

因此，下面兩張圖，我們還要給 A 兩個建議：一個是「不要」——不要再學「Just do it」了；一個是「要」——要做好「兔寶寶」。在更後面的圖裡，我們也會分別給 C 與 R 們做出許多很實用的建議。

圖譜之 23
不要再學「Just do it」了

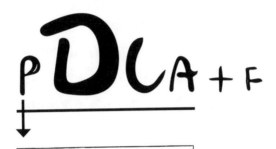

pDCA + F

> 來龍去脈，前因後果；
> 輕重緩急，利弊得失。

矽谷創業家：**Plan A**, Plan B and Plan Z

圖解

　　「PDCA 循環」原是品管用語，現則已通用於一般管理，例如，專案管理裡也總是不離這個 Plan ─ Do ─ Check ─ Act 的基本邏輯。日本人又在 Pdca 後面再加上了一個 F，意思是要 Follow-up，要把 PDCA 後的成功經驗不藏私地傳出團隊、傳出部門，在全公司擴大應用。

　　我曾在竹科與幾位老闆們分享了經驗，同感的是，國人對 PDCA 循環裡各階段的重視程度卻很有差別的，上圖即以字體

的大小代表了重視程度的大小，例如 Plan（規劃）的 P 通常很小，Do（執行）的 D 就超大，反映著我們的慣常思考──規劃沒什麼用的，去做就對了。然後，Check（查核）的 C 又小了許多，做過就是了，還查什麼查？最後 Act（行動）的 A，當然又做小了；真有成績呢？更少外傳（F）了──幹嘛讓別人白白學到。我突然也想到，美國人在 F 上也有不同的困難──他們的心態反而是，我部門幹嘛要學你部門？或著，我們德州廠幹嘛要學他們加州廠？有個真實故事是，為了讓德州廠就範還互調了兩邊的廠長。

故事

「Just do it」是耐吉（Nike）長久以來的企業口號，強力鼓舞行動，簡單有力，響徹全球也確是打動人心──鞋子這麼美妙，你就別多想了，就買了、就穿了、就去跑了、就去動了，身體就健康了。要健康好簡單，Just do it！健康規劃太周詳，就不會去執行了。Just do it！真過癮。

企業經營裡，歐美許多經理人卻常喜愛或被迫去思考，他們擅長做各種短中長程規劃，有時也不免陷入過度思考（overthinking 或 over-analysis）的陷阱裡──甚至過度到了 paralysis by analysis 階段了（即，過度分析形成癱瘓）。大老闆發現後，桌子一拍說：「Just do it!」也確是大快人心。畢竟，

有一些事在初步規劃後也就做中學、學中做，隨需而變、邊做邊調適的。

對比較不喜歡思考與規劃的台灣人來說，更喜愛 Just do it 了，大多都在想：反正計畫趕不上變化，變化趕不上老闆一句話，或客戶一通電話。於是，不思考、不規劃，也美其名為彈性經營，反正兵來將擋、水來土掩，誰怕誰？而且，依靠豐富經驗，抓住好機會，我們也常常處處得勝，天公疼憨人，好好認真做事就對啦。

但是，不管是運動或管理，思考到一定程度後再大膽去做，與不思不慮直接 Just do it，還是有很大的差異，何況商場如戰場，會有大勝與慘賠乃至死傷。下面分享幾則商場與戰場的有趣故事。

身經百戰、戰績彪炳的拿破崙說過：「我沒有一次勝戰是依照原定計畫打下的；但是，每一次打戰前我一定要做好完整的規劃。」二戰時，歐洲戰場上勝戰英雄也成為後來的美國總統艾森豪也說過：「Plans are nothing, planning is everything.」意思是，計畫本身是沒什麼用的──因為常常是，戰爭一開打，計畫就立即要改變了；但，計畫的過程卻是最重要的──因為有過規劃的過程與思考，應變時才會更快速而有效。

美國四星上將麥克克里斯托（Stanley McChrystal）歷經無數次中東與近東的大小戰爭，他說：「我們沒有手冊（manual），但，我們有計畫藍圖（blueprint）。我們都曾經看著、討論著這個藍圖是怎樣在我們的白板上成形。」所以，不管最後計畫本

身有沒有用上、有沒有改變，計畫與思考的過程更是重要。不思考、不規劃就直接上戰場的 Just do it，會死得很慘烈吧。

或許，企業經營的成敗不會如戰爭般地死傷慘烈，但經營盈虧、興衰起滅，仍是眾所注目，疏忽不得。你相信耐吉大小官員們，就是不思不考地提刀上陣，開發產品、搶奪市場？絕對不是的，怕是想破了頭、用盡了腦，憚精竭慮；只是在想破頭之前才煞車說：夠了，Just do it 吧！

IBM 創辦人傳給後代員工的座右銘可只是醒眼的一個字：THINK，提醒員工不可輕舉妄動。

2022 年賣座第一、超級精采的電影《捍衛戰士：獨行俠》（*Top Gun: Maverick*）裡，在激烈空戰中，主角阿湯哥（Tom Cruise）多次要求戰友：「Don't think, just do!」（不要想，就去做！）請別誤會又誤用，劇中阿湯哥在戰前明明是縝密思考、精確規劃，還不斷練習、不斷改進，身教加言教、嚴格要求與堅持的。別看完電影後，只記住了「Don't think, just do」，哪天真開機空戰時，會死得很慘的。

所以，不管是影劇、戰場或商場，讓我們首先要看清競爭全貌，一定是要 think；或許不用 overthink，但，**一定是在某種程度的 think 後，你才會更有能力 Just do it**。

回到我們上面的圖上。如果，你接下了老闆的一個 COT，你會不會會促成軍、提刀上陣？或不思不考，Just do it ？當然不會。你是 ARCI 團隊中的 A（當責者），是 accountable 的，亦即 accountable for results，是要交出成果、交出團隊成果的。

你至少會先想想這案子的來龍去脈、前因後果、輕重緩急、利弊得失，做好 homework（家庭功課），然後再去跟老闆 C 好好聊聊進行釐清，自己再度好好想一想，遲早你是要面對所有的 R 們講清楚、說明白的。先謀而後動，你至少還是要想出來一套基本計畫，就算是 plan A 吧。外面是灰犀牛滿地跑、黑天鵝滿天飛，萬一原來那個如意算盤有了錯失呢？於是，你還有 plan B 的緊急應變計畫立刻上線——你需要的，因為你是要交出成果，不是交出理由以交差了事。矽谷創業家們還說，他們還會有個 plan Z，是指計畫完敗時如何避免衣食全無地流落街頭的計畫。其實，你有了 worst-case scenario（最壞狀況）的初步風險分析後，就更敢放膽施為，成功機會也更大了。

想一想，你在接到 COT 後，沒有立即 Just do it，而是：「放大 P ！」不只想清楚來龍去脈、利弊得失，還有了 plan A、 B 與 Z，日後面對眾 R 們時，你是不是會更有論述力、說服力、影響力，以及隨之而來的領導力？是不是就像宋朝范仲淹般的「胸中自有數萬甲兵」，或者三國時諸葛亮般的「運籌帷幄之中，決勝千里之外」？所以，放大 P 後，大大提升了你的論述力——國內經理人好重要又很缺乏的一種軟實力，讓你更像個 A ——一個胸有成竹的當責者！不再像以往只是個聽話者或傳話人。

圖譜之 24

做好「兔寶寶」的規劃與執行循環

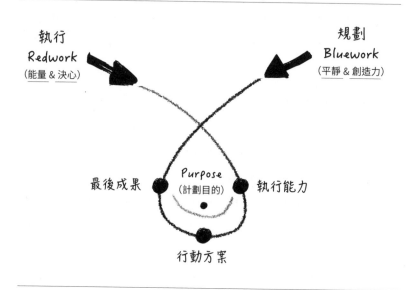

圖解

上圖所述是另一種循環，有公司稱之為任務循環（task cycle），任務中的循環有兩個不同方向：一個是依逆時鐘方向進入，另一個則是順時鐘；全圖遠觀貌似一隻可愛兔子與兩個大耳朵，我們暱稱之為「兔寶寶」。

先談談逆時鐘方向下的「規劃循環」。循環自左上耳啟動後，順勢而下行遇到了第一個點是兔寶寶的右眼，即最後成果。

亦即，這個專案最後想達標並交出的成果是什麼？有 KPI，或如 SMART 般的清楚管理數字嗎？甚至是接上其他中長程目標嗎？有可計量與不可計量的？有財務上與非財務上的目標嗎？想通想清楚寫下來。於是，循環繼續向前行，我們遇到了「行動方案」。這時，我們開始要思考的是，如果我們未來要達成那個明確目標，那麼一定需要貫徹哪些行動方案？例如：舉其重要者，有四、五個大項會是什麼？也反向再想一次，如果沒有哪幾項方案時，我們是不可能達成那個最後目標的。想通了，寫下來。然後，規劃循環繼續往前行，我們遇到了「執行能力」。亦即，為了遂行前述四、五項主要的行動方案，我與團隊的能力、資源、支援足夠嗎？包括項目如：時間、經費、成員、軟體、硬體、資訊、設備，還有人員的硬技能與軟技能的調適與培育等，現有的、要爭取的、要邊做邊要的，這些需要好好先想一遍嗎？

在規劃循環進行中，你的眼睛還要不斷地注視著兔寶寶的鼻子，那是 purpose（目的或宗旨），是整個專案或計畫的目的、使命與意義所在。別小看、少看或不看它，它會讓整個計畫不失焦，也常成為激勵士氣與熱情之源。所以，這個 purpose 也是早早要跟老闆 C 討論溝通清楚的。

「規劃」循環於焉大功告成，好簡單，我們途中只遇到了四個點——兩隻眼，加一個小嘴，再加上一點鼻子——常盯著它們看，才會看到笑口常開。。

企業界在做「規劃」管理時，總是由最後目標或成果再往

回推，《哈佛管理評論》上說，這叫 backward mapping（回溯圖解法）；杜邦公司用於策略規劃流程中，稱為 FBH（為未來寫歷史），方便、有效，好處多多；亞馬遜公司最著名的管理則稱為 working backwards 亦即，從公司文化的「迷戀顧客」（customer obsession）開始，往回一步一步地回溯經營到整家公司的每日例常行動與行為。

A 在自己的先行規劃循環走完一圈後，是再一次與老闆 C 討論的好時機。然後，規劃即可據以招兵買馬、籌措各種所需資源與支援，準備剋期進入「執行循環」。「執行」時，依行動方案而找齊了團隊——R 們常也是半職兼職的，爭取到的資源也不見得十足，依既有的或經改進的行動方案，就全力以赴了。執行途中有賴於達成各個重要的查核點（check point）或里程碑（milestones），最後終於交出成果。在這個達標致果的過程中，也別忘了，還是得時時眼望也心存兔寶寶鼻子上的目的、意義與使命。

讓我們的規劃過程（planning）與規劃內容（plan）成為一種更有效的溝通工具，也形成 Plan B 與管理白色地帶時的重要考量。

故事

日本「經營之聖」稻盛和夫在搶救日本航空公司（JAL）時

——當時日航股票已下市、公司進行重組中，曾跟眾部屬明言：縱使大案子已核准在先，執行大案內的眾小案時也都需要有規劃並呈報，否則「一毛錢也不給你」。他的目的是在防範大公司內成員們還是意在「消化預算」，事先規劃有助並強化執行的成功。規劃認真，當然是執行成功更大的保證了。

也想想這問題：先找資源再規劃，或先規劃再找資源？

哈佛教授霍華德‧史蒂文森（Howard Stevenson）認為，企業家精神就是在追求機會、成就與貢獻（亦即目標、目的、意義等），一心一意就是要完成夢想，所以，看著兔鼻子熱情地全力規劃各項行動方案，最後在規劃所需資源時才發現資源不足；於是，他們又充滿熱情與信心地在各處張羅募集所需資源。相反方向與方式呢？就常是公家機構人員的概念了，很多人總是在想：有多少資源做多少事，所以他們是先找資源。

再想想這問題：先組成團隊，或是先進行規劃？

務實的建議是：A（當責者），請你先進行規劃，當你知道更多專案目的、目標、內容與行動方案後，才能更有力地爭取到所需要的各種專業人才，最後組成團隊後也可以再度啟動規劃以吸取團隊成員經驗。**規劃或計畫本身本來就是一個不斷update 與 upgrade 的過程，有更好的規劃才會有更好的執行，**所以，在兔寶寶的兩個任務循環上，A 都是個先行者，跑完兔寶寶循環後，他會更像一個當責者、或「當家者」，不會只是一個協調人或影舞者。

彼得‧杜拉克說：如果，你只做規劃不做執行，或只做執

行不做規劃，那麼，你只是半個領導人。

　　創辦了日本京瓷與 KDDI 兩家財星全球 500 大高科技公司的稻盛和夫在搶救日航時，曾當面嚴厲指責一位只做規劃不做執行的高管，直言：你是這計畫的當責者嗎？你負有當責嗎？最重要的是，你要如何去執行？我沒有時間跟你談這種空口白話畫出來的大餅，你可以回去了。這位只規劃、不執行的高管回憶說：「那真是最強的文化衝擊，感覺頭上被狠敲一記。」

　　從現在開始，讓我們更習慣於一手規劃、一手執行，成為一個完整的當責領導人。

圖譜之 25

A 心中或紙上的 ARCI 團隊章程

策略 / 文化的連結	
COT（重大案）名稱	
目標 / 里程碑	
在 P&L 上的影響	
A	
R	
C	
I	
議題 / 障礙 / 所需資源	
行動計畫（是何人、在何時、做何事）	

組織目標／團隊目標／個人級目標

圖解　故事

　　當責者的 A，為什麼在 ARCI 團隊中更像一個領導人了？他在威權上不會比 C 大，在各個相關硬技能上也不會比眾 R 們強；但，他在這個案子上最專注、懂最多，也是名正言順、大責在身的當責者。

　　當責者的角色與責任很清楚了，心中或筆記本上也會有像

這樣一張類似的、一目瞭然的團隊章程（team charter）。這張章程裡，他很難得地把這個案子的三個層級的目標連在一起，也難怪圖表有些擠了，這三個層級是：企業的策略目標與文化、團隊目標，以及大致上的各成員目標。三個目標如此相連，你可以讓孜孜矻矻工作的成員們知道，其實他們每天忙著如瑣事般的工作是連接著公司的 2 年策略，甚至更連接著公司長期的願景與使命。團隊也將會是在公司的價值觀準則下工作的，不是像工具人、機器人或人礦般地工作著。這項工作是公司深思熟慮、饒有目的，不是老闆們一時心血來潮，或只是在捕捉市場上一時的興起——我們的 A 可能還需事事請示 C。

　　章程中的最上一列，我們還提到了價值觀。這些公司級的價值觀在我們的團隊裡，還有可能形成重要的共享價值觀的一部分，並因此而形成這個團隊成員們共有的行為準則——尤其是讓來自四面八方、各懷絕技也心態各異的英雄好漢們所組成的跨部門團隊或跨國團隊裡，有了共同的行為準則，那麼同心協力達成共同目標的機會就更大些，無謂的爭吵會更少些了。

　　例如：我們在中國成都的一美商客戶，他們的一位項目經理總是個成功的 A，他帶領過幾個團隊都很成功。因為，他總是能帶領團隊首先訂出含有當責在內的幾個重要的團隊價值觀，並也由此衍生出數條團隊行為守則，公告周知也請大家簽名遵守，工作中是平息了不少爭執。無謂爭吵少了，同心協力就多了。

　　章程中第二列是 COT，我們在工作坊中，都是使用客戶的

真實案例來進行的，各個臨時組成的團隊還會為自己團隊取個
有趣或有力的隊名，在討論前與報告時還有了隊呼，生氣昂然、
活力無比。想起了美國曾有個機密研究團隊被獨立出來後搬到
外面做研究，他們稱自己團隊是 skunk（臭鼬）團隊，是另類幽
默了。第三列的 milestone management 或 check points 管理，也
是執行時的成功之鑰，要提醒的是：當責真義中，還有一意是：
當責是要說明的、要報告的——要隨時報告你已完成的、沒完
成的，尤其是沒完成的，因為那可能會直接間接影響其他人。

　　章程中第四列提到請 A 也能先估計本案在成功或失敗後所
造成對 P&L 的影響。P&L 是 profit and loss（獲利與損失）的簡
稱，例如，如果本案成功達陣後，對公司獲利影響很大，那麼，
你與成員們都應該要早早知道，這對軍心士氣影響是很大的。
如果，今年影響不大，那麼隨後的幾年呢？我們一家台灣客戶
的事業部總經理還因此規定，凡是影響程度超過一個定量值的
起案（initiative）或專案，一定要有團隊章程、要有 P&L 的估算。

　　然後，在下一列寫上 A（當責者）自己的名字，寫的時候
再思考一次，你的個人當責、團隊當責的理念夠強嗎？甚至敢
於推動同事間當責等的團隊文化嗎？在 C（諮詢者）的項目下，
寫下的 C_1 應是你的直接老闆，C_2 有可能是其他部門願意資助你
的老闆級主管，C_3 則可能是外面可以幫助你的教練或顧問等，
對 A 的領導力成長會很有幫助的。

　　最後一列是個人級目標了，是眾 R 們標準的「who does
what by when」（誰在何時前須完成什麼）問題，也是典型的個

人當責目標描述。這時還不是很準，只是在做完兔寶寶後的初步估計；但，其中 by when 是在提醒時間點上相互的關聯性，影響著專案上常用的關鍵時間與 deadline（限期、大限）──光看英文字時是有些怵目驚心的。

　　A 在跑完兔寶寶循環後，在紙上、在心中也記下或存著像這樣的一張團隊章程，會不會更像一位高瞻遠矚也準備好挽袖工作的經理人了？

C_1 的世界，與做更好的 C

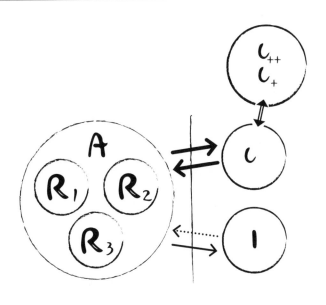

圖解

在 ARCI 法則中，C 的最終定位是幫助 A 成功，幫助 A 更好地帶領 A + R 團隊達成任務，交出成果。正如 Intel 前 CEO 葛洛夫說的：C 的成就就是其下眾 A 們成就的總和。所以，看來 C 不應該下來搶 A 的工作或 A 的功勞。傳奇 CEO 韋爾契領導下的 GE 常被稱為人才製造工廠，他常問 C 的是：你今年幫我

培養成功了幾個 A？這儼然也成了一個「非財務性 KPI」了。

那麼上圖中的 C，在角色與責任上會有什麼各式各樣的挑戰呢？

其一：管太多，變成為討厭的微管理者（micromanager）了。

- C 像垂簾聽政，經常有意無意地出手管 A。
- C 甚至越級指揮，常有意無意地指揮 R 們。
- C 能夠忍住伸手嗎？或明示 A 目前尚未全放手？那麼，何時會放手？

其二：更大老闆頻頻介入，C 沒有「管好」他老闆。

- 在大公司裡，官階多；C 的老闆 C+ 甚至老闆的老闆 C++ 也常忍不住或無意中下來管 A 或 R，怎麼辦？
- C 可以幫助 A 搞定 C+ 或 C++ 嗎？讓 A + R 團隊發揮更有效的執行力？
- C 不宜放手讓 C+ 隨意管 A，或 A + R 團隊；C 如管不了 C+，A 更感無力。

其三：太愛管了，反成了「反授權」。

- A 不願、不敢做決定，於是每事問。C 總是代做決定，A 覺得沒做決定不必負責，認真執行即可。
- A 可能計誘 C 代做決定以規避責任，C 會背許多猴子的。
- 無法培養人才，A 還會爭功諉過。
- C 應該輔導 / 教練 A 當家作主、自主做出決定；C 敢於放手，反正已做過風險分析，A 縱有錯誤決定也不致於敗公司、敗部門？

　　其四：C 與 A 間的角色與責任易產生混淆，自古已然；古時明君與名將也悟出了些許道理，足堪今日我輩借鏡者如：

- 「將能而君不御者勝」：將是 A，有才有能，帶著眾 R 們在戰場爭勝；君是 C，不會過度干預時，這樣的軍隊才能得勝。
- 「將在軍，君命有所不受」：將是 A，在戰場上帶兵打戰，須臾間環境變幻萬千，遠離現場的 C 的命令常是不便接受的，請 C 息怒，勝戰第一。
- 「但聞將軍令，不聞天子詔」：戰場作戰，眾 R 們也只是聽命於 A，不聽皇上 C 的，再請 C 息怒，戰場將軍軍令如山。

故事

　　約 10 年前，我曾在《哈佛商業評論》（*Harvard Business Review*）上讀過一篇好文：〈What ever happened to accountability?〉（美國陸軍的當責機制到底怎麼啦？），論述的是美國陸軍從二戰、越戰，到伊拉克、阿富汗，一個原本講求高標準與當責文化的團隊，卻不斷變質衰退。馬歇爾將軍所建立的當責與誠信，在越戰時幾已蕩然無存；在伊拉克與阿富汗，仍如在越南，還是無法要求將軍們負起當責。文末說：美軍如要重新獲取應變強度，並且提升戰鬥效能，必須重建當責。

　　美軍在越戰失敗的許多戰役裡，還有 ARCI 運作的惡例，如：地面戰鬥部隊的隊長不是真正主官，而是聽命於一些坐著直升機在戰場上空盤桓的更大大官們（例如，C 與 C+ 乃至 C++）。大官們饒有經驗，但並不了解也看不清地面的地形地貌，以及越共各種陷阱和地洞的實況。於是，地面現場的 A + R 們在空中 C 們的指揮下吃了許多敗仗。

　　中國人學得真快，全盛時期的華為總經理任正非就說了：**「讓聽得見砲聲的人來呼喚砲火。」**在華為實務中，他也一直在貫徹自己的這句名言。現在，在中、美、台的許多三軍聯合作戰中也都有了現場指揮官有權呼喚別軍砲火來支援的實際操練了。所以，總部的人、更大的官，是來幫助 / 支援的，不是來指揮下令的。

　　回到另個企業實例，美國最大通訊設備公司思科（Cisco）的前著名執行長約翰·錢伯斯（John Chambers），與他新任未久的副總裁道格·歐瑞也有段 C 與 A 互動的精彩、經典的故事：

　　錢伯斯有次對道格·歐瑞直說：「道格，你初來乍到，可能不太熟悉我們公司裡真正的經營方式。我要說明的是，在你執行你的任務時，你有 51% 的決策投票權；但，你有 100% 要為成果負全責。執行時，把我放在你的溝通圈裡，重要的事是要找我商榷的。」

　　賓果！在這起實例中，簡言之，執行長錢伯斯是 C，新任副總裁歐瑞是 A。歐瑞有過半的決策投票權——意思是有決策權，但不是獨斷獨行，而是在聽取眾議（含老闆錢伯斯的）後，

擁有最後決定權；然後，要為自己的決定及其結果負起當責。

這大約就是 ARCI 法則運作的細節分析了。你是 A，你有多少百分比的決策權？

- 30%？這個數字大約是國內所通行通用的所謂「授權」（delegation）吧。

- 50%？這時 A 已經提升到可與 C 平起平坐，對等辯論以定輸贏了——辯論前別忘了先訂個標準與守則，例如要用哪三項準則來定輸贏？或辯後輸贏已很明顯？

- 51%？這就是思科案例，自主決策後的當責歸屬已然清清楚楚，不像前兩例，仍是有些爭議的。

- > 80%？亦非少見，如中國經營高峰期時的萬科房產建設公司董事長王石的許多實例。台灣也有不少實例，有一則報導是這樣說的，一位董事長經營下的公司已連虧好幾年，於是痛下決心找了一位外商總經理來當總經理，也決心不干涉他的決策。3 年後公司也已然大贏，有記者訪問時問到：您真的 3 年來都不伸手、不干涉總經理的決策嗎？董事長（是 C）回答說：絕無干涉；但，有時真的很難忍住不伸手。舉個例，有次隔天一早有個重大決策會議，他很想親臨現場在一旁也聽聽看，但，又怕影響總經理（是 A）決策。於是，他決定喝酒，當晚大醉，隔天醒來時已完全過了早上開會時間。哈哈，忍無可忍，用心良苦，喝酒吧。

曾任中華汽車總經理的林信義也有一段經典名言：「以前，

我常聽到主管向部屬說：你去做，我負責。乍聽之下，他是一個好主管（真有肩膀！）；但，這不是真正授權（因為你要負責），部屬經常跑來請示一切。現在應該是：**你去做，你負責，成就也歸部屬所有。」**

經典的 C 與 A 互動，當真擲地有聲。我想加註說明的是，在「你去做，你負責」之後，再加上**「你是 A、我是 C，我會在一旁幫助你成功」**。這正是 C 的本質，如此說明後就更清澈如水晶了。我們也曾以此為例在研討會上論述，造成許多大客戶大老闆們的震撼接受——在中國地區尤然，有大老闆私下跟我實說了：我以前就是常講那句話（你去做，我負責），以後不再講了。我真感動。別過度保護了，**大榕樹下，寸草不生。**

最後，還要再分享另一個真實的故事，是有關美國矽谷甲骨文（Oracle）在韓國分公司的故事：一個專案團隊開會已開到了半夜，又被一個大難題卡住。大家精疲力盡，這時正好在場的大老闆（C）站出來了，他站上台抽絲剝繭地協同大家終於理出了頭緒。在大家深夜歡呼中，他走下台，把麥克筆重新交回給專案經理的 A，說：下面的問題還是交回給你了。這就是經典的「Hand the pen back!」的故事了。

其實，故事仍未完，請繼續翻看下去……。

圖譜之 27

做更好的 C⋯啟動賦權

圖解 **故事**

　　輕鬆點，欣賞了上圖三張卡通「駕駛權」爭奪戰，有何感想？難道坐上了「駕駛座」，還不一定有駕駛權啊？還有，這與我們的當責與 ARCI 法則主題又有何關係？

　　聽過有所謂的「後座駕駛」（back-seat driver）嗎？你在開車，她坐後座，總是不請自來不斷地對你開車的方式、車速、路線⋯⋯等做批評也下指導棋，這就叫做後座駕駛，常引發許多車內爭吵與車外交通安全問題。

　　還有一種叫「鄰座駕駛」（side-seat driver）的，他坐在鄰座，常緊張兮兮或興致勃勃地對你（駕駛中）做出許多批評與建議，冷不防地還會伸手干預，也同樣造成爭吵與安全問題。

　　在美式笑話中，你是那位駕駛，後座駕駛常指丈母娘，鄰座駕駛則是配偶了。常只是發生了一種狀況，如果兩種並發時，車內車外恐都要大亂了。在企業管理裡，在 ARCI 法則下也是相似狀況，例如：A 是專案經理，是駕車者，老闆 C 卻常常成了那位鄰座駕駛（C_1）或後座駕駛（C_2）了，他們常忍耐不住，總是指指點點，不僅僅是「指點」而已。

　　為什麼坐上了駕駛座還是沒有駕駛權？駕駛為何還是沒被授全權去開好車？他其實早已有了合格駕照的，例如：

- 已通過了筆試與路試，也加試通過了健康檢查，開車能力已被核實。

- 甚至還通過公司內部額外的「防衛性安全駕駛」考試，能開車辦理公事。

- 車型、路況不設限，可開上高速公路，也可開鄉間小徑。

- 但，不可開重型大卡車 / 大客車，那需要另外的執照，需另取得新的執照與授權。

- 在一定規範下自主開車，不需 back-seat/side-seat driver 指指點點。

- 開車臨時狀況多，但最後結果都是一樣：要平安、準時到達目的地。

- 駕駛得自主運用自己的經驗、方法、路線、速度、準時

安抵目的地。

- 但，如果常常誤時誤事，或常出車禍，會被禁止開車甚至吊照的。

好了，資格沒問題，老闆 C 們還是不放心、不放手，授權後坐到一邊或退到後座，還老是會插手？老是不請自來地提出許多建議、乃至指示，例如：

- 剛剛應該左轉，我的經驗是那條路會更快、更好開。
- 轉彎別那麼大，你又壓到雙黃線了。
- 前方有個小窟窿，你還是沒看到嗎？
- 別搶黃燈了，你沒看到交通警察嗎？
- 方向燈別這麼早就打出來，一直在閃像個傻瓜。
- 剛剛開太快，現在又太慢，少一點煞車，我要暈車了。
- 趕緊靠邊停車，我要去買罐可樂，別又開過頭了。
- 小心點，我們的命可都在你手裡。
- 加速，我們快趕不上開會時間了，你剛才不應該走那條小路的。

哈哈，這樣子的開車與坐車真精彩，如果鄰座駕駛如 C_1，再加上後座駕駛如 C_2，A 會回嘴或生氣嗎？會不會覺得前頭車禍已不遠了？

老闆你還是不放心授權？其實在授權上，人們已經又提升到賦權（empowerment）的激勵式授權了。亦即，更加了些心理大戲，如，也激勵他：這趟旅行同行者的重要性、要提早並安全到達的重要性……也告訴他，你有多麼信任他——中途如

有小差錯也是處變不驚、信任無比。

美國身經許多中東近東大小戰役的四星上將麥克克里斯托在他的《美軍四星上將教你打造黃金團隊》（*Team of teams*）書上說，放手很難，但一定要放；放心更難，但還是要耐得住。那麼，就練習放手、放心，但放不放眼呢？他的建議是不放眼，是要「Eyes on and hands off!」

美國海軍一位成功轉型、得獎連連的核潛艦艦長也分享了他的一段經驗：他正式布達一項授權軍令後，突然感到一陣害怕，手腳都有些不自在了。他想撤回授權令，但終是立即堅定自己，堅定完成授權儀式，然後轉身邁著大步離開。事後他回想，這還真是一次成功的海上授權──這艘艦可是一艘隨時備戰中的核能動力戰艦。

雷根總統在任時曾被視為授權典範，曾也是《財星》（*Fortune*）管理雜誌與企業界學習的對象。他說：老闆授權後就別擋路，讓能幹的部屬們能全力做事。

西方還有句話說「let go and grow」，意思在勉人「放手後才能成長」；更有解釋成老闆放手後，部屬才能成長，老闆也才能成長的。老闆老是在賣弄經驗、垂簾聽政，或停在鄰座 / 後座駕駛上，你的 A 跑了十幾趟路，可能還是記不住路呢，還更不敢試新路了。

圖譜之 28

在歷次工作坊裡，A 給老闆 C 們的建議

誰是 A ？

Let go and grow?

圖解　故事

　　ARCI 法則中，有四種角色四種責任，哪個角色最重要？都重要，一定要排出次序的話，我們認為 A 最重要，他要在 C 與 A 角色分不太清與眾 R 們不太願意合作下達標致果，任務艱鉅。綜合來說，我們更需要 A 首先努力於做好自己的「角色與當責」（role and accountability），所以，在我們歷次的工作坊中，A 角色的分析與落實總是討論最多，也最為深入。

　　怎樣做更好的 C 呢？常是我們第二個論題，我們在論述後

會請各小組學員們（其實許多 C 們也在其中）寫下他們所認為更好的 C 的特質與行為。附帶限制是：各小組只能精選出三到四項，以免太隨想隨列了，當然時間也有限，我們只想抓住學員們從腦中一時自然迸出的想法，再加以篩選後才提出分享。

如此這般完成的眾多「好 C」特質之中，我們發現有些已是現有、有些則是很受期待的。在本圖中，我們再精選出最常獲選的七大項如下述，有請各位讀者與老闆們參考了。

一、尊重與互信

- 指的是 C 與 A 之間的相互尊重與相互信任的建立，這是良好溝通的基礎。互信應先由哪方先釋出呢？答案總是不約而同地說是 C 先，亦即 C 要先相信 A，C 是長官，他選擇了 A，當然是要先信了。但 A 百分百值得信任嗎？也不盡然，然而 C 仍是要先信，因不信的代價會更高。中國俗語說：用人老是起疑心，會生百病的。至多就如雷根總統對當時的蘇聯提出的「Trust but Verify」──相信，但會查驗的。

- 華人職場上，部屬在尊重與互信上似乎享受不多，常須忍受老闆們的權威乃至霸凌──應是學自其他大公司大老闆們的霸氣與霸道吧。老闆如能在克制後展現出尊重與信任，會得到很大回報的，也可能因此而開展更美好的工作環境。如果最壞後果已在風險分析中是可以忍受的，那麼還緊張什麼？做個「好 C」吧。

- 尊重，原本就是歐美許多好公司很重視的一種價值觀，不只是部屬與長官間的相互尊重，甚至廣含對一般人的尊重，還對動物如貓狗的尊重，甚至對植物萬物的尊重。**華人文化中常偏不尊重，但文化仍可提升，提升也進化到文明。**很顯然的，企業經營上被要求尊重的職場呼聲也越來越大聲了。

二、充分授權 / 充分賦權

- 提議的人越來越多，呼聲也越來越大。呼聲是要授權，但何謂充分？要授出多少權，才算「充分」呢？我們常以錢伯斯的決策投票權（vote）為例，提出漸進式的 30% → 50%（可以 PK 式地平等討論並決策了）→ 51% → 80% 等等。與會者滿意也希望是早早進入 50 或 51%。當然百分比仍是主觀估計，難以量化計算；「權」也還包含資源、權柄、潛能等領域，後面再詳述了。

- 充分授權的進一步領域是「賦權」（empowerment），是在一般授權的 ARIA 之外，還加上 MICS（詳細內容可跳讀圖譜之 39）等的心理式激勵授權。部屬們除了完成工作之外，還想多知道這工作所代表的意義、目的與所造成的影響，以及與自己現有能力的差距補足及自己所能做出的決策範圍等，請 C 也能多予說明以鼓舞士氣。

- 我們的 A 們似乎都很主動積極地想做事、成事，如在激勵式賦權後，效率與效果當會更高，請 C 們也準備好。

三、要有容錯的環境

- 「容錯」的工作環境其實是「創新」成功的必要條件，創新是新創的，必然在試驗時有成有敗，如果敗了就處罰，人們就盡量墨守成規、一切照舊最保險了。

- 但容錯也要有條件如邊界條件相配合，不可逾越的。例如公司的核心價值觀、商業倫理，公司法規乃至社會道德，或者 C 特別列出的三、五條目──如有老闆說：再犯貳過絕不容許……。有些也成了天條或紅線，不能越線的。

- 請 C 別在 A 犯小錯時，在眾 R 前狠狠修理人了。

四、做好 3F

- 3f 是我們的課堂術語，是指 Feedback（回饋）、Feed forward（前饋），與 Follow-Up（追蹤）。我們常戲稱如果三個 F 沒做好，第四個罵人罵己的那個 4 個字母的 F 就會出現了

- Feedback，是回饋或反饋，是在 C 與 A 的互動中，C 主動或被動地在事後提出的，常是論述為何失敗或改進，故易生爭執，一般人都怕怕的。有專家提出 SIS 方法，以避免事後 SOS 還求救無門。SIS 是下面三個英文的字首：

  (1) Situation：明確地描述實況。

  (2) Impact：因該實況而造成的影響。

(3) Suggestion：因此，建議作法是⋯⋯。

當然，Feedback 別忘的是更多嘉許屬下的好主意、好成績⋯⋯C 們常常忘記或以為沒必要──因為他剛犯過錯、褒獎已過多、是應該做的⋯⋯等等理由。

- Feed forward 是前饋，即主動事前提出，例如：「你下週那個行動計畫中有考慮過這幾個要素嗎？都想過了，太好了，加油！」、「下個 milestone，要怎樣能夠更保險地達成？」乃至於「有沒有想到下兩週，我怎樣能幫助你會更成功？」

- Follow-up 是追蹤，別以為 A 一定會依約依規、準確執行，有時 C 仍需找出一、兩件事件，一路追蹤到底──就如艾森豪將軍在二戰戰場上說：有些事有時你要追蹤執行狀況一路到底，直追到現場的戰壕裡。要小心的是，不是每件事都追，若是每件事都追蹤到底那叫做「微管理」，很惹人厭的。

五、管好 red tape 及 C+ 與 C++

這項建言反映出我們的 A 們在帶領 A + R 團隊全力交出成果時，仍有許多不必要的干擾來自：

- 組織上頭的許多繁文縟節、官僚形式。這些官僚縟節以前在西方官場常用紅色膠帶綁住傳送，C 這方面的解決能力比 A 強多了，故有請 C 們在「上頭」多多擔待，讓青天早現。

- C 的老闆 C+ 或老闆的老闆 C++，有時也常心血來潮，頻頻插手管 A，甚至管到了 R。有請 C 出面多「管管」自己的老闆們，別讓 A 們自己直接去面對。

六、選出夠資格的 A，也多多培育他

- A 除了專業技能外，也要有管理力與領導力，光是硬技能超強是不夠的。讓 A 們知道還有另外哪些成功要素，少些教訓、多些教練；分享成敗經驗，輔導時也多些手法與耐心。

- 別一直認為 A 需要資格完整、滿分才能任用，或要 overqualified 的才能任用。選用時是仍未滿分，但請幫助 A 們做中學、學中做，訓練再訓練。培養出幾位好 A，也要 A 從旗下的眾 R 中也能培養出下一代 A。

七、多給肯定與鼓勵

- 別再罵了，雖然有時候罵得很有道理。
- 多些肯定，尤其是及時而公開的肯定，不是每次都是要錢。
- 平時就多些鼓勵，大小量不拘，誠意與心意，不想等到年終大紅包或大抽獎。

上述七項，乃舉其犖犖大者。看來，**我們的 A 們是很想自主、獨立、當責，也很需要 C 的鼓舞與獎勵。**故，重新看看上面的卡通圖，請 C 適時離開很難捨的駕駛座── Let go and grow！讓他與 C 自己都能一起成長吧。

圖譜之 29

發揚「interdependence」
（互信互倚）的精神

依靠
Dependence → Independece → Interdependence
獨立　　　　　　　互信互倚

圖解

　　這張圖是我們在《當責》一書從最初版開始，以及之後研討會中常用到的一張圖，畫的是馬戲團表演中常見到的一幕：一位藝高膽大的高手在高空鞦韆上盪了幾回後，在空中放了手，鞦韆之下沒有安全網的；另一端的一位鞦韆高手同伴也已及時盪到把他接走了，在觀眾一片驚呼中完成了一場精彩好戲。

　　在企業裡的團隊運作中，也很需要這種技術，或許沒這麼神奇，也沒涉及生死危機，我們也就不太注意了。如果你是一個團隊成員，例如是 R_1，你被選上主要是因你的技能——很特別的硬技能、硬功夫，你學有專精，能獨立作業（independence），也是藝高膽大的。後來你會發現，**光是可獨立作業還是不夠強，你仍很需要與另一位也能獨立作業的 R_2，一起在許多處境下表演「互信互倚」（interdependence）的協作，才能完成更精彩的大戲。** 甚至你與 R_2 還需要幫助或許尚未能獨立仍然對你有所依靠（dependence）的 R_6 也能快速學習與成長，而完成你們的團隊業績。

　　所以，這張圖是對 ARCI 團隊裡眾 R 們的一個啟示。優秀的人才們，別自顧自豪、孤芳自賞地停在自以為已夠強了的「獨立」狀態——從早期的依靠，到現在的獨立無靠，確是一段不容易的成長。但，別停止成長，你需要往上再升一級到互信互倚，才能與隊友相輔相成，共抵更精采的 interdependence 境地。

　　在「責任感」上，也是這樣的一種提升。是由不知不覺或自覺很無辜的卸責（shirking）提升到習知的負責（responsibility），再提升到我們正在論述的當責（accountability）。英文 accountability 字中也藏有深意，它字根的 count 字裡也有個片語是 count on，用法如「You can count on me」（你可以依靠我），然後，「I can count on you」（我可以依靠你）；於是，我們可以互信互倚、相輔相成地完成更大的事。我們也發現：在具有當責文化的團隊與公司裡，總是更容易形成一種信任與互信的

工作環境。**這種互信互倚是從「我」開始的，因為只有我自己可以主動起動並全權決定**，我很難要求「你」主動起動的。

再深一點來說，我們是從盡責盡職——如緊鎖的大小螺絲釘般完整職責上，提升到有目的、有目標、有人性，能自主運作如大小當家般的當責上；而當責又是由個人當責，而團隊當責，而組織當責。質言之，當責文化是在幫助我們建立一個自信、信人與互信的美好工作環境。

故事

我們在中國一家大科技客戶的總經理，同時也曾是一家大型航空公司的創辦人之一，很喜歡轉述下面我們常說的故事：

當飛機艙內因故失壓，座位上方氧氣罩紛紛落下。請問，你是先罩你的寶貝女兒？還是先罩自己？答案是：先罩自己，因為自己活過來了才能救別人；航空公司也是這樣規定的。

在我們的 ARCI 團隊中，R 也是要先做好自己的事，再去幫助別人。我們不希望有個 R 對另外一個 R 說：我自己的事還沒做完，是犧牲自己先來幫助你的。團隊的事一直就是相互牽動影響的，所以，在團隊會議裡，別只顧自己的進度與報告，也要知道並挑戰別人的進度，要知道如果他進度落後時，會怎樣影響哪些隊友們。

所以，當你負起個人當責後，常還會為了團隊共同目標而

挑戰別人的作法（P2P 當責）嗎？或提醒 A 的作法（peer-up 當責）嗎？或更敢於要求部屬（peer-down 當責）嗎？雖然在邏輯上這是理所當然，但在人情與人際關係上卻是個大挑戰。明乎此，運用之妙，存乎一心，也讓我們在這個方向上小心努力了。

如果，未來要成為一位更成功的 R 時，你應具備哪些要件或特質呢？從 R 走向 A 是一條必走的路嗎？R 的首要條件當然是在專業上的硬技能，那正是入選要件。但為了成事，很重要的是 R 也要有一些軟技能，例如我們上面舉例過、逐次升級的：

- 從 shirking 提升到 responsibility，再提升到 accountability；**別停在盡職盡責的 responsibility 上**。
- 從 dependence 提升到 independence，再提升到 interdependence；**別停在獨立自主的 independence 上**。

其他，也有待升級的軟技能或更軟的技能，還有如：

- 在協調合作上，從 coordination（協調）提升到 cooperation（合作），再提升到 collaboration（同心協作）；**別停在分工合作的 cooperation 上**，同心協作這一要件也已成為跨國或跨部門成功運作的成功要素了。
- 在同理感受上，從 sympathy（推己及人的同情心）提升到 empathy（人溺己溺的同理心），再提升到 compassion（能出手相助的慈悲心）；**別停在 sympathy 上**。事實上，empathy 已成為「新微軟」文化裡很強的競爭優勢了，也在實質上更強化了微軟的創新力，empathy 與 compassion 已逐漸成為更多現代企業的核心價值觀了。

- 在全面能耐上，除 IQ（智力）外，也重 EQ（情商），也重 PQ（體商）及 SQ（精神商數）；**別停在 IQ 上**。最後一項的 SQ 是如靈性，或使命、價值觀，在團隊文化與企業文化的發展與應用上也日形重要。

- 在好奇學習上，從 idea（好主意不斷）提升到 creativity（化為創意），再提升到 innovation（創新致果）；**別停在創意上**。創新是一種流程管理，是要為企業 / 組織、為客戶，或為社會創造出有用的新價值、附加價值，光是新、好主意是不夠的。

所以，對 R 有用的軟技能，我們要在「責任感」與「互信互倚」之外，再加了四個提升方向，總共這六個特質不只對 R、對 A 也將是越來越重要。

圖譜之 30

R 在「責任感階梯」上的成長

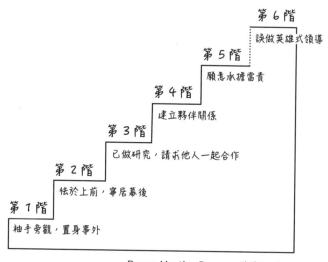

第 6 階
誤做英雄式領導

第 5 階
願意承擔當責

第 4 階
建立夥伴關係

第 3 階
己做研究，請求他人一起合作

第 2 階
怯於上前，寧居幕後

第 1 階
袖手旁觀，置身事外

—— Roger Martin, *Responsibility Virus*

圖解

如果責任感有階梯如上圖所示，看一看、想一想，如果你是個 R，你會是哪一梯的？

提出這個「責任感階梯」的名家是羅傑・馬丁（Roger Martin），馬丁當時任職加拿大多倫多大學管理學院院長，後來獲票選為全球年度院長，又獲選為 Thinker 50 中世界排名第

一的管理思想家。

在他這個「責任感階梯」裡，最低的第1階與最高的第6階，都被他歸類為「責任感中毒症候群」的患者。圖中第4階梯上的責任感正是我們 ARCI 中最佳 R 人選，第5階梯則是最佳的 A 人選了。

第1階梯的員工總是袖手旁觀、置身事外，他們常只是報告問題，不知原因或只報告原因，想把問題丟給別人——丟給夥伴、老闆或老天。例如：「報告老闆，那邊屋頂在漏水，水一直漏到下面機器上，久了機器可能會壞掉喔。報告完畢，我家中有事，要先下班了。」這員工屬於責任感中毒者。還有員工連報告都不願意，那麼就歸入病入膏肓的吧，他們可能要歸為第0階梯。美國聖塔菲號核子動力潛艦艦長大衛‧馬凱特（David Marquet）在全面改造該艦管理時，要求官兵密切盯住現場各種狀況，並負起隨後改善的當責。**他稱這為 eyeball accountability（眼球當責）——眼見了就有了當責，別逃！別害大家一起受害、受難。**

第2階梯的人雖站上線了，但寧居於後台乃至於幕僚，他隨後或會在一旁學習；此時，責任感中毒的抗體已在產生中，但仍無力或不願意負責，只會要求別人解決問題。職場人也請小心了，有些人終其一生，不知不覺地留在此梯上。

第3階梯的人已對問題做過研究，也敢於請求他人一起合作。這些員工抗體不斷增強中，已對問題做過研究後，或能界定原因與內外狀況，所以知道自己的能力，也能明確地說出需要別人合作的項目或區域。這梯的員工其實已是 R 的備選甚至

正選了，他們在 A＋R 團隊裡將會得到很快的成長。

　　第 4 階梯員工是最佳 R 人選，他們不只可以獨立運作，也知道需要互信互倚地與別人建立夥伴關係。他們早已把問題系統化，而且開發出可行方案，知道相輔相成的夥伴關係，才能做出最佳成果。個人當責與同事間當責可以在他們之間開始運作，當責的團隊文化更好在此順勢成形並運作，讓強上加強，團隊工作更愉快。第 4 階梯的優秀 R 們加油，前圖中論述的軟能力，正是一條不斷學習與成長的正途。

　　優秀的 R 們一定要向上成長並升官成為 A 嗎？我們遇見過許多 R 們會說：我只對專業更有興趣，對人際關係、人群管理、升官管人興趣缺缺。你可以一生當個 R 沉浸在專業技術領域裡嗎？答案是：當然可以。然後，假設你成就非凡還得了諾貝爾物理獎，想想，得獎前、得獎後，你需要帶領你的 ARCI 類似團隊一起衝刺嗎？或者，仍然是單槍匹馬獨鬥而成功？例如丁肇中，他在得到諾貝爾物理獎時，也同時在歐、美幾個國家裡主持著數個研究團隊了。管理學者也說，當前世上有 96% 以上的事都是靠團隊工作完成的。所以，你在往後成為 A 的機會太大了，就從現在開始，多學些軟硬兼施時要用的軟技能吧。在人工智能與機器學習的未來世代裡，你管理自己與處理人際關係的軟實力將更形重要，更是成功之鑰。

　　第 5 階梯上的員工已是我們 A 的最佳人選了，他們能從多項方案中選取最佳方案，並向上司推薦方案、諮詢也尋求回饋，然後決策並準備付諸執行，並承擔起最後成果或後果的當責。

是的,他成為他 ARCI 團隊的 A(當責者)。

第 6 階梯者又拉出了警報。A 當得太成功、太久後,會自以為是英雄、非己不可地成為英雄式領導者。企業實例中不絕如縷,他們又進入了「責任感中毒」症候群。他們自行做決定並付諸執行,是超級 A,沒有 C ——例如 GE 公司的董事會 C 成了橡皮圖章。有時甚至連「I」也沒有了——如著名的安隆案,連股東、公眾都不必報告了。這些英雄式的領導者是有大責壓身的,卻也獨斷獨行,不願事前諮詢者,也沒有事後告知者,是沒了 ARCI 團隊守則了。

羅傑・馬丁觀察敏銳,他幫助我們在責任感階梯上不斷往上爬升,從「袖手旁觀,置身事外」的中毒症候群,不致於爬入得意忘形的「英雄式領導」中毒症候群裡。

在責任感成長營裡,你是哪一梯的?

故事

類似前述圖譜之 28,我們也在研討會與工作坊中與眾多大小客戶朋友們討論過:怎樣成為一個更好的 R?所需特質似乎是昭然若揭,簡明許多。小結如下三點再供讀者們參考:

一、專業知識與能力

是遙遙領先的第一名,R 原本就是要具有一定的專業能力,

但在團隊工作過程中還是得不斷學習，提升自己。不只是自己主動學習，還有賴 A 與 C 們先知先覺的及時培訓。

二、個人當責與 one more ounce 的具體實踐

如：

- 先做好自己工作，再往外擴展一層幫助做好相關工作。
- 為了交出成果，會像個「管家婆」；需要時，會很「雞婆」的（就是愛這俗語！）
- 像戴著一圈「光環」，與其他 R 們相互合作。
- 明確個人目標與團隊目標及其間的關聯性。

三、良好的溝通與協調能力

- 關心其他 R 的進度，明白會相互影響。
- 不怕「踩線」；但，踩線前、中、後都會主動溝通。
- 向 A 及時回報，回報完成的與未完成的，不是等到被抓到、查到。
- 由個人當責延伸至同事間當責，相互指正與支持（愛台語的「互相漏氣求進步」，不能生氣喔）。
- 要向上「管理」（實際只是多一些「溝通」）的 peer-up 當責──雖然心裡很有挑戰。
- 融入團隊，激勵自己。
- 感受與發揮同理心。
- 當未來的 A，**從勇於負責，到善於負責，到樂於負責。**

第 2 篇

充分賦權

Empower Them!

圖譜之 31

責與權管理模式在進化上的漫漫長路

3.0 分層當責，充分賦權

2.0 分層負責，充分授權

1.0 大家長式的專責專權

圖解　　故事

在一次有關授權的討論後，有位老闆私下問我：奇怪，我有位經理，工作很努力，常是夙夜匪懈的；可是我怎麼總覺得他責任感不足？也因此我對他的授權總是有些保留？

我回答，應該是那位經理沒有當責的概念，工作很努力，但不願意也不覺得需要為工作成果負責；畢竟，到達成成果的沿路上還是有許多他實在無法掌控的因素。但，部屬不願意負起當責，對日理萬機的老闆來說，就很難甚至也不願授權了。

這讓我也想起我們政府在 60、70 年前，就在許多組織機構裡努力推動「分層負責，充分授權」了，一直到現在，還是不

成功。「分層負責」總是無法真正分層，責任也一推四五六，屆時連上面三四層級更高的老闆們都可能要拖下水來負起全責──管理與理念上的不當，讓政治鬥爭就更上推無極限了。既已知責任難以分層，在授權上又怎會充分？所以，在「充分授權」上也跟著不夠充分而零零落落了，回過頭來又成為無法負責的藉口之一。

解方是有的，還很簡單。就是要把負責提升到當責，把授權提升到賦權。於是，美美的口號「分層負責，充分授權」，變成了實用可行的**「分層當責，充分賦權」**了。

當部屬願意為工作成果負起當責，像個「當家者」、「管家婆」或「擁有人」般地工作，為了交出最後成果他會主動去張羅許多，甚至積極爭取成功所需的資源與要素。在這種狀況下，老闆的你當然也更願意配合與授權，授權也會更充分，連許多激勵士氣與鼓舞未來的軟性因素也說個不停了──例如，還會問：我怎樣可以幫助你更成功？這時，老闆你開始在談論「賦權」（empowerment）了。

當責的分層方式是清楚的，A（當責者）所帶領的 A＋R 團隊就是一層，在成熟實施後，上一層的 C 就是不需要下來，下一層的 R 們也還沒資格上去。這個 ARCI 團隊的運作在許多公司裡還要公告周知，HR 存檔，也要成為日後績效審核標準之一──我們的一位上海客戶還曾戲說「公告周知」還不夠，還要讓他家裡的老婆也知道：他老公可是那個案子的 A（當責者）。

責與權，又孰先孰後？台積電創辦人張忠謀說，當然是

責先——先負起責任。授權時要不要授責？張創辦人也說，授
責不只是必要的，也更難了，還更重要。當責的理念與工具確
是在此多所幫助的，權總是不夠用嗎？是的，連許多總經理們
也總是感到權限、權力不足。所以，他們常常運用到領導力裡
的影響力（或暴力？）了。事實上，「權」的英文還是可分成
authority（權柄、權限、權威）與 power（權力、威力），前者
常指在官位上或律法上所享有的法定權力，後者則包括了前者
再加上專業、德性、資訊、群眾、知識，乃至智慧與洞見上所
擁有的說服力、影響力與領導，甚至暴力。在這些權力中，
有許多是無法由外而「授權」出的，而是需要自己由內培養、
發展完成而適當運作的。

　　如果，在這個責與權模式的進化裡，「分層負責，充分授
權」只是個中間階段，那麼它應是 2.0 吧；「分層當責，充分賦
權」就是其後進階的 3.0 了，那麼 1.0 呢？我們認為就是大家長
式的專責專權了。

　　上圖中比較弔詭的是，「大家長式的專責專權」已是很老、
很久的經營方式，現在還存在嗎？是的，還是很普遍的存在。
「分層當責，充分賦權」如果是現代新模式，以後會繼續有用
嗎？我們認為是的，尤其在 AI 時代的經營裡，對人心與人際關
係更加重視時，當責與賦權的理念與實作要續領風騷幾十年吧。

　　有趣的是，科技進步神速，專家學者如蓋瑞·哈默爾（Gary
Hamel）還是說管理學在過去百年來，除設備翻新外也沒什麼在
管理模式上的進步，所以父權式、分權式、賦權式的責與權管

理，在當今與未來仍然是雜然紛陳。

　　由專權到授權（delegation）再到賦權（empowerment），其中有何深義？我們後面有五張連續圖譜要仿效前面「負責 vs. 當責」的比較法，也用來比較「授權 vs. 賦權」的異同，然後，更有利於後續談談賦權的應用。

圖譜之 32

授權與賦權的不同…負有當責嗎？

授權（Delegation）：
- 把「負責」（即工作責任）下授部屬。
  但確認工作完成的「當責」，仍在上司
  手中
- 授權後，老闆仍負當責，手常名正言順
  地介入

賦權（Empowerment）：
部屬負起當責，做決定，交出成果

—— Mike Applegarth & Keith Posner

圖解

　　授權（delegation）最簡單的定義應該是：老闆准許部屬有
權做出某些決定與行動；但，執行工作的方式與工作是否完成，
仍有待老闆確認。

　　如果，我們已經有了對負責與當責的明確分辨與認識後，
那麼授權與賦權的異同就可以用上圖中兩位英國顧問的定義來

簡單說明，也是一目瞭然了。

「授權」是把負起工作責任的「負責」授予部屬，但對成果責任的「當責」仍是握在老闆手中；「賦權」則是部屬一併負起成果責任的「當責」了。所以，「授權」後的老闆仍是名正言順地伸手介入部屬的執行過程與成果確認中。很顯然地，「賦權」算是一個升級版的授權了，部屬有了更高的責任感，也需要發揮更大能力去執行任務、交出成果，與老闆兩方也要有更強的互信基礎了。

所以，如果我們仍然沒有對當責有真正的了解，那麼就甚至連上述賦權的定義都看不太懂了，也勢必難順理成章地抓住賦權的精髓。

故事

例如，你對高中剛畢業的女兒說：要參加週末表哥的婚禮，你就去買雙新鞋，給你 2,000 元，買雙配合你衣服的白色素面鞋，這幾天我忙翻了，沒辦法陪你去。於是，又交代了一些細節，還要求注意預算，多退少不補，還有，別忘了拿發票……。

這大約就是「授權」女兒代行你的工作了，那麼「賦權」呢？預算可能更大些，事前溝通更多些，項目包含更多些。女兒平常品味就高也很懂事，你對她有信心，也早就要求她做事的責任感了，其他的事，她自己現場可以做決定。

你，就如此放手放心了嗎？事後有很多批評嗎？事前需更多輔導嗎？或者，還需現場多輔導幾次才行？如果你是「專權專責」型的，那就簡化多了——下班後路上代買一雙就是了，心想：還是小孩子，懂什麼……。

或許，你事前已做過風險分析，女兒獨自買鞋治裝闖大禍的風險不高，縱使發生了最壞狀況也是沒什麼大不了的、是可管控的；所以，你賦權時是很有信心的。

心想女兒高中畢業了，也應該練習為自己做事有更多自主選擇權，也該負起更多責任了。而且，賦權也是一種激勵式的授權，事前多輔導、事後少嘮叨，她買鞋回來後，少吹毛求疵，多些讚美與鼓勵，她以後做事會更有信心的。老媽「專權專責」的時代該結束了，女兒以後不只可以幫忙代行，還可在許多新知新聞、新技能上幫助你——尤其在如電腦與 AI 上。

賦權，是賦予部屬更大的自主權力——包括來自內心的力量。授權則偏向只是分享你擁有的一部分權柄（authority）以應一時之需。這種權柄分享出去後，自己擁有的就變少了，所以很多人不愛授出自己好不容易才獲得的權。**賦權的權是總稱的 power，不會因授出而減少，反而也會因部屬有成長而讓兩方都感到權力發展得更大**——例如，power 中的影響力。

好極了，那麼「賦權」的「權」還包含什麼細項或密件呢？讓我們繼續翻閱下去。

圖譜之 33

授權與賦權的不同⋯更進一階嗎？

授權（Delegation）：
- 授出責任、必要資源與權柄給低一層級者。
- 授權者仍擁有該任務及執行方式的當責。

賦權（Empowerment）：
- 是進階、是一種流程，要釋放員工潛能，承接更大的責任與權柄，需擁有必要資源。
- 獲賦權者不一定親力親為，擁有決策權力、擁有當責，有義務確定任務確可完成、成果可交出。

—— R. Carlwrighter

圖解

上圖所示授權與賦權的異同中，還是不約而同地重述的關鍵點是：誰是當責的擁有者。也提醒了在授權與賦權時，都需要擁有必要的資源，兵家也是說「大軍未發，糧秣先行」，那麼誰又知道需要多少資源？又，多少才是為「必要」？是授權

人還是被授權人要在戰前估算？沒達到「必要」值時又怎麼辦？

　　我們在企業經驗裡發現，當資源不足時，「被授權者」的心態傾向於有多少資源，做多少事，盡力去做就是了，甚至也將成為後來失敗時的藉口／理由。「被賦權者」則因當責在身，最後目標、成果、意義與目的很明確，也就多做了事前規劃與事中應變，所以不只在等待而總是在爭取資源，爭取時也更積極，很具說服力與成效。當最後資源仍不足時——例如，少於原計畫的 50%，就應考慮修訂目標了；只達約 70、80% 呢？——還記得圖譜之 11 裡，赤壁之戰中周瑜要求的兵力也大約如此不足嗎？就趕緊尋求借用／共用資源或積極創新等等新招、怪招了——如草船借箭？最後還是要交出成果吧。如果，得到了 100% 資源呢？應該算是天之驕子，快全力以赴就別囉嗦了。

　　誰又知道你需要多少資源？可惜，老闆日理萬機常是不知道的，如果當責者的你（是 A）也不知道時，那就可怕了，因為這像是盲人瞎馬。記得那個兔寶寶的規劃循環嗎？逆時鐘方向進入兔寶寶，轉到了左眼上，就是有關資源的課題了。

　　據說，及早知道資源不足，可與老闆C就「最後目標」、「行動方案」、「執行能力」等三方，好好來回折衝好幾次，取得更好調和，讓兔寶寶因此而長出了一些落腮鬍。在我們研討會中，一批專案經理們還曾悟出說：「執行」要成功，一半以上的成功率在「規劃」時就已經決定了。可是你老兄卻沒做規劃，立馬執行，也成功在望？這次運氣實在真好！

　　被賦權者，當責在身，有義務確定任務可完成、成果可交

出。在規劃力與執行力這兩方上，就更見真章了：被賦權者不應只是聽話辦事、見招拆招、交辦了事，他識得兔寶寶的兩眼、鼻子與嘴巴，知道事情的來龍去脈、前因後果、輕重緩急、利弊得失；也知道賦權是一套系統、一種流程，會逼出或釋出被賦權者的潛能，以迎向未來更大的責任與權柄。

故事

二戰時，歐非戰場的英國名將蒙哥馬利元帥，有次被一位管理專家問到，戰爭致勝的關鍵是什麼？他快答說，是資源，戰略上所需的資源必須能確實掌控並獲得。他是個實務派的戰略家。

1990 年中，著名的「沙漠盾」美伊大戰時，美國與聯軍很快地把伊拉克趕出非法佔領的科威特，當時參戰美軍約近 70 萬人，沙漠戰場的物資補給是個重大挑戰。有個著名小故事是，美軍後勤補給效率與效果超好，好到美國大兵愛喝的可口可樂也幾乎保證可以適時在沙漠戰場上送到。可口可樂儼然已成「戰略物資」，士兵喝到了也才有士氣啊，軍方自是怠慢不得。所以，這場大戰成名的不只是那位領軍的大將，還有那位管理後勤支援的小將，這位小將在戰後立即被美國通用汽車公司挖角成為通用汽車供應鏈管理的副總裁了。

在企業界，也有郭台銘強調過：經營者就是管理資源、取

得資源、運用資源、分配資源，誰能最有效管理資源，誰就會成功。

在偉大的策略規劃裡，我們也一定要看到重要計畫裡是有資源在其項下支援的，否則就是虛晃一招的假策略了。那麼，在我們兔寶寶規劃中左眼部分的「執行能力」項下，有哪些「資源」是很重要、當責者要好規劃的？舉其大者如：

- **人力與人才**：這裡就已想到那些要執行「行動方案」的合適人員了，亦即 R_1、R_2……R_8，要適才適用，能跨部門選用嗎？如何分時分工？如何評估績效？需要 C_1 或 C_2 的幫忙嗎？

- **$$$$**：老闆總是關心要多少投資、有多大收益，我們有些客戶還規定超過門檻時要做 P&L 分析的。今年收益如果不夠亮麗，那隔年呢？

- **時間**：很重要的，時間是很有限與珍貴的資源，卻常被忽略了，於是成員們常在水面下過勞地工作。有 deadline 嗎？應是從客戶端倒推回來的，不是「越快越好」，也小心各階段中多各藏有緩衝期。分享一個小故事，記得有次，我陪一位老闆與團隊審查一個設計專案，從 tape-out 的 deadline 日期往回推──在大會議室牆貼的白報紙上往回推演到 6 個月前的今天都要做些什麼？結果，一位原本還一派輕鬆的主管幽幽地說：看來我今天晚上不能回家了。

- **軟硬體設備的需求。**

- **人員培訓：**例如，我們在中國有個大客戶稱，在參與的重要人員未受完當責培訓前，不能開工試車。哇，是特例嗎？我們還有哪些技能上、管理上或溝通上的能力仍需再加強——我們常有一些工作人員不知或不喜自承不太懂某些技能，上了場後就會造成問題也掩蓋問題了。

　　這些宛如也在荒漠中作戰的台灣尖兵們也需要哪些類似「可口可樂」的戰略物資或潛在非物質以提升士氣嗎？

圖譜之 34

授權與賦權的不同…做決策嗎？

授權（Delegation）：
主管或決策者將決策權力授予部屬的一種
「行為」 或 **「過程」**。

賦權（Empowerment）：
- 除上述外，應同時考慮被授權者的**能力**
  與**意願**，以及**壓力承擔力**。
- 確認有足夠的經驗與訓練，可嘗試做決
  策，需提供充分資訊。
- 任務完成後，依需求給予適當**獎勵**。

——溫金豐，《組織理論與管理》

圖解　故事

　　陽明交通大學管理學者溫金豐教授對賦權也有更精緻解說，如上圖所示。

　　那麼，準此而論，授權只是一種「行為」（behavior）——離有目標、有目的的「行動」（action）是還有段距離的，也與為「結果」（results 或 outcomes）而負責的距離也是很遠的。

授權，只是一種「過程」——是中間中途、過渡性的過程，這個「過程」或流程通向何處？應該是授權者才會更清楚。

所以，國內企業界在權責的授予上，常只停在 delegation 的初級授權、甚至粗級授權上了。在賦權上，溫教授很細心地提到，要考慮到被賦權者的能力、意願與壓力承擔力上，我很有感也有一些相關經驗分享：

能力上：應可再分為硬能力、軟能力、與新能力，

- 硬能力：通常是夠的，但 A 需要強到比其他成員 R 們的都更強嗎？別太為難 A 了，要 A 的硬技能都比眾 R 們強，已經是越來越難了，A 倒是需要更強的軟能力。

- 軟能力：通常是指人際關係上的管理能力，如：EQ、同理心、創新、領導力、溝通力、影響力等等，確是此中重項。是我們常作「技術第一」觀與「工程師心態」者們亟待培養與加強的——需要 A 與 C 不斷地 coach，或在 A 自己與 R 們撞得滿頭包後才有的自我學習與成長。

- 新能力：能不自滿地在團隊內、團隊外，對新技能——有許多是在工作進行中才發現的——不斷學習。但，十八般武藝都學成後才能賦權嗎？國內許多老闆常作如是觀，恐怕會等到人才跑掉了，都還沒等到、找到吧。

意願上：也可能與老闆 C 們的說服力、影響力、領導力不足，甚至與工作文化有關，A 們意願常也不高，尤其是在人際關係管理上。連彼得‧杜拉克也說話了，他說：自我管理就是要把會影響我工作成敗的人事關係管理好。縱然你的專業知識

強到得了諾貝爾獎，你還是會有許多跨國團隊要主持的。有請
C 們，在賦權 A 之前、之中、之後不斷運作 ARIA（阿利阿）與
MICS（蜜可思）──隨後即將論述，或請跳讀圖譜之 39。

　　壓力承擔力上：郭台銘說，沒有時間、成本、業績壓力
的工作，就叫做玩耍。壓力是所有工作乃至人生都會有的，就
練習承受吧。世外和尚們也有很多壓力吧？老美說「A willing
burden is no burden」（心甘情願的負擔就不是負擔）。其實，
適當的壓力還是有益於身心健康的，弄到小便變黃可就不健康
了。

　　溫教授還提及其他要項，也有深意，例如：

　　嘗試做決策：很多人都不喜做決策，似乎是：如果我依舊規、
依前例、依 SOP、依老闆指示來做事時，事成了有獎，事敗了
也應沒事──那可不是我決定的；或者，當時我也曾是反對的，
不是我要做的；或者，更直接言明是老闆要我做的。所以，人
們不喜做決策，因為做了決策就要負責。

　　其實，**當責在身，本來就是要為成果負責，很自然再往前
推就是要：為決策負責、為行動負責，為自己的思想、思考負
責了**。說服不了老闆才去做的，也要負責，聽過 Intel 著名的
disagree and commit 嗎？──經與眾人討論後，你雖仍是不同
意，但是你也只能許下承諾全力以赴──兩個英文字之間，連
接詞用 and，不是用無奈或抗議式的 but。嘗試做決策是需要 C
老闆們的幫忙與輔導／教練，例如我們在前面圖譜中提過的漸
進式，由 30% 進到 50% 時的 PK，再到 51%，最後到 80% 的高

度互信、與高投票權。

資訊上：在 VUCA 世界裡，要有八、九成資訊後再做決策已是不可能的，也已失了商機。那麼七、八成資訊呢？許多專家說，也太保守、等太久了。那麼，練習怎樣在五、六成資訊上做決策可能是當今要務了。早期聽過一個故事說，有位台商到了上海才問投資夥伴：你到底要我投資做什麼呢？我的資金都已到位了——他在幾乎零資訊下做決策，還請小心了。做決策，市場上新、舊資訊是很重要，然而，企業的長期願景、使命、價值觀與中期的策略更是重要佐料，可惜台式經營還是不表重視，也多付諸闕如。還有，請老闆 C 們勿以機密為由拒給資訊，A 可是要憑以做成正確決定的，何況還代表著之間的互信度呢。

最後是**獎勵**：國內重視的常只是年終大獎或大黑包，或大抽獎。其實，及時的小獎勵乃至口頭的適時肯定，功效很大，我們的 C 與 A 們常太缺乏想像力了，應該多看看如「激勵員工一百種方法」等等的書籍。老闆們也常認為，把事辦完、辦成，只是代工、代勞，或分工、分勞，或奉命像工具人、機器人般做做而已，真正的功勞還是回到「專職專責」的老闆們身上，員工不太需要肯定或獎勵，別把這些壞習慣帶入賦權階段了。

圖譜之 35

授權與賦權的不同…成果導向嗎？

授權（Delegation）：

- 分身分勞，甚至只是代勞；目的是做事，完成任務。
- 任務本身的意義，有時不是很重要。
- 聚焦的常是「老闆」（即授權者），故屬管理導向或老闆導向。

賦權（Empowerment）：

- 全權處理，肩負當責，最後目標明確。
- 聚焦在成果或顧客上；為顧客成事，有權有能，充滿創意。
- 是顧客導向；成就客戶、成就老闆、成就個人。

——美國企業實務

圖解

上圖所述是我們就美國企業的親身經歷或深刻觀察後的幾點分析比較，應是很貼近現實的；再思考一下，或許你也會有所發現，例如：

- 授權是像分身分勞，代工做事，有時也很像台灣盛行的代工業，依約、依規完工交貨，至於這批貨的後續如何

再加工成為何種終產品，最後又如何被消費者消費掉，
對消費者乃至社會有何影響或特別意義，被授權者或代
工者興趣是不大。所以，把事做對、做得又快又準，是
更重要了。所以，老闆是交工的授權者。

- 如果，是賦權後的當責者呢？他們總是要弄清楚並瞄準
  最後的目標與目的，他們除了老闆外也會聚焦在成果上，
  所以總是為顧客成事，在中間過程上也就常常充滿創意
  與創新。同理，我們如果把代工事件的目的與意義，及
  其所造成的衝擊，多做探討，也許更激勵代工者之心？

- 在賦權裡，人們常在連接公司策略、使命、願景與價值
  觀上找到更大的意義與目的；也在公司外的客戶與社會
  貢獻上找到更大的意義與價值。如果，能把自己、公司
  與顧客、社會的意義與目的連結在一起，被賦權的工作
  者也必將在工作過程中感受到更多自主感與成就感。這
  些大約就是把授權提升到賦權的重要意義了。

- 我們總認為授權就是在權限下把工作做好，不必再多想；
  賦權後則有更大思考與選擇空間，有時會比較容易亂掉。
  所以，人們又有了經驗了：**賦權裡如果少了當責就可能
  造成混亂，如果還有了組織文化作為邊界條件就更不容
  易亂了。**所以要推動賦權，別忘了先有當責，更好的是
  也有好的企業／組織文化。

- 所以，在一個當責文化旗幟鮮明的工作環境裡，賦權就
  更好運作了。賦權常從高層的自我賦權開始，到賦權部

屬、賦權組織、賦權客戶，乃至賦權社會。難怪，微軟
（Microsoft）要成就偉大，他們當前的企業使命正是：
「賦權予地球上的每一個人與每一個組織，幫助他們成
就更多。」他們的企業價值觀，也總是圍繞著下述三項：
尊重、誠信與當責。

故事

在美國服務業裡，談成功的企業文化運作與員工賦權
時，很多人很快就會想到傳奇性的西南航空公司（Southwest
Airlines）。價廉、不誤點、高安全紀錄、服務親切自然、充滿
創意，所以很多人很愛搭乘。但，他們不開票、不劃位、沒餐點，
我一時還是不習慣，也就較少搭乘了。

西南航空著名的企業文化中，也很重視當責，他們培訓
強化員工要「承擔當責，做主人翁」（take accountability and
ownership），相信員工在各種狀況下都能依公司宗旨做出最好
的判斷與決定。創辦人赫伯‧凱立赫（Herb Kelleher）在賦權上，
也已層層下傳直至第一線員工了。據報導，有次他們居然誤點
了，飛機飛抵一個小城時已是深夜，誤了一些乘客們的後續航
班，也誤了其他接駁交通工具。公司小職員在深夜中當機立斷，
租了大小客車分送旅客至下一站，及時解決了客戶的大問題，
卻所費不貲。後來，這位小職員不只沒受罰，反受獎勵，因為

他及時、更好地照顧了公司顧客。

西南航空的企業文化裡，樂於讓第一線員工享有更多權限與責任，信任員工有能力依據公司文化（宗旨與價值觀）做出決定並採取行動。公司文化裡更特別的是明言：「員工第一，顧客第二」。據說，有位旅客要求一項精緻服務而不可得，生氣地直接寫了抱怨信給創辦人兼執行長的凱立赫。居然，凱立赫執行長也直接回信給他，婉轉說明了西南的文化外，也敦請他改搭其他更合意的航空公司。凱立赫不願他們的員工受辱，也迭創營運佳績，成就了企業典範。

或許，在我們的許多行業裡，仍難於賦權直達第一線，但先賦權幾個層級、一些合適部門、一些合適行業，也都是很好的開始。當責與企業文化會幫助你賦權更容易成功。

還是忍不住想談談台灣的服務業，老闆們要多小的事才相信副總的自主判斷與決定？處長呢？經理呢？課長呢？第一線服務員呢？每次在台灣旅行，總是會遇見酒店或民宿的櫃台人員鐵面無私地告知：「我們 3 點以後才能入住。」這些第一線接客人員無法、也不敢依據實際的清房狀況、客戶狀況做自主判斷，讓客人與自己都能更快樂些？讓公司更文明些？一定要學機器人作業？

另一個有關銷售員的故事：客戶因品質問題很生氣地要求換貨，銷售員無權也不敢決定，於是上簽呈直達副總，結果又變成了另一個「如何提升客戶滿意度？」提案，待議待批。

圖譜之 36

授權與賦權的不同…C 兼 A 嗎？

授權（Delegation）：
- 工作屬下去做，責任上司承擔。
- 被授權者揣摩上意，依規或依約行事，缺獨立思考與判斷，有時甚至出現更強的依從性。
- 上司常是 C 兼部分 A。

賦權（Empowerment）：
- 屬下一併承擔當責，是 ARCI 中的 A。
- 需有充分能力、充分訓練、充分資訊，要屬下成長。
- 被賦權者有決策權力，要完成目標。
- 上司就是 C

圖解　　故事

　　這是最後一個圖示在討論授權與賦權的不同了，有點煩了嗎？我們就簡單地用 ARCI 法則來說明授權吧：上司當然是 C，但在「授權」後仍會兼 A；部屬是 A，其實仍只是半個 A 或是個大號 R，或是個協調眾 R、以後有天應會成為真 A 的，現在

還不是。但，在「賦權」時，上司是 C，A 是 A，是這個 ARCI
團隊的當責者。

好故事不厭二回講，還記的前面圖譜中所述及的前中華汽
車總裁與前行政院長的林信義那段名言嗎？他說，他常聽到主
管向部屬說：「你去做，我負責。」於是部屬常跑來請示一切；
現在應該是說：「你去做，你負責。」主管是在一旁幫助成功，
成就也歸部屬所有。看來，這仍是授權與賦權不同的最佳故事
與解釋：故事中前個主管是在授權，後個主管是在賦權。

我曾經把「你去做，我負責」演進成「你去做，你負責」
的故事，演繹與歸納後而寫成了一篇長文，發表在當時有名的
上海中歐商學院的《中歐商業評論》上，頗受好評，隨後中歐
也有了當責課程。後來，我在一家大型美商製造公司亞太區高
管的上海兩天研討會上，又旁徵博引地論述過。記得那位總裁
會後跟我笑說：「那句話，我常說，以後就不說了。」我們後
來互動好多、好久，還成為好友。

謝謝林信義一語中的、一針見血地闡明了 A 與 C、授權與
賦權。聽他的部屬說他還有另一個真實軼事：在一次沒達成業
績的檢討會議上，第一部門主管責怪第二部門主管配合不足，
第二部門主管則責怪第三部門主管配合不足，跟著居然是第三
部門主管責怪第一部門主管配合不足，三方居然都理由充足。
隔週，新官新職公告，是三位部門主管互調。大老闆說，他們
三人都有很好理由、很好經驗做好新部門與他部門的協調與合
作。這老闆 C 真人真事真高招，一招建立當責觀、破了部門穀

倉（silo），三個 A 隔年更有望達標致果了。

更擔憂的應是，哪天當 A 資格已夠，C 還是不放心、不放手。記得那位在中東戰場征戰的四星將軍的經驗嗎？他折衷地說：就放手不放眼吧（hands off, eyes on）。不放眼也意在伺機幫助吧，C 要能從授權提升到賦權，才能培育將才；**C 是要「將將」**（即，帶領將軍，更神氣的！）**不是「將兵」**——你今、明 2 年要幫公司培育出幾個 A ？**A 很難在課堂上或真空中養成的，是要在現場裡與舞台上與成敗壓力下養成的。**

國內管理界一直的狀況，是一直留在上圖中的上半段裡，以後勢必要勇敢往另一高階的下半段發展賦權，我們預先在此提出了這一個可行途徑。或者，老闆們該努力讓那個半 A 知道他要怎樣做？才能在什麼時候成為全 A ——而且要趕在他決定離開公司之前。

大家長式專責專權的大老闆們也常說：你去做，你負責？你能負什麼責？敗了你賠得起嗎？想想算算，還真賠不起；但，更仔細想想，雙方都互賠不起吧——誰賠得起一位優秀人才的成長與青春？

圖譜之 37

當責是賦權的先決條件

Empowerment Without
Accountability Is Chaos.
(賦權如果缺少當責,就亂成一團)

—— Cy Wakeman, *Reality-Based Leadership*

(其實,缺了當責連一般授權都亂成一團!)

故事

　　上圖中短短五個字的一句英文,小結了賦權與當責兩大價值觀之間的關係,也點醒了我們為何授權一直難以成功,也難以提升到賦權,而賦權有時也難免淪為口號。這是多年前我在美國參加 atd(人才發展協會)時學到的,當時心裡是很有感受的。想到國內企業界不敢放膽放權、放手放心,主要原因還是缺乏對當責的認識、深思、堅持、與實踐,甚至在引進當責理念時,也時生誤解,例如誤解為追究責任、事後問責、課以重

責等等負面、消極意義。台灣俗話說「用膝蓋想也知道」，如果 accountability 盡是負面思惟，歐美人士怎麼可能從小學、中學、大學到政府機構（如國務院），到優秀企業（如微軟），到財經各界，爭相以它作為價值觀以勉己、勉人、勉各種大小團隊、組織、到社會（ESG 的重要價值觀）？如果還是以恐懼、報復之心，不能平心靜氣以待當責，那麼後續賦權的美好運作就要拖延更久。

　　跟你分享幾個小故事。國內有家半導體大公司，現場總有許多跨部門團隊在運作著，有時，難免角色與責任（R&R）混淆不清。美國來的顧問就會集合大家討論如何應用 RACI 法則（亦即，ARCI 法則的舊名；定義全同，只是 A 與 R 的排序顛倒）來釐清角色與責任。RACI 法則早期在美國常用於醫藥研發與軟體開發界，用以幫助釐清常常是跨部門的開發團隊的角色與責任。例如早期微軟在開發新軟體時，有所謂的 flies on the wall（如蒼蠅般停在牆上）的作法，例如，微軟派出了 3 位研發人員組成團隊到了客戶現場，像 3 隻蒼蠅般地停在牆壁上，直接觀察客戶的作業方法、流程、模式，仔細觀察研究一段時間後，提出了能改進效率與效能的工作軟體，爭取顧客選用。這 3 人一組的微軟人先頭部隊，就是我們所稱的 R_1、R_2、R_3 了，他們觀察研究有成，提出方案後，再找老闆 C 請求 approve（批准）。老闆日理萬機忙不過來，於是找來 A 成為頭頭，進行審查並核准。既然是 A 核准的，他就該負起全責，於是，這個 approver 的 A，後來就自然變成 accountable 了。然後，專案既成，該知

道的、會被影響到的，都要被通知到，這些人就是 informed 了。於是，順勢也順序地 R、A、C、I 四種角色四種責任，於焉如此這般地約定俗成了，這就是 RACI 法則的由來。

RACI 應用日多也日廣，有英人很快發現，其實應該更早搞定 A 這個最重要的角色，然後，A 要搞定他的團隊 R 們，有重要議題時才會去找 C，事定後或成後自然要通知各 I 們。所以，當然也該依此序運作而自成 ARCI 法則了。大約與此同時吧，我們在台灣推動當責應用時，也早早就是如此思考並也早改稱 ARCI，台英兩地顧問志同道合，就共推 ARCI 法則了。

回到國內那家半導體大公司，他們顧問想用 RACI 法則來釐清角色與責任，也很快地在各角色項下搞定人名；但據稱應用上也不太順，老美顧問不明所以。其實，**主因不在 ARCI 或 RACI，而是在台灣人對 accountable 的真正含意因文化與譯詞的關係而無法有深刻的體認**。例如，沒有歷經前面圖譜之 3 到圖譜之 9 共 7 張圖的深入解析，就不會有刻骨銘心的感動與應用！我們在千餘場研討會的經驗中，許多與會者的簡短感言是：震撼、精闢、有用與感謝。

對 accountability 與 responsibility 沒有深切的區分與認識，就不會對 ARCI 或 RACI 有深切的實際應用，因此而做出的角色與責任（R&R）釐清，也就常流於紙上作業了。

但，別停在意義區分上，我們還需順勢探究各型當責應用，如個人當責、團隊當責、同事間當責，乃至當責的團隊文化與企業／組織文化。科技人知道科技事總是「知難行易」，常也

沒意會到應用文化與管理事可是「知易行難」啊。

除了當責理念與工具的應用外，**一家公司如果有了清楚願景、使命、價值觀的公司文化以及其下的策略，更是可以作為員工在行為、行動、決策時的準則，一起讓當責與賦權的運作環境更加成熟而有利。**

例如，世界級人才薈萃的微軟公司文化中，有三個重要的價值觀，其中之一即是當責（accountability），他們對當責這詞的簡潔定義是：我們接受我們在決策、行動與成果上的完全責任（we accept full responsibility for our decision, action, and results）。微軟的使命（mission）呢？是：賦權這個星球上的每一個人與每一個組織，讓他們成就更多（to empower every person and every organization on the planet to achieve more）。

看來，在國外的管理與領導上，當責與賦權是相互影響的，也就焦孟不離了。

圖譜之 38
賦權的完整意義

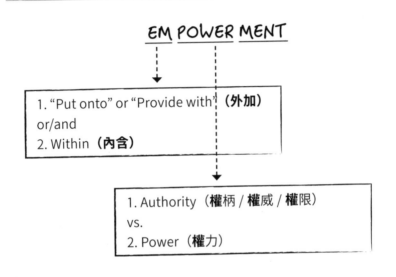

EM POWER MENT

1. "Put onto" or "Provide with" **（外加）**
or/and
2. Within **（內含）**

1. Authority（**權柄 / 權威 / 權限**）
vs.
2. Power（**權力**）

圖解

不管在東方或西方的管理世界裡，賦權（empowerment）總是常常被偏用、誤用、濫用，甚至因而少用。正本清源，我們還是想從「名正言順」說起。

em-power-ment 這字的字根是 power（權力），牛津字典定義 power 是：引導或影響他人行為的一種能力，常是上級對下級、有的給沒有的、強勢給弱勢。

　　哈佛領導學著名教授約翰・柯特（John Kotter）的定義則深刻些：power 是對一個人潛力的一種衡量，是指他能驅動別人去做他要他們去做的事，同時也能避免自己被迫去做自己不想做的事。

　　power（權力）的來源，常見的有如：

1. 法制權：如職務上、官位上、制度上、法規上所具有的權柄或權限。

2. 專家權：被公認、肯定的知識、技術、才能，足以發揮影響力的。

3. 參照權：被仰慕、被尊崇、被喜愛，因而據以影響別人行為的力量。

4. 獎賞權：能獎賞別人績效、成就，乃至正向行為的能力；有功不賞、獎懲不公會逐漸喪失影響力。

5. 強迫權：懲處不當行為或績效的義務與權利，甚至還有用暴力、武力的。

6. 其他：例如擁有重要資源、決策影響、網路協作運作能力等等者。

　　你發現到了嗎？在上述六種權力領域中，除了第一種外，其實都很難直接「授予」他人，而是「他人」也需要自己好好培育並養成的，好處是一旦養成後也很難被人收回、收走了。

　　第一種的「法制權」在你離開那個職位或法制時，也就跟著沒有了。這種權力或權利，我們也稱它為 authority，中文常譯為權柄、權限或權威等。給你權「柄」的人也可以隨時把它收回或

轉給他人。這種權正是「授權」（delegation）中所談論的「權」。

em-power-ment 字首是 em，在實務上有兩種意義，第一種是 put onto 或 provide with，意思是**「外加」**或**「賦予」**的意思。例如，外加或賦予弱勢的、低階的、缺乏的、有需求的，甚至還給原有者——如還給原住民。

第二種意義很重要，em 字首也代表 within，意思是**「內含」**，是指原本已經具有之意。原已具有的，你要如何才能自我啟發或被人激勵出來呢？這可是一片來日管理與領導的挑戰空間了。

一般來說，第一種意義即是企業管理人經常倡導與愛用的；第二種意義則深沉些，是領導學家們總是在勉力在倡導的，意圖是激發出人們內在的潛力與熱情。可惜至今，成效仍是有限；但，激發成功的，成就非凡。

em-power-ment 字尾的 ment，單純表示是個名詞，名詞的 power 不管是從外添加的，或是從內激發的，都是很有力量的樣子。empower 是動詞，唸起來鏗鏘有力，是比 power 更具動感了，例如：empower him/her（賦權他／她）是別具旨意了。我們也常用動名詞或進行式的 empowering 放在句首，顯示在進行中，也難怪歐美各業人士，尤其政界，總是朗朗上口，也常淪成口號。

empowerment 在我們這書中，是把它當作一種賦權式管理。我們很喜歡丹尼斯・傑夫（Dennis Jaffe）在他《重燃承諾》（*Rekindling Commitment*）一書中的定義，他說：

賦權是讓人們去做出決定，去做成他們認為對的事，並據以交出成果；對於這些成果，他們是負有當責的。

所以，我在《賦權》一書中也就對賦權管理提出了一個概括性的大輪廓如下：

- 核心是：當責。
- 本質是：一個機制、一種流程、一套系統。
- 不是：一道命令、一次交代、一個動作，或一次啟發。
- 有工具與條件環境：例如 ARCI、ARIA、MICS。
- 目標是：創新、成事、成長——自立立人，自達達人。
- 挑戰是：未曾賦權者、失落賦權者、賦權不足者，及偽賦權者（pseudo-empowerment）——只求員工改變態度以更努力工作者。
- 包含領域：賦權自己、賦權部屬、賦權組織、賦權客戶、賦權女性、賦權原住民、賦權社會／國家……等的活動。

故事

1990 年代初期，我還在一家美商跨國公司工作，當時全公司正在推動賦權，於是 empowerment 或 empowering ——都用英語沒中譯——宛若一陣旋風，掃遍辦公室裡裡外外，從老美、老台到老中，不論開會、簡報或日常對話，無時無刻無不在用。

大家朗朗上口、人云亦云，要意義就查個字典，實在也很少人真查或真懂，望字生義即可吧——包含老美，我覺得。後來，這陣風吹過了，湖面漣漪又歸平靜，平靜得無一點波，恍如什麼事也沒發生過。

難怪，後來我發現，美國企業管理界對賦權式管理（empowerment）的評論是：它是一個被「過度濫用」（overused）的名詞，也是一個被「低度應用」（underutilized）的技能。

其實，1980 年代，日本企業的 TQM 全員品管與品管圈活動，正是典型的品管界賦權管理應用的成功案例，也許是在當時「日本第一」的龐大陰影下，老美企業在 1990 年代及其後時期才三不五時陣陣出現了賦權風。也不盡然，更深刻地回看企業史，在 1960 年代的美國寶僑（P&G）公司，已在廣泛運用賦權了，也有著豐碩成果。據報導，當時寶僑把「賦權管理」、「產品配方」與「品牌策略」三者，並列為公司三大機密，不得對外洩露內容。

在中國呢？2,000 多年前即有「賦權於民」之說，以「道」為領導之術也激勵過民心士氣。千年前故事現在仍然傳揚在美國政界與企管界，例如老子的「治大國若烹小鮮」被雷根總統用於國情咨文中，又如「太上，不知有之；……功成事遂，百姓皆謂：我自然」的賦權故事也是當今美國領導界所頌揚的。讀者如有更大興趣，亦可參閱《賦權》一書。

下次，賦權在全球或貴公司興起時，我們希望因著本書讓你們更成功。

圖譜之 39

從初級授權，到有效授權，到激勵式授權

ARIA：結構性賦權的要件

> **A**：Authority，獲得適當權柄 / 權限
> **R**：Resources，擁有適當資源
> **I**：Information，擁有必要資訊
> **A**：Accountability，擁有當責

MICS：心理性賦權的要件

> **M**：Meaning，工作的有意義性
> **I**：Impact，成果所造成的衝擊
> **C**：Competency，自己所具有的
> 　　　能耐
> **S**：Self-Determination，自主自
> 　　　覺的動機與能力

圖解

通稱或廣義的「授權」，至少具有三個等級上的含義，例如：

- 第一級是最**初級**的，甚至有點粗級，授出的權只是法制
  上或職務上的權柄或權限（亦即，authority），還經常
  是不全、不足的，或者簡化成聽話辦事，甚至跑腿代步

而已。官場上，各級老闆們的權柄都是有限的，授出去後自己也自然就少了，所以有時也很「惜授」。

- 第二級，很快就跳到了**有效**授權，主要是授出了當責，還注意到了也該給出的有效資源與資訊——別老把資訊當成祕密，資訊不足時 A 可是很難做成好決定的；也別太摳資源了，老是要部屬「以少做多」——最影響軍心士氣的。更簡單來說，是以 ARCI 法則為架構，完整給出了如上圖所述的 ARIA 要素。

- 第三級，很高級了，它已經進入了被授權者的心理，啟動了心理**激勵**要素，讓充分授權成為可能的充分賦權——我們相信員工心裡深處的潛力與熱力是有待激發而出，用在這個授權專案上的。亦即，運用了上圖表中所述的心理性賦權要件 MICS，再分敘如下：

  ○ **M：是 Meaning，即這項工作的有意義性。**例如，說明清楚這工作與公司的願景、使命、宗旨、目的或中長短期策略與目標的關聯性？甚至與國家社會或個人發展上的關聯？與 ESG 有關嗎？與個人或公司價值觀所涉及的工作意義有關嗎？激勵員工在方向上的認同感、擁有感、貢獻感？

  ○ **I：是 Impact，即交出成果後的影響性。**在任務達成後，對公司、對團隊、對自己所造成的短中長程影響？或具體在年度目標的上線、中線、下線上與 P&L 的財務數字影響？或對「非財務性目標」上的間接或直接

影響？對自己前程規劃上的影響？

- C：是 Competency，現有與將有的公司級與個人級
「能耐」。盤點工作上執行力與競爭能力，在硬技能
與軟技能上，鼓勵發揮現有的，學習不足的、新的；
也思考弱項的強化與培訓，做中學，學中做。也注意
潛力、體力、熱力與腦力的開發。不只在個人，也多
學習有關公司或專案的對外競爭力。

- S：是 Self-determination，即自主自決的動機與能
力，自激或被激自主做決定的動機、勇氣、決志、練
習與能力。強化承擔更大責任的意願，明白老闆放權
的計畫與步驟，有望成功地轉型為 ARCI 中真正的 A。

看起來有點玄，還是再看些故事吧……。

故事

朋友說：ARIA（阿利阿）與 MICS（蜜可思）念起來很像
是佛家偈語，很好記。或許，對國人來說，MICS 的心理型激勵
大戲還是有些難以想像，先用下面四個古今故事跟大家分享：

其一：溫故知新，巴格達國王微服出巡的老故事

中學時讀的老故事。巴格達國王微服出巡，在一處工地上
問了一位正在築牆的工人：你在做什麼呢？工人答：在築牆，

很無趣也無止盡的工作，但也用來養家糊口。國王點點頭又往前行，遇到第二位工人，問的是同樣問題，回答時卻多了些熱情，他說他是個切石塊的專家，今天下山來築牆要了解石塊的建造狀況；他再次強調了他是位切石塊專家。國王鼓勵他幾句後續往前行，遇到了第三位工人，他熱情更高了，回答說，他與其他人都是在築牆，未來這裡將會蓋成一座大教堂，教堂大而輝煌，是他們族人禮拜的地方，也會是他們心靈的家鄉。

相同的工作，卻有著不同的認識，或被告知而有了不同的認知，都化成為工作態度、行為、行動，相信對成效也深有影響。工作有意義、有目的，就有驕傲，心情當更愉快吧。

還記得我們圖譜之 24 中那隻可愛的兔寶寶嗎？兔寶寶的鼻子處正是專案的目的與意義，是在論述 why，論述為何要有這個專案的地方。別忽視了，這也是把「管理」進化成「領導」的地方，是有可能可以從心裡上打動部屬、激勵部屬的，也有可能讓你更早知道這專案的優先排序是不是很高？甚至不需要？有時老闆們也沒細想，那麼 A 一定要先想清楚，在這裡提出回饋或挑戰。

其二：比較新些，NASA 傳說的現代軼事

1960 年代初，美國太空科技遙遙落後給當時的蘇聯，NASA 休士頓太空中心成立後正在苦苦追趕，夢想在 10 年內搶先登陸月球也平安返航。NASA 的願景清晰、使命明確，大家同心協力以赴。聽說，有次有位大官來訪，他走在現場時停步問了一

旁工作人員：你在 NASA 是做什麼工作的？工作人員很驕傲地回答：我在幫助我們國家把太空人送上月球並且要平安返航。哈哈，事後查知他只是一位清掃廁所的工人，他工作很驕傲，他要每時每刻把廁所都打掃好。

　　廁所無關乎太空船升空與登月嗎？也不盡然。看過那部真人實事的數學天才凱薩琳・強生（Katherine Johnson）以手計算複雜飛行軌道幫助登月成功的電影《關鍵少數》（*Hidden Figures*）嗎？因為她是黑人，當時仍被禁止就近使用白人廁所，所以她在每天與數字賽跑的同時也必須快跑 800 公尺去上有色人種的廁所。有次幾乎耽誤了大事，氣得大老闆拿了把大斧頭去把那塊禁止牌示給砍了，這也成了 NASA 人在廁所裡、在咖啡壺邊，黑白解禁的先聲，廁所事也確是登月中一件大事了。

其三：更現代些，上海一家大客戶執行長講的

　　他在當責研討會後站起來說，有一次，他從無錫開車回上海，路上塞車塞了 3 個多小時。同行的是王副總，沿路上他們就詳談了王副總剛接下的那個新的大項目（專案）。

　　他說車裡沒事，他就詳盡無比地說明了公司為何需要這個項目；對中國市場、亞太競爭優勢及美國總公司有何影響；副總的現有能力、可能的挑戰；還有，如何利用這個項目的機會好好磨練自己……，案中許多請副總自主決策的地方……，他對副總的期待……等等。以前還真沒機會談這麼多，也聽了很多副總的反饋。

執行長結論說，其實他們兩人討論的內容歸結起來，正是 MICS 的四大項，只是順序稍有不一樣。他又說，那天困在車裡詳談完 MICS 後，也給了副總很大的心理鼓舞……會中也請在場的副總向大家分享他當時與後來的感受與影響。

後來，執行長又補充了——不只是 MICS，他們在車裡也討論了 ARIA，也是內容相同、順序不同。令他驚奇的是，他們當時雖還不認識當責的理念與工具，卻發現他們運作的模式也與 ARCI 太類似。太驚奇了，他說。

是的，真是這樣。我們完整版的研討會裡，是要分別對 M、I、C、S，與 A、R、I、A 八項在現場小組裡以公司實際案例做探討的，討論完後還須派出 2 人分別代表 C 與 A 上台為大家做「角色扮演」的表演。記得有次在台中，看完許多演練後的創辦人兼董事長「標哥」很感動地說：不知道我們的主管們這麼有天分，我想在公司裡創辦話劇社了。

我們的小結是，其實，不管是 MICS 或 ARIA，或 ARCI，都是有效管理上的普通常識的，我們只是把它們背後的邏輯與道理，面前的定義、行為與行動法則等說明得更清楚些罷了。

其四：也很新，發生在中國一家大型 LCD 面板廠

他們早已把當責列為公司的核心價值觀了，甚至稱為文化的 DNA，全公司超級認真地全面推動著當責的各種工具與行為準則，卓有成效。所以，他們的新廠招收的許多各路英雄好漢，要在短期內同心協力可真不容易，執行長當時就決定了：所有

幹部沒上過當責課程前，工廠不可試車開工。

於是，我們在零度溫度的一月裡跟著出入在他們新建成、滿地仍是泥濘的新廠房開辦了無數堂當責課程。後來又有了新問題，因為他們算出最佳試車開工日正好落在春節。消息一出，員工一片嘩然，絕大多數員工都要返鄉過年不想在過年加班。公司於是祭出高加班費，也只多一些人點頭加入。最後，公司仍如期在春節完成試車，因為主管們想盡了有關 MICS 各項下的說帖，成功地感動了員工們，願意共同完成這件對公司、對個人、對社會、對國家乃至在國際競爭力上都深具意義與影響的大事。

ARIA 與 MICS 想通徹了，會增加 ARCI 中 C 與 A 很大的論述力、影響力與領導力，光想想就知道。C 對 A，或 A 對 C 與對 R，不要沒準備好就倉促上場；讓 ARCI 團隊裡的 A 與以前專案團隊裡的專案經理就是不同—— A（當責者），就是不同；他，宛若心中自有千萬甲兵，又宛若已運籌帷幄中，可決勝千里外。

很適合賦權運作的企業環境

1. 當創新活動非常重要時……
2. 當技術複雜，需要專人專案處理時……
3. 當客戶反映，需一線員工快速處理時……
4. 當經營環境很不確定時……
5. 當許多作業流程都在快速改變時……
6. 當許多主管已成長，要求更多責任時……
7. 當工作中已不可能做到緊密監督時……
8. 當員工亟需激勵、亟欲追求自主與自我成就時……
9. 當公司已建立當責文化，完成賦權培訓時……

故事

上圖中例舉的九項很需要運作賦權的企業環境，清楚明白，也像是無庸置疑地包含了你的工作環境。在研討會上，我常開玩笑說，如果你的工作環境不含在這裡面，我們就要提早下課了。

很顯然地，我們這個時代已是越來越需要賦權——賦權自己、賦權別人、賦權團隊、賦權組織、賦權社會。實例從

企業 CEO 與高管們的賦權自己，到 C 與 A 賦權 ARCI 團隊；到國際社會中，日復一日更盛的賦權女性、賦權原住民、賦權各種弱勢團體；再到屢見不鮮的大口號如賦權一整個國家── Empower America！

　　企業界仍然是最直接、最有效的應用現場，創新是我們上圖所述的第一個領域。創新裡有許多領域，例如：技術創新、產品創新、管理創新、服務創新……，也有不同等級的如改良創新、相對創新或絕對創新等，聽說創新中最困難的挑戰之一也算入管理創新，尤其是管理模式的創新。我們來讀一讀下面文章，摘錄自古斯塔沃‧拉澤蒂（Gustavo Razzetti）的論述，他是美國一家企業文化顧問公司的 CEO，原文題目很吸睛，有些內容我在前文中也已經幫他澄清了，原題目是：

　　我恨「賦權」（empowerment）這個字！

　　每個人都愛鼓吹賦權員工的美德，其實那只是為減輕員工不敬業與缺乏當責的罪惡。如果賦權有如此神奇的功用，為何員工不敬業度仍然在持續上升著？賦權，原是每個人固有的一部分特質，並非外人可以由外提供的。

　　當員工開始了一件新工作，他們總是戰戰兢兢，全心全意以赴，很敬業的，這時正是處於賦權狀態中。然而，組織隨後開始廣泛地運作各種規則、政策、官僚與階層來限制他們。落伍的工作文化，甚至也把頂尖績效員工的權力與能量都剝奪了。員工們並非無力，他們原本就毋需被賦予權力，只是需要把那

些內在的力量釋放出來。

賦權的最直接意義就是：賦予某人權力使他更強、更有信心。賦權這個詞是個陷阱，它美化了「授權」（delegation），宣揚了經理人的自我。激勵專家丹尼爾・平克（Daniel Pink）說：賦權是假設組織富含權力，而且也想慷慨地對能感激的員工做些施捨，也成了一種更文明些的掌控。

《Powerful》一書的作者說：「我們必須賦權員工的原因是，我們把員工的力量拿走了。」權力，有個假象，它不是只有老闆才擁有、才能給出的，它存在於每個人的心裡。

賦權是個障眼，領導人們認為是他們賦權了他們的團隊，事實上卻沒有幫助員工們移開成功路上的障礙，大部分團隊裡仍然缺乏真正的權柄（authority）去做成該有的自主決定。

自主管理（autonomy）才能提供員工一種集體的擁有感——這足以幫助組織更加成長。忘了賦權吧，我們需要的是自主管理制——有權做成決定、採取行動、交出成果。

賦權是在外在動機下運作，老闆誤以為他們才可以激勵他們的團隊；其實，是自主管理機制啟動了最有力量的內在激勵。而激勵 3.0 版裡需要的是，有一個清晰的目的（purpose）、精煉的技能與知識（mastery），以及自主制（autonomy）。

在工作上給予人們更大的控制權，可以讓組織更能吸引人才。有研究指出，當員工有了更大的自主權，他們會有超過 2.5 倍的意願去接下新的工作任務。自主權讓員工更滿意於工作，也提升了生產力，提升了當責與敬業度。所以，提升自主權比

賦權員工更有效用。但，自主權也不是單獨就有用，員工仍然很需要權柄。自主權原是衍生自權柄的，但我在實務中經常發現，許多人有了正式權柄，卻仍無自主權以做成決定，工作場所的文化應該才是給了人們權力的源泉。

人們想要的是了解背後的「為什麼」，也更想成為「大我」裡解決方案中的一部分。 決定權應該回歸到最接近資訊者，或問題擁有者的身上，而非權力的源頭者，應該是依據「角色與當責」（role and accountability）的基礎而給予員工明確的權柄去做成決定。「要領導就要能放手」（to lead is to let go），老闆應該提供的是背景框架，不是控制操縱；員工應該被鼓勵去做成決定，並且是在不確定時才需要去諮詢老闆。

讓較低階者有能有權做成決定，我們需要給他們權柄、資訊與練習，還有容錯環境，組織也需要提供給團隊一個「心理安全」的工作環境。領導人不會有所有的答案，要解決那些日益複雜化的問題，他們需要更多的各方聲音。我們需要能發展出一種文化，可以鼓勵員工們貢獻、協作，並像個「擁有權」者。停止試圖賦權你的員工，員工討厭被當成小孩；試著釋放他們的內力；創立一種工作文化，讓他們感到心理安全與自主自治。

我們的小結是：雖然原作者對於賦權的定義仍停在與授權糾纏不清上，本文泛論中仍有許多精采之處。文中旁徵博引也引經據典道出企業人的困惑、疑懼與不安。也堆疊引出許多近代管理新詞，依序如：敬業、當責、自主、內在激勵、目的、

願景、放手、文化、容錯、賦能、心理安全、協作、擁有權等，賦權則是貫穿其間。這些子題也把我們後面要論述的都拉扯在一起了，本書共有 72 個圖構成了一個圖譜如光譜般地依序一一展開，希望諸君們看得全貌，也看得更愉快。

最猛的是文章名：我「恨」賦權這個字。真的，這個「字」該恨，因為 5、60 年來，它在管理界引發許多誤解、誤用、過用、不用；但，質言之，我們不應望詞生義而望之有恨。賦權是一種流程、一套系統，一個機制，不可能單獨存在，如橫空出世般地自主運作。想想，如果你隨著本書一系列圖譜，**由當責開始，循序以進，經過了負責對當責與 ARCI 的許多討論，再進入賦權，又經過了授權對賦權與 ARIA 及 MICS 的許多論述，會不會有了一種走出迷霧的感覺？分層當責，充分賦權，才會更**有力。

管理界固然是愛恨糾纏，也讓我們嘗試開始愛上賦權這套機制與文化吧。下面我們趁勢要談的正是賦能、敬業與文化，且聽我們栩栩道來，不希望的是又愛恨糾纏了。

再讀一遍上圖中的九條，我們需要賦權、需要愛上賦權的，環境是渴求賦權的。

圖譜之 41

阻礙實踐「賦權」的十個大原因

1. 經理人害怕放手（let go）（97%）
2. 整個組織無法協調（93%）
3. 經理人缺乏賦權技巧（92%）
4. 員工們缺乏賦權技巧（80%）
5. 員工們不願承擔責任（76%）
6. 經理人太忙碌了（70%）
7. 組織的管理制度偏向管控型（67%）
8. 組織缺乏願景（64%）
9. 員工們不能信任經理人（49%）
10. 員工們缺乏誠信（12%）

—— Stephen Covey

圖解

　　這是為史蒂芬・柯維（Stephen Covey）的公司在美國所做的調研結果，此中十大原因，昭然若揭，也言之成理。十大原因所形成的阻礙程度依序下降，卻令人眼睛一亮。希望他山之石，可以攻錯，他國的外力也可借來改正我們自己的缺失。

　　阻礙賦權的第一大原因——高達 97% 竟然就是：經理們害怕放手（let go）。回想起，有次我在新加坡講課時講到 let go and grow，老美不語，沒人點頭，還有人在搖頭。原以為他們是不放心華人屬下而不願放手，原來卻是在本國對自己人也難以放手。也重新發現美國優秀的海軍與陸軍長官們，在平素訓練、在潛艦裡、在戰場上對部屬們放手、賦權而更成功時，有多麼不容易了。或許，美國西點軍校與海軍官校，不只為軍隊也為企業／組織／政府培育出許多傑出領導人才，素來享有盛名，應是有跡可循了。

　　再往下看第二、三、四、五項，是從 93% 到 76% 的原因，都算是大宗的，思考再三這前五項原因後，你是否也會感覺到這些原因正是當責理念與工具，如 ARCI、ARIA、MICS，及整合性的當責文化（在本書第六篇中詳述）所想要解決的困擾？第六項的經理人太忙碌了（70%），比重也高，也很諷刺，肯定是太忙碌了，因為他們不願、不知、不習慣放手與賦權，所以滿手是大小事，滿背是大小猴子，脫身不得。美國職場也有個笑話說：如果，你要把事情做得又快又好，那就自己動手做吧。自己動手，也就是別放手，當然是要更忙碌了——忙到無法思考放手？

　　第七項也顯露了職場真相，整個組織制度仍舊是偏向百年前的 command and control（管控型）。原來，管理書上幾十年來不斷抨擊的 C&C 管控式管理，實際上還是很流行在當今進步世紀裡。也難怪管理學者哈默爾嘆，近百年來，管理學上沒什麼

進步，而管理模式創新有多難了，也讓人們領教了管理學真的是知易行難——再審視一遍我們周遭的大家長式專責專權管理？

第八項的缺乏願景比重高達 64%，企業／組織如果缺乏中、長期願景如明燈、如燈塔，員工只好望向老闆，有時還會更短視到就是一道命令、一個動作了。領導們不只害怕放手，也害怕部屬們跑出了視線。

最後兩項談的是信任與互信，其實也是當今許多企業日日感到更嚴峻的挑戰。但，還是別緊張，這報告只是針對沒做賦權管理的企業／組織的內部原因分析，相信還是有很多公司在很努力地把負責提升到當責，把授權提升到賦權，把賦權逐漸化成管理主流。

故事

美國的資料或許太遙遠，那麼來看看海峽對岸中國的概況吧。法蘭克‧嘉洛（Frank Gallo）曾在中、台兩地各有十餘年的 HR 工作經驗，他曾是 Hewitt 顧問公司大中華區首席領導力顧問，在他的《Business Leadership in China》著作中，曾論述賦權在華人世界仍是個重大挑戰，例如，在他更熟悉的中國是因為：

1. 賦權與孔子的君君、臣臣、父父、子子的階層思想，差異仍很大。

2. 有些經理人，一朝掌權後，可能濫用權力。

3. 中國員工總是誤認領導人賦權是因為自己不夠強，或想卸責。

4. 需再加強教育，逐漸放權。

5. 中國員工較易於接受授權，較不敢接受賦權。

6. 避免賦權給較年輕或較新進的員工。

7. 中國企業與社會上的互信基礎仍然很弱。

細看細想這七條，雖不中亦不遠，尤其是兩岸皆然的第一條與第七條——我每次在電腦裡要打出「賦權」時，一定是跳出來「父權」。賦權，在華人世界裡似乎還是一條漫漫長路。但，令人印象深刻的是，在我們有些國際級的中國企業客戶裡，「君」與「臣」們的討論已經是很開放、很平等與熱烈了，他們互相肯定與鼓勵，可以意見 PK（對抗、對決之意）互動，還會君不君、臣不臣地先訂出 PK 守則，君們也會在臣們前面公開認錯並道歉了。我們在許多兩天四階段的當責與賦權工作坊討論後，要求他們表決對哪些理念與工具是最喜愛的、最有用的，答案除了當責與 ARCI 法則總是榜上常客外，出乎意之外的總是老闆們自提的 MICS 與 ARIA，可見他們的自省力與前瞻力是夠強的。他們喜愛 MICS 也應用在一些大小專案上，所以賦權運作並沒有想像中的虛弱。當然，台灣以中國、美國為鑑，希望他山之石可以攻錯，希望我們在現代賦權管理上可以走得更快些。尤其是，如上一圖譜之 40 中所述的企業環境已不斷在逼近了。

第 **3** 篇

有效賦能

Enable Them!

圖譜之 42

「賦能」是要「賦」什麼「能」？

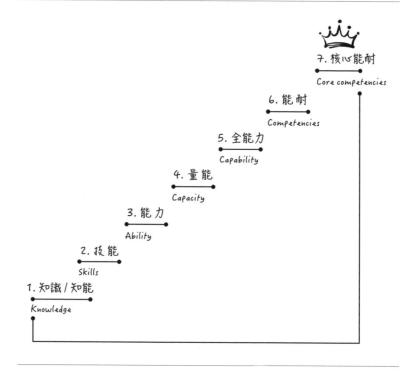

故事

　　如上圖表，要「賦」的「能」竟不可思議地有七個等級之高，圖解起來恐怕有讀者會睡著。所以，我們就不依往例做圖解，而是先來談談幾個人生與生活的小故事了。

先談開車的「能力」（ability）吧。

首先，你要有充足的「1. 知識／知能」在交通規則、公路狀況、汽車操控方面；平常坐車時多了觀察別人，要自己能多多注意些行車禮貌與文明。

然後，你需要有實際的駕車「2. 技能」，不能光憑想像或紙上練車，你一定要到練習場實際開車練習，然後在有駕照者的陪伴下，實際開上馬路，感受路上的車水馬龍、人來人往與各種交通變化。你的「1. 知識／知能」要化為「2. 技能」，要有實際經驗，但，這仍不代表你有「3. 能力」開車。

你要足齡，要通過健康測試、筆試、路試，取得正式駕照，才能證明你在「3. 能力」上是夠資格的。其實，拿到證照時還只是「硬技能」，另些與人際、天賦相關的技能還有如：快速反應路況周遭資訊、與其他駕駛者平靜互動、同理心培育與運作、開車禮貌與文明，乃至於防衛性駕駛……，都屬於「軟技能」的範圍，仍有賴日後自己再伺機升級了。

「4. 量能」（capacity），是指你現在的「3. 能力」（ability）只能開小客車，其他更大型車是不能開的；但，並不限制你未來不能提升到「5. 全能力」（capability），如駕駛其他車種的大客車、大卡車、大貨車等。

開車這種「3. 能力」是會被要求升級的，但也要評估績效乃至評估競爭實力嗎？自家小客車可能不必吧，提升安全紀錄就夠了。但，如駕駛營業汽車可就不同了，你有那種「6. 能耐」嗎？能耐（competencies）是指在競爭場上要比競爭對手更勝出

——想想，在台北市開營業小客車的「7. 核心能耐」會是什麼？
開車時要平心靜氣？車內車外要整潔無比？熟稔各條大街小
巷？會運用電子叫車？要加入叫車網路？慎選營業時段？⋯⋯
找出幾個要素，不只要提升自己的能力，還要想想用用在馬路
上如何勝出對手、搶到旅客，如此開車才能賺錢養家。你可能
需要智力、心力、心態、體力外，還需有熱情與熱力，以多
多抓住常客，搶到新旅客——你還有啥怪招？你還有何「6. 能
耐」？

　　這是開車的「能」，有些是自己的努力，有些則是要別人
加給。再換個話題，我們也來談談跑步。

- 他身強體健、體態均衡，還在練身，是有「3. 能力」
  （ability）練跑哦。

- 他上個月參加了一次跑步比賽，100 公尺跑出了 13 秒，
  真強。這是他目前的實力——亦即「4. 量能 / 產能 / 產力」
  （capacity），未來應可再提升。

- 給他多些專業訓練，跑進 11 秒內，應指日可待，他的潛
  能或「5. 全能力」（capability）不可限量。我們是要提
  升他的各種有關「2. 技能」，尤其要再強化他心理質素
  的軟技能與跑步的「1. 知識」，更佳成績是可期的。

- 下次校際大賽，他一定要有「6. 能耐」（competency）
  贏過其他學校對手，能力就是要經過考驗，他需要在競
  爭中求進步。

- 我們要找個機會與他一起討論出他的「7. 核心能耐」，

例如：他天生肌力強、耐力夠、意志力高、學習意願強、全身協調性好……，還有什麼？找出來特有的核心能耐後，我們再加入綜合培育計畫。在激烈的徑賽場要勝出，他一定要具有特有的「7. 核心能耐」。

七個等級看起來是一氣呵成，自然無比，但仍然應該循序以進，是吧？現在，回到我們的職場上。

許多人在離開學校後，在「1. 知識 / 知能」與「2. 技能」上，就沒了學習與成長，甚至連學校所學也忘了或早已不適用了。那麼，上圖表中提醒我們能一眼看盡未來可能成長的內容與方向嗎？例如：

- 在知識（knowledge）上，除 domain 的領域知識外，通識也是很重要的。

- 在技能（skills）上，除了習知習用的硬技能外，還有與個人及人際溝通有關的軟技能，以及目前仍不斷發展與出線的新技能也是超重要。

- 在能力（ability）上，你需要修煉、展示，甚至證照嗎？注意過你的天賦能力嗎？能力是天賦加上修練再加上資格取得的。

- 量能（capacity），是成事的現有實力，就像一座工廠現有的「產能」——要擴產嗎？你滿足於現狀與現有實力嗎？想過要如何做得更有效能（effectiveness）或更具效率（efficiency）嗎？想要如何再提升？**全能力（capability）的字義是：在「能力」（ability）之上**

再加個 Cap-，意思是更高、最高、全能力之意。想想，你的現有能力再加上潛能力後的全能力有多大？別只受限於自己的現狀與心態哦。

- 能耐（competency）；已是在強調相互間的競爭力了，在眾多應徵者中你要如何勝出？在眾多同事中你要如何勝出？在眾多公司競爭中貴公司又要如何勝出？我們是要「交出成果」與「提升績效」的能耐（強過別人的競爭力）有多大？或者，我們只是在修煉更高層的「屠龍術」能力？──注意，這世界可已經沒有龍了。「能耐」是含有競爭而成事所需的所有要素，例如：知識／知能、軟／硬／新技能、行為與心態。

- 核心能耐（core competencies）是指贏過競爭對手的「幾項」關鍵性能力／產品／服務／心態，故，包含更廣了。找出我們個人或企業／組織的幾個「關鍵性」核心能耐，是我們個人或企業的關鍵成功要素。

如此這般，我們希望這張簡表與三個故事，能讓你更加耳目一新，有效能、有效率地自賦與被賦予各種「能」，從知能（knowledge）→ 技能（skills）→ 能力（ability）→ 量能（capacity）→ 全能力（capability）→ 能耐（competency）→ 核心能耐（core competency），一路順暢地也時而反覆地加強自己的「能力」。在管理實務上，次序乃至名詞本身都非鐵律，或稍有不同；讓我們都能抓住其中精神與要義，能適時、及時地在「賦能」這條路上精進不已。

圖解

　　看完上面故事後，現在更方便我們依序從上圖表的最底層談談這些「能」吧：

1. 知識／知能（knowledge）：可分領域（domain）知識與通識。張忠謀先生總是一再強調通識的重要，高管們尤其更應該重視吧。美國 GE 傳奇 CEO 韋爾契也常在強調通識的重要，但，他選的繼任者又回頭強化領域知識的重要了。知識的形成，據聞有六個等級，如：創立、評估、分析、應用、全懂、牢記，但一定要有應用，還要有經驗中的學習。例如：工作安全守則、緊急應變計畫、工程實務需知，只知而不用是沒有用的。

2. 技能（skills）：分為硬技能（hard）與軟技能（soft）。硬技能又稱為技術上技能，是可計量的，比較容易教與學的──如在課堂上、書本上與教材上。軟技能通常與個人特質與人際關係處理能力有關，是屬於非技術性技能，與心態、特質、行為、習慣等相關，難教也難學，在職場上卻是日益重要。通識與領域知識化為硬技能或軟技能後，就更有能力去執行並完成工作了。

3. 能力（ability）：是執行任務、活動、工作與交出成果的實力，可以證明是具有經驗，甚至有證照的。如果，含入自己固有的天賦能力，再總合而成為實力（power）以

展現在國際政治上時，就更加明顯易懂了，例如：

- 硬實力（hard power）：以戰爭、經濟制裁、外交威脅等手段對付他國，以改變其決策。
- 軟實力（soft power）：以文化、學術、體育等正面力量與吸引力政策，影響他國政策。
- 巧實力（smart power）：巧妙地結合了硬實力與軟實力，如外交遊說、斡旋、示威、影響力等，在情、理、法上，軟硬兼施以致勝的能力。
- 銳實力（sharp power）：透過操作性外交政策，如操控他國的新聞媒體、教育系統、資訊系統，分化或誤導他國公眾意見以影響其政策的能力與作為。

總合視之，巧實力善用文化與價值觀的感染力，以緩和拳頭式硬實力，在處理國際事務上常反而更有力。國家如此，企業與個人亦復如此，企業領袖以製造與成本的硬實力為矛，以文化底蘊的軟實力為盾，軟硬兼施地創造了大未來。至於銳實力的耍詐使奸，容或有近勝、小勝，有德者不為之。這前三種實力在個人層級上，也組成了一個在特定工作上很特別的資格與個人特性。

4. 量能（capacity）：或通稱的工廠「產能」或容器的「容量」，是當前所具有的能力或實力。提到量能時就常會被問到如：目前有多大？未來需要多大？何時才需要多大……等等。你目前的技能組合、經驗能力與實力有多大？能完成多大的工作？總是主管與自己不斷在審核或

修練的項目。職場上知彼知己嗎？你的 capacity 多大？達到哪裡了？就如擅長田賽或競賽？100 公尺跑幾秒？未來可以「擴產」、有競爭力嗎？

5. 全能力 / 更高能力（Capability）：從英文字面上看就知道它是 ability 的延伸、晉級乃至最高級，或者高到沒等級，只有心態才是極限。

既然會與未來有關，那麼就與自己、與組織 / 企業、與未來策略、與學習和成長有關了，學習和成長方式也與下述有關：做中學，學中做；coaching & counselling，influence & inspiring，un-learning & re-learning。所以，如何有效提升至全能力 / 更高能力（capability），正是本篇後段中的主題。

孫中山當年就任大總統時，聽說有位近親求官，想當一個研究所的所長，孫中山接見後，當面問他：你有何所長要當所長？應徵者當場啞然，因為他連問題本身都聽不懂了。所以，這個所長（長，是二聲發音）是包含了現在與未來吧。

6. 能耐（competency），中譯為能耐，是我早期在日本文獻上讀到的，後來在一篇台大企管博士論文上也看到時，就更喜歡了。在管理上問：你有何能耐？是在問：**你為了打敗競爭對手而交出公司所要的成果時，你有何知識、智慧、技能、能力、實力、耐力、心力、體力，甚至熱情與熱力等加總後的綜合能力？**哈哈，大哉問。

所以，能耐是個綜合力，從英文字上是可看出很有針對性——是要與人 compete（競爭）的，是有競爭對手在一起同場較勁的，你要有競爭優勢才能勝出的，不是自顧自憐地自爽自大，外面競爭者正在虎視眈眈。

所以，簡言之，在無所不競爭的企業裡，capabilities 終將是導向 competencies；而 competencies 終是 capabilities 運用後的結果。capabilities 仍有其廣度，但 competencies 則已是更專注化了——專注到對手競爭上與最後成果上。不過，也有較少數專家們也認為 capability（全能力）即是 competency（能耐），甚至還包含了 competency。這就是管理學吧，總是百家爭鳴，各執一是，莫衷一是，大家也就各自圓其說、甚至各成一家之言了。

總結來說，competency 的綜合定義應該是：

- 它包含了 knowledge、skills 及由價值觀而引伸出來的態度、心態、行為、習慣、守則，也包含競爭成事的所有要素，顯然內涵比 capability 還更多。

- 與績效與競爭有關，它能更有效率也更有效果地交出最後成果。

- 它已進入競爭現場，要計算在思想上、行動上、績效上的好或壞，它可能含有百十種特別技能，我們需要在那長長名單上訂出重要性的要件。

7. 核心能耐，或直譯為核心競爭力（core competency），就是從那長長的能耐名單上找出來對企業 / 組織在競爭

與績效上最關鍵、最核心的要素了。所以核心能耐的簡單定義就是一組獨特的知識技能、態度與資源，能幫助公司更有效率、有效能地執行任務，能比競爭對手更強的。

其實，還有「個人級」的核心能耐，是要展現在工作職位的競爭上，例如，你如何在千百人之中爭取到所要的工作？如何在 resume（履歷表 /CV）上展現出你的 personal core competencies ——如，策略規劃、領導力、專案管理、人事管理、細節管理、價值觀等的軟技能與軟實力以及特殊領域的知識，尤其與工作職位有直接相關的。

我們已在「賦能」的「能」上邊談邊走了一段不短的路了，這裡所敘述的能耐與核心能耐正是本篇賦能中所想要加強的「能」，它們也正是賦權中 MICS 中的 C（competency）是也。

「能」力中的最高階層應是「企業 / 組織層級」的核心能耐了，是普哈拉（C. K. Prahalad）與哈默爾兩位著名管理學者在《哈佛商業評論》上最早提出並名動一時的競爭力理念，他們認為能力在修練完成後，還要找出其中最具關鍵性的能力 / 產品 / 服務 / 心態的組合，用在與競爭對手的競爭上，用以達標致果，從競爭中勝出。而且，這種能耐組合還可用在其他許多不同的領域裡，也能照樣勝出。

圖譜之 43

知識 / 知能是何從？又何去？

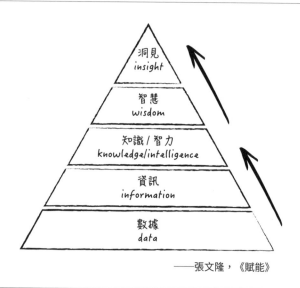

——張文隆，《賦能》

圖解

　　數據（data），泛指一些未經加工的事實或觀察所得的事物，常以數字、文句、字母、符號、圖像、乃至聲音等形式出現。未經加工處理的，本身常無多大意義。

　　資訊（information），是數據 + 意義（meaning）。數據經過總結、平均、篩選、群組、加值等處理，整理出上下前後關係與條理脈絡，加上目的化與意義化後，增值很多。情報

圖譜之 43 • 235

（intelligence）則又是取自更多方資訊綜合而成更準確有用者。

知識（knowledge），是資訊＋規則（rules）。規則告訴我們事情的一些可能效應，知識也含有技能與經驗，能讓我們連結上商業成果，知道如何影響系統，形成最佳運用與產生更大的價值。智力（intelligence）在此處則意味著一種應用知識的能力。

智慧（wisdom）的知識含量更高了，是指具有能力去分辨與判斷哪一種知識對生活、生命與人生是真實、真確、持久與最適用的，足以創造出更美好人生，也更了解生命的目的與意義。

洞見（insight）的定義是對人與事最獨到、最深層、最真確的認識。是一種將知識、與智慧結合起來，看清、看透事與物，生活與生命大圖與本質（essence）的能力。如果知識是一種力量，智慧就是選取並執行那種力量，洞見就是執著地執行那種力量而且連接到未來。

在本圖解裡，我們補上了一層「智力」（intelligence）。智力也是應用知識的能力，這種能力偏向於邏輯思考、概念化與抽象化的能力，常屬於天賦天生，難以實習而得，有其獨特性。所以我們有了所謂的智力測驗，可以得出智力商數 IQ（intelligence quotient），反映出一個人對知識與資訊的掌握程度，及其觀察力、記憶力、思維力、想像力、創造力，乃至分析問題與解決問題的能力。但 IQ 的智力並非人生或職場上的成功大道，反而常常造成困擾。在美國激勵大師柯維與《聖經》

的看法裡，成功人生還要有 EQ（情緒商數）、PQ（身體商數）與 SQ（靈性商數）共 4Q，也就是兼具 4Q 才是智慧人生之路了。

intelligence 時常也中譯為「情報」，因為 intelligence 的資料比起 information 有著更多元的來源，也有更多分析後的準確性與實用性，足以用在重要決策上。例如，美國中央情報局 CIA 中的 I 是 intelligence。各國都有情報組織在多方收集、應用數據、資訊、知識，形成情報以供國家裡有智慧、有洞見者決策與執行之用。

故事

如果，我們用「繪畫」藝術作為實例來說明上面這張圖，那麼是這樣的：

- 數據是，你看過或擁有的許多相片、圖片、畫作、藝術品或藝文活動的事件紀錄。
- 資訊是，你所了解或蒐集整理完整的有關梵谷的畫作、畫風、畫史，也了然其中所含價值。
- 知識是，你還在大學裡進一步修習的繪畫藝術史與繪畫技能與經驗，想用以修養人生，也可能用以維持生計。
- 智慧是，你在繪畫中展現出熱情與未來人生，也體認到繪畫也是一種溝通方式，可用以感動、感化其他人的生活與生命。

- 洞見是，你察覺到許多事物都可以是藝術，每個人都可以創造自己的藝術以貢獻予周遭世界，自己則更堅定地走向繪畫藝術人生。

如果，回到更實務的「智慧」人生呢。美國加州大學健康老化中心與人工智力中心主任迪利普・傑斯特（Dilip Jeste）教授，對這項人類獨有的「智慧」已有 20 餘年的研究。他的團隊發現，古今許多專家們對智慧所需具備的要素，已能有很一致的看法了，總結就是下述幾項，很醒腦的，足資參照：

1. 具有「利社會」的心態與行為（包含如同理心、慈悲心、與利他主義等）。

2. 擁有情感穩定性與幸福感（尤指對情緒管理的掌控度）。

3. 能接受生活中的不確定性與多樣化觀點，也能適時展現出決斷力。

4. 擁有自我反思力、好奇心與幽默感（即，洞察力、直覺力與自我覺察力）。

5. 具有社會性決策能力，與有用、可分享的人生知識與能力。

6. 具有靈性（spirituality），亦即，宗教信仰或恆定的普世價值觀／核心信念。

這些要素是他們在數個世紀以來的眾多文獻中爬梳，也從現代生物學、神經科學及心理學的科學研究中歸納所得。**智能或智力上如果缺少了情感，就不夠智慧了，智慧也是人類獨有的。**

　　智慧，是三種人格特質的組合，即：認知（純智力或智能）、情感（如同理心、慈悲心）與反思（內省能力），三者相互連接與鞏固。所以，再高的智力（intelligence）商數仍不足以構成為一位有智慧（wisdom）的人，未來世界中威力無比的所謂「人工智慧」（artificial intelligence，A.I.），其實真正指的是人工「智力」或「智能」，距離含有人性光輝的「智慧」仍有一段很大的距離。

　　所以，**別跟 A.I. 或機器學習比「智力」或「智能」，未來我們更需要「智慧」與「洞見」**。比爾‧蓋茲說：A.I. 頂多是白領助理，是一個副駕駛，或許，是個正坐在駕駛座上的副駕駛呢，我們今後要強化的是可以比它更強的智慧與洞見了。

圖譜之 **44**

「核心能耐」的種類與內涵

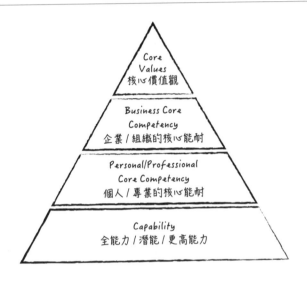

Core
Values
核心價值觀

Business Core
Competency
企業／組織的核心能耐

Personal/Professional
Core Competency
個人／專業的核心能耐

Capability
全能力／潛能／更高能力

圖解

　　上圖中，「核心價值觀」怎會高高佔據了「核心能耐金字塔」的頂端？或許令人有些疑惑，但記得嗎？「能耐」是一整套的知識、技能、能力、全能力／更高能力、資源，乃至特質、心態、行為與行動，全用以更有效地在競爭中勝出。所以，核心能耐當然與核心價值觀有關，而且**核心價值觀還是高高在上地規範了企業／組織裡所有人員的行為準則與決策準則，也就**

成了核心能耐的要素之一了。核心價值觀及其關聯的使命與願景，在進一步形成企業文化後，更能幫助企業策略形成更大的競爭優勢，也避免了如彼得·杜拉克說的：「企業文化把策略當早餐吃掉了。」——是指吃掉後也隨後拉掉了。企業文化影響策略執行成功率常可高達約 70%，我們在圖譜之 70 中將另有闡述。

故事

遞過履歷表求職嗎？剛畢業的，沒什麼經驗，卻也不怎麼害怕，初生之犢不畏虎啊；中年轉業，經驗已豐富，卻又開始害怕了。我以前曾經看過洋洋灑灑達數頁的長長履歷，盡是流水帳的經歷，看不到重要經驗和關鍵學習；或者，看不到我們現在正要的「個人核心能耐」的敘述。

就如，面談主官問起：你有何能耐，敢於應徵本職務？你腦中如風火輪在轉，學歷是最簡單的，甚至還可以跳過，你想到「知識」——通識及與專業有關的領域知識，想到「技能」——紮實的技術、硬技能與有點虛的人際管理軟技能，想到總成的「全能力」——已發掘的天賦加上過往修練，還得有證照與獎狀什麼的，也想到近來曾主持過幾個達標致果的大小專案——執行力上的量能（capacity），更想直接切到這個新職上想一展長才的全能力（capability）。哇！從何說起？

想到你的「核心能耐」嗎？「能耐」是綜合上述知識、技術、技能、能力，再加上與心態、行為、行動、決策力有關的價值觀，以及個人文化所綜合形成的一種「競爭力」。而且，是要用在這次職場與市場上競爭上並求勝出的，不是用以自娛自賞自傲的。

所以，在「能耐」這個主題上，你一定要想到「競爭對手」──我怎樣打敗那些一起來應徵的對手們？他們外表看起來都蠻強的。還有，以後怎樣用以帶領團隊打敗未來市場上的競爭對手？

回到面試者的問題，你有何「能耐」？其實，你應該先鞭一著地在履歷表上說明，現在當面要談的可是從「能耐」中再蒸餾出來的三、五個「核心能耐」──與這個職務乃至這家公司是非常相關的，來之前已做過「家庭作業」了。現代企業人的履歷表可是隨著每次不同應徵職務也有了不同內涵了，尤其是學驗俱豐的你。

下述五項常是被要求的「個人級核心能耐」（personal core competencies），請參考用。

1. 與專業／專案相關的技能，如專案管理、財務分析、客服、風險評估與管理、數位新技術開發與管理、策略規劃與執行力等。

2. 與思維形態相關的技能，具有特殊強度嗎？如在分析、創意、決策、前瞻、解題、達標，乃至於尋求資源與支援上。

3. 與人相處與溝通技能上，這項技能幾乎與所有職位、職務都相關，說明了你的優勢，如在協同合作、解決衝突、有效傾聽、說服力、輔導諮詢、多國語言、簡報與書寫表達上。

4. 與行為準則相關的特質，而且與本次職位或職務很有相關性的，如環境調適力、情緒穩定性、追根究柢性、彈性、起案能力、創新性、堅忍力、個人價值觀——尤其是與該企業之價值觀相合者。

5. 領導力上的特質，與應徵工作很相關的，如賦權與賦能部屬、建立誠信的團隊文化、影響力與激勵能力、長中短期的策略性思考力，建立共識團隊的能力。

看來洋洋灑灑，可是這些核心能耐可是從二、三十項一般能耐中精選出來的，是管理職的、關鍵性的、核心級的個人能耐，你學驗俱豐後，中年想轉更高職，一定要先做好的家庭功課。明察暗訪尋得該職位的公司及其產業的知識與情報，在履歷上先對症下藥，面談時更是要言不煩地論述「個人級核心能耐」，打敗其他應徵者——有時更是只有一位得此職者，我自己就曾在美國德州的一個應徵案中如此達標過。個人級核心能耐能幫你在一群應徵者中站得高高的，信心十足。

下一圖譜裡，我們要談的是再往上一級的企業／組織級核心能耐。

圖譜之 45

企業 / 組織級核心能耐

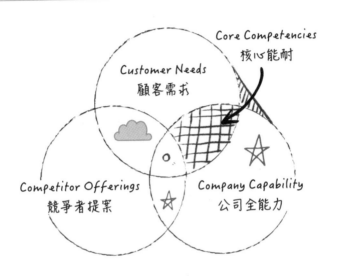

圖解

　　上圖中，三個互相有交集的圓圈分別代表了三項要素：

1. 「顧客需求」——公司的產品 / 服務，要對顧客或消費者達成顯著價值或利益的。

2. 「公司全能力」——公司全能力加上資源投資，是要形成市場上的競爭優勢的。

3. 「競爭者提案」——市場上總是有競爭對手，他們也在

產品 / 服務上提供了有力的相對提案。

三個圓圈交會處所構成的那條魚裡，魚頭是公司與競爭對手在顧客處廝殺的部分，是市場上的「紅海」，常是殺紅了眼，公司獲利常可疑的。魚身則是競爭者一時仍難以模仿的，也是我們所謂「核心能耐」的展現了。

依核心能耐的論點，「魚頭」是食之乏味，棄之可惜；應該是：棄之為要了。「魚頭」邊、「魚身」外的星星部分，是要考慮與含競爭者在內的外人合作而做 outsource（外包）的部分──讓自己能把有限的資源更多用在核心能耐上。「魚頭」另邊的雲彩部分也就視之如浮雲吧，反正，市場上競爭者總是都會存在，不能也不會消滅的。倒是 customer needs 的部分應予延伸考慮到 customer needs and wants ──而 wants 是指顧客目前並非必要之需求，卻是顧客心中一個想改善、提升或夢求的延伸或未來需求。在加強產品 / 服務時，這個「魚尾」可能是我們核心能耐的美好延伸，或成競爭上的另一片新藍海。

核心能耐在教企業：吃魚要吃魚身，別想吃含魚頭的全魚，還連魚腸魚骨也不剩；但，魚尾在料理中稱為滑水，是港菜與浙菜中的美味──因魚尾經常在運動，肉質特嫩滑，是行家美味。所以，看看圖中魚再想想，魚尾確是顧客常在「心動」處，是 needs and wants 中的 wants 部分，特別料理後會是美食的。

故事

　　1990 年代，普哈拉與哈默爾兩位學者／顧問在哈佛商業評論的一篇文章及其隨後的專著《競爭大未來》（*Competing for the Future*）中，翻轉了 1980 年代的管理潮流，讓企業迎向了開發「核心能耐」的新浪潮，至今仍未停歇，而且還新增了個人性與功能性的「核心能耐」。

　　他們兩位定義的核心能耐是：一種多重資源與技能的和諧相稱結合，在市場上因此差異化了一家企業。核心能耐滿足了下述三項標準：

　　1. 提供了潛在的通道，通向一個更廣泛的市場。

　　2. 終產品對客戶利益要完成一種顯著的貢獻。

　　3. 難以被競爭者仿效。

　　為了長期成長與成功，企業應持續不斷地把資源投注在建立與維持那些對核心能耐有貢獻的技能上。更精確地說：核心能耐是那些形成企業策略優勢的資源與潛能／更高能力（capabilities）。企業必須定義、培育，並開拓其核心能耐，才能在競爭上領先。一般來說，企業的核心能耐是指要贏過競爭對手的幾項關鍵性能力、產品、服務、心態，所以應包含如：

- 更高品質的產品及其相關技能與能力。

- 最創新的技術及其在 R&D、專利與專案上的投資。

- 更好的客服及其在人員與流程訓練上的投資。

- 更大的購買力並在 M&A 上的投資，以加強供應商關係並取得在價格與服務上的優勢。
- **更強大的企業文化以吸引並留住優秀人才。**
- 更快速的生產與交貨，並投資在相關的軟體系統與生產流程及配銷關係建立上。
- **更高度的彈性並投資在員工的交叉培訓與敏捷軟體上。**

看起來，各項都有些老生常談，問題是在能真確地定義出來，投資源下去，培育起來，深深開拓下去了。

也來看看亞馬遜在這些方向上努力的故事。

亞馬遜網路公司的經營真是神奇、太令人驚異了。他們在 1994 年創立時，只是一家在網路上賣書的公司，創業者夫妻與幾位員工還得跪在地板上包書，然後再出門去寄書。29 年後的今天已是在賣百貨，去年的營收已高達 4,700 億美元（約是 14 兆元新台幣），公司在最高市值時曾達 1.9 兆美元（近 60 兆元新台幣）。這些年來我也透過它的系統買書，買了 300 多本英文原著，也讀了創業者貝佐斯寫的兩本書。

想說的是，亞馬遜的核心能耐很清楚，透過他們的 2021 年報，我們可以整理出大約是下述六項核心能耐：

1. 超大營運規模。他們的店可以讓他們自己與第三方一起銷售幾億種獨特的產品。
2. 擁有高階技術。顧客們可以透過他們的網站，移動 Apps、Alexa 裝置、串流、實體店，買到他們的產品 / 服務。

3. 精打細算的成本管理。所以他們能提供顧客最低價格、快速與免費運送，容易使用的機制與及時的客服——連遠在台灣的我們都可受其惠。

4. 彈性營運與產品的多元化。他們透過廣泛的技術組合，服務所有大小規模的開發商與大企業，包括創業家、政府機關與學術機構。

5. 鼓勵自立自助、自力更生。在老本行的書市裡，他們幫助作家們在亞馬遜開設自己的出版社，在自己的店（kindle store）裡出版書，用在自己的實體裝置（kindle）上。

6. 無窮的創新。他們把商標、服務標章、著作權、專利、網域、商業包裝（trade dress）、商業機密、專有技術，以及類似的智慧財產都一體視為他們的成功要件。

這六強項核心能耐，逐年逐漸生成、定義、鞏固、加強、投資、維護、再加強，成功應用在廣大的顧客領域裡，讓一家公司在 30 年不到的時間裡，由 0 元銷售額成長到令人驚異不已的 4,700 億美元，約達全台灣當年國內總生產毛額的 60%。

圖譜之 46

如何更能「有效賦能」？

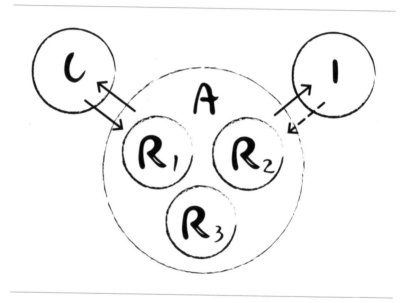

圖解　　故事

　　什麼是賦能（en-able-ment）中的能（able）？如果，你追本溯源，很認真地去查字典，那麼《柯林斯辭典》（*Collins English Dictionary*）中的「能人」（able man）是指這人擁有必要的權力、資源、技能、時間、機會等，能成功執行一些事，是夠資格的、有競爭力的，也經過正式授權而擁有權柄的——短短兩個英文字卻有長長一串解釋，能人還真是有真能力的人。

如果用短一些字來解釋呢？英國古老的百科全書《The Nuttall Encyclopædia》是如此描述的：able 者是，有心要解決問題、有腦會做謀劃、有手去執行並遂行成功的人。真的，能人真能，我們所謂的「賦能」（en-able-ment）也正是要賦予員工他們所需的能，讓他們成為「能者」以成事吧。

我們談賦能還要進一步談「有效」賦能，在「有效賦能」之前，我們先前已提出了另外兩大篇，亦即「分層當責」與「充分賦權」。那麼，是否意味著在「有效賦能」之前還是先要「分層當責」與「充分賦權」呢？是的，我們的實務經驗是先有責，再有權；然後，很自然、很快地就要面臨著適當、適時、有效地賦能或增能的問題了。

賦能（enablement）就是一個要幫助人們更有能力去做事、成事的流程，這個能或能力我們在前面圖譜中已詳論過。再做個小複習，亦即，這個能人（able man）的能力（ability）已如前述是如此這般地發展出來、發展下去的：

knowledge → skills → **ability** → capability → competencies → core competencies/values

所以，如果你要賦能部屬，應該要有如下的考慮：

- 在 knowledge 上，有新知待傳授嗎？有舊知待複習嗎？
- 在 skills 上，有硬技能待加強嗎？有軟技能待學習嗎？有新技能待分享嗎？
- 在 ability 上，他要提刀上陣前，心與腦都準備好了嗎？

刀磨好了嗎？——記得林肯說的：「如果我有 6 個小時
砍樹，我會用前面的 4 個小時把斧頭磨利。」林肯可真
當過伐木工人的。

在 ability 之後呢？有何增能、賦能良機？

- 在 capability 上，想好了要如何激勵他的潛力與更大的能
  力以全力以赴嗎？這也是做中學，學中做的良機？

- 在 competencies 上，提醒他，這可是競爭場域，有競爭
  才更有進步，跟自己、跟對手，為自己、為公司而競爭，
  要磨練出一身能耐——讓「能力」升級到「能耐」。

- 在 core competencies（核心能耐，或核心競爭力），你
  要進一步蒸餾出屬於自己的核心能耐，然後與企業 / 組
  織的核心能耐相互連線，讓能力不做虛功，讓能耐相輔
  相成、相得益彰，讓自己成為「能人」，能達標致果；
  不致於在支線上、虛線上虛耗精力。

- 別忘了在能耐金字塔頂還有一項 core values 的價值觀，
  **價值觀不管是潛在未明的或旗幟鮮明的，都很大地影響
  一個人的信念、原則、心態、行為與選擇。**

所以，這就是初步的「有效賦能」了——又什麼是有效？
有效其實也可分兩種：

- 一種稱為效率（efficiency）：是指要找到最適當、最適
  中的方法以成事，在最少時間、最少努力、最少資源之
  下成事，是把事做對，多聚焦在流程上。

- 另一種稱效能（effectiveness）：是指要用正確的方法交

出更佳、更有價值的成果，是要做對的事，多聚焦在最後成果上，強調在對的時間、用對的方法、做對的事。

最後的成果，常常也是看得更長遠、更廣闊的。

所以，有效率地成事不一定是有效能的，有效能地成事也不一定一時是有效率的。尤其是在某些長期目標或永續目標上，有效能就顯得更為重要了；在以整體核心能耐而成事上，效能也應該是比較重要的。

在「有效賦能」的「有效」上，我們指的常是效率與效能兩者兼顧，我們的一位客戶老闆說，本來就是要兩者兼顧，笑笑地說，我們老闆多是很貪得（greedy）的，言之成理。

「有效賦能」還需及時的催生運用「充分賦權」中提到賦權八大要素中的 ARIA 與 MICS。ARIA 中的 R 是 resources，是資源——資源不足常造成執行的失敗，乃至士氣不足。資源常是 A 要努力爭取的，A 如果不做好規劃，就很難以「掌握」爭取的良機與說服力。MICS 中的 C 正是 competencies，能耐——你與成員需要的知識、技能、能力／潛力／全能力，及競爭力上所需的個人級與組織級能耐。戰前培訓、戰場磨練與戰後檢討，都有「有效賦能」的賦能關鍵點——太早的培訓常不是「有效級」；不知道自己不知道，或不讓人知道自己不知道也不是「有效級」。預先讓自己與成員知道將習得什麼新知、新技、新能耐，以及即將用於何處、會產生什麼效用，是很激勵人心的事。

綜合結論是，賦能如要及時、更有效，開門見山第一圖就是要圖個「角色與責任」（roll & responsibility）清楚。為了讓

你眼睛一亮、心中更清，我們把 ARCI 法則的圖形轉個新角度如上圖中的新「豬頭」，更顯現出 A 的中心重要性了。

　　釐清角色與責任（R&R）的說法，在近代許多管理中也悄悄地在改變成 R&A（Role & Accountability，即角色與當責）了，因為當責當真是其中精華。在 R&A 確定後，我們才更有可能去確定 R&C ──即 Role & Competencies（角色與能耐）──哪個角色應該要具有哪些能耐。亦即，現有的 ability 之外，還應發展出什麼樣的能力、潛力與全力，終而提升至 competencies 的能耐等級。在這個等級上，心態、態度與行為也記得要介入；所以，企業或團隊的核心價值觀也理所當然地成為一種能耐要項之一了，還是高高在上的。

　　然後，身為當責者的 A，首先必須要做的是：忘掉 Just do it！放大 PDCA 的 P！讓 D 特別大的華人大頭症變成 PDCA 一樣大，更容易成功的是，更要「矯枉過症」式的「放大 P」如下，即：

　　所以，為了更「有效賦能」，A 一定要跑跑兔寶寶，略加

修飾後如下述：

- 先是規劃循環：與 C 反覆討論以確定最後目標的 1. 後，

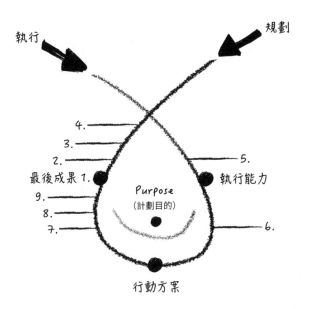

也還會回溯到 2. 的年度目標，或 3. 的中長期策略目標，
甚至 4. 企業文化中的願景、使命與價值觀嗎？有何關聯
嗎？

- 後是執行循環：在執行前可以有 5. 的戰前會議嗎？然後
  是嚴肅管理 6.、7.、8.、9. 的里程碑（milestones 或 check
  points）了。

- 與「有效賦能」關係密切的就是在「執行能力」上了，

A 在做過規劃循環（最後目標 → 行動方案 → 執行能力）後，一定會赫然發現自己在「執行能力」項上，尤其是個人與成員們的能力尚有不足或稍有不足之處。那麼何時、如何補足？然後，參與「執行循環」的諸 R 大將們的資格也顯然浮現，如何在部門裡或他部門裡找到適宜人才，或補足適當能力？這時，做中學與學中做，或許不只是學習與成長的良機，也是「執行循環」成功的保證了。

所以，思考轉換成這條線上的這個點：capacity，現有的量能。

knowledge → skills → ability → **capacity** → capability → competencies → core competencies/values

肯定是一種及時而有效的提醒（我們在這條線上，把 capacity 的現有量能 / 容量 / 產能的現有能力又加了回去了，成為一個知己知彼的現狀核對點）。

這就是我們早先提到的 Role & Competencies 的要義了，當然 A 的 personal/professional competencies 更是重中之重了。

第 4 篇

全心敬業

Engage Them!

圖譜之 47

「敬業」的定義

員工敬業度（Engagement）有三個等級

1. 敬業的（Engaged）：
員工對工作與工作場所有高度**投入與熱心**

2. 不敬業的（Not engaged）：
員工對工作只願投入**時間**，不願投入精力或熱情

3. 超不敬業的（Actively disengaged）：
員工在工作時不只**不高興**，還有**恨意**，還會**破壞**
他人的成就

——取材自：蓋洛普顧問公司

圖解

上圖定義源自於在全球員工敬業度（employee engagement）調查研究與改善上最負盛名的蓋洛普顧問公司，他們對敬業度所做的定義，簡單、明確、好用。每家公司裡就是有這三種員工：敬業的（engaged）、不敬業的（not engaged）、超不敬業

的（actively disengaged）。這三種員工每天都同樣地活在地球上每一個國家、每一家企業／組織之中。

第一類的「敬業」員工是企業／組織之寶、興盛之鑰，可惜為數不多，在 2023 年 6 月出刊的「全球員工敬業度報告」中說，2022 年裡這類員工全球總平均只佔了約 23%。在台灣，很令人意外地，這第一類的敬業員工卻只佔 11%，不到全球總平均值的一半。第二類像「看鐘族」般的不敬業員工佔了大宗，約 60%；超不敬業員工是對公司甚至有恨，還會搞怠工破壞也準備要走人的，又佔約近 20%。想像過嗎？如果我們台灣能把敬業員工的比率提升一倍到只是全球近一百國的平均水平上，我們的國家生產力又會提升幾倍？當然，員工工作時更感到快樂滿足，工作也變得更有意義、有目的、有貢獻了。

故事

敬業（engagement）是什麼？好想簡單說，好難簡單說；東西方文化很不同，連中文譯名也是爭議多多。如果，員工敬業度低落，東方人偏向批判員工個人修養不夠、家庭／學校／社會教育失敗——所以，到了企業已很難管理了；西方人則認為是企業／組織裡，領導人的領導力失敗——所以，是個可以改善的管理議題。本書裡的論述是把敬業當成一種管理與領導上的議題，我們是要一起努力提升員工敬業度的，因為敬業度低

落已造成企業 / 組織與國家社會經濟上很大的損失。

- 敬業是敬誰的業？**敬業是尊敬、敬重自己的職業、行業、專業、事業，尤其是所屬企業，乃至業主。**業主此時也該自省的是，自己值得尊敬、敬重嗎？創造了可敬業的工作環境了嗎？

- 員工敬業度（employee engagement）低落，主因如果是領導人的領導力不足，那麼，企業主或領導人應該如何主動、積極、有為有守地建立可敬業的工作環境？

- 蓋洛普公司積 50 餘年敬業調查、研究、顧問的經驗後指出：直接經理人或團隊領導人對所屬部屬們的敬業度有 70% 的影響力或貢獻度。那麼，第一線上的直接領導人，能不警醒嗎？

- 當然，第一線領導人推動與實踐敬業的能力，又有賴其上第二線領導人……依此類推，身為最後一線端坐寶座上的企業領導人如董事長 / 執行長 / 總經理等，對他們的 top team（高階團隊）也有 70% 的影響力或貢獻度，而這一最高層級的影響力更是全面性、長遠性的。或者說，一家企業的可敬業工作環境主要是由他們所建立的，然後層層向下影響。

「敬業」的定義，有幾種不同的角度，例如：

- 最有感的是：員工願意對工作熱情參與，並能許下承諾，以正向的態度與方法為企業 / 組織達成貢獻的程度，這

是蓋洛普公司的定義。

- 最簡單的是 BlessingWhite 公司的公式：

敬業 ＝ 滿意（satisfaction） ＋ 貢獻（contribution）

所以，敬業管理就是要把員工對公司的滿意度與貢獻度
都達到最大化。敬業度的挑戰是，員工只是對企業滿意
是不夠的，員工也必須相對地對企業有所貢獻；為企業
目標做出貢獻時，多走一哩路是在所不惜的。

- 「敬業度」已是一種管理或領導技能上的挑戰，是可以
量度的、有數字的，可以跟自己以前做比較的，可以與
同業或異業比較的，也可在全球國家中做比較的。

蓋洛普在 2022 年調研中發現，敬業度偏高的 25% 事業單位
或團隊，比偏低的 25% 者，具有很明顯競爭優勢如：員工請假
率低了 80%、安全事故率低了 64%、離職率低了 18% ～ 43%、
偷竊率低 28%、缺陷品率下降 41%、客戶滿意度上升 10%、銷
售率提升 18%，最後則是獲利率提升了 23%。

加拿大 McLean 公司估計出，公司付給一位「超不敬業」
的員工薪水中，約有 34% 是如打水漂般地浪費掉了。蓋洛普公
司則估計，不敬業員工引起的生產力下降、意外事件提升、偷
竊案增加、離職率提升……等所造成的美國經濟上損失每年約
3,500 億美元，全球經濟損失則每年約達 7.8 兆美元，佔約全球
GDP 的 11%。

數值怵目驚心，企業界老闆與員工還是不太關心，公家機

構裡也沒人在關心。這是我們的「員工敬業」現況，在未來工作上，老闆們仍然只是要求員工投入時間與勞力即可，不在乎他們是否滿意、快樂、有熱情、有承諾、能創新？也不在乎他們是否已在沉默抗議或暗裡怠工破壞了？

圖譜之 **48**

員工敬業度的三種類型與佔比實例

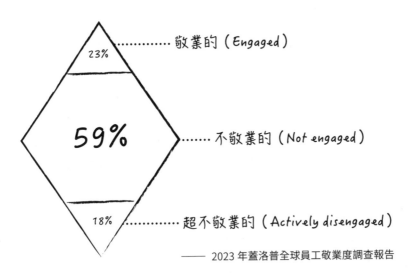

23% ·············· 敬業的（Engaged）

59% ······· 不敬業的（Not engaged）

18% ·············· 超不敬業的（Actively disengaged）

—— 2023 年蓋洛普全球員工敬業度調查報告

圖解

　　蓋洛普公司把員工敬業度分成了如上的三大類型，方便在管理改進上易於對症下藥。三型敬業度的進一步說明如下：

- 敬業的員工（engaged）：員工對工作與工作場所有高度投入與熱情，心理上像「主人翁」般地要驅動高績效與創新，推動著組織向前行。

- 不敬業的員工（not engaged）：員工對他們的工作與公司是不連心的，他們在敬業上的需求仍未被充分滿足；在工作上，他們會投入時間，但不願投入精力或熱情。

- 超不敬業員工（actively disengaged）：員工在工作上，不只不快樂，還有怨恨，因為需求未被滿足。他們的不高興也有了行動，每日常常暗中破壞敬業同事們的成就。

如上圖，蓋洛普公司在 2023 年 6 月發表的最新全球員工敬業調查報告中說全球職場上有 18% 的員工是「超不敬業的」，他們總是以負面的角度批評著夥伴、老闆以及各項大小計畫，有時也因他們本身學有所長而蠻有影響力的，他們不吝於表達對工作的不滿，也可能正在尋找另外的就職機會，他們常常造成一種有毒的工作環境。

「不敬業的」員工則佔有 59%，他們還是夠努力地在工作著，但，努力只是在做工作說明書上訂下的基本要求，每天還是像在數饅頭般計算著週末與假日，每天看鐘看錶地依規定時間工作著，對於公司的目標、生產力、獲利性與客戶需求沒什麼特別興趣與著力，過一天算一天；也可能正斜槓中，上班節省精力、下班努力地希望多賺些外快。

「敬業的」的 23% 員工呢？他們認同、認真地負起當責在工作著，可能還被賦權與賦能中，為了交出成果而想多加一盎司、多走一哩路地工作著，他們可能被直屬老闆鼓勵著，被公司的願景、使命、價值觀激勵著，在日常工作上願意多花一點時間與精力在工作與客戶需求上——因為客戶滿意是他們的核

心價值觀；他們與工作夥伴與客戶、供應商們建立了更好的關係，他們工作得很愉快，也很有成就感。

敬業管理的未來挑戰是，我們怎樣把這廣大的大約 60% 的「不敬業的」提升更多人成為「敬業的」，大部分專家都認為那些大約 20% 的「超不敬業的」是很難提升上去的。

故事

2022 年 7 月，美國紐約一位工程師在抖音（TikTok）上發布了一個有關「安靜離職」的短片，轟動一時，後來有了幾百萬人點閱，讓「安靜離職」成了全球性通用新名詞。「quiet quitting」在中文直譯是安靜離職，其實仍未離職，或許是圖謀他職中；但，確是繼續在原職上靜靜工作中。他們已放棄了積極進取地工作，只是在履行工作職責上載明的最基本要求，他們絕不額外地多加些情感、心力或時間在工作上——靜靜地工作著，還沒到所謂的「躺平」，但心境已平，不向上、不多做、不加班，只做基本要求，也伺機而動地想另謀他就，他們是典型的「不敬業的」員工了。

紐約抖音事件之後，《財星》雜誌繼續追蹤調查，赫然發現美國職場上這種「安靜離職中」的員工在職場上竟然佔有約 50%，有些公司還更高！

蓋洛普公司從善如流，在 2023 年 6 月剛出刊的報告中，也

在「不敬業的」欄目下加註了「安靜辭職中」，於是他們的敬
業度三類型變成了：

1. 敬業的（Engaged）：thriving at work（生氣勃勃工作中）。
2. 不敬業的（Not engaged）：quiet quitting（安靜離職中）。
3. 超不敬業的（Actively disengaged）：loud quitting（高聲
   離職中）。

用生氣勃勃來相對形容敬業的員工倒是很傳神了。

　　這一批「安靜離職中」或「不敬業的」大軍們，在心理上、
情感上已是離職了，但表面上為生活、為自己計畫，仍是不動
聲色，也許是像機器人般地工作著——或許，老闆們也不太在
意，反正每天都在依程式、依規定準時地工作著，每日成果也
差堪告慰；效率或許不足，但也能忍受。於是，上上下下，日
復一日，如此這般地工作著。

　　其實是有差的，還差很多。下一圖將圖示，如果你能把一
些「不敬業的」員工提升到「敬業的」，企業／組織的效益會
提升很大。這種提升的努力雖然有點困難，但仍然遠比把「超
不敬業的」員工（全球總平均約佔 20%）提升上去容易太多了。

　　專家們認為：提升員工敬業度，老闆們有責、有權、有能，
不能依傳統只在單怪員工。

圖譜之 49

國際上敬業度數據比較

敬業的	2017 / 2021 / 2022	不敬業的	超不敬業的
全球平均（13%）	15% / 21% / 23%	67%	18%
美國（30%）	33% / 35% / 34%	51%	16%
臺灣（6%）	7% / 10% / 11%	70%	23%
南韓（11%）	7% / 12% / 12%	67%	26%
日本（7%）	6% / 5% / 5%	71%	23%
新加坡（9%）	23% / 13% / 13%	69%	8%
印度（-）	13% / 26% / 33%	65%	22%

註：上表括弧內數字為其他更早年份數據，供參考比較之用。

圖解

　　我們摘取了國外五國與我國在員工敬業度上做了比較如上，根據的是 2017 年、2021 年以及 2022 年蓋洛普對全球 96 國、十幾萬事業單位所做的大調查數據整理而得，想提供大家作為提升敬業度努力上的參考。進一步說明如下：

　　1. 可能是受到 COVID-19 的影響，老闆們更關心員工了——不管是在家或在辦公室工作；員工們也更珍惜或更

想工作了，全球敬業員工的比率 2022 年達到歷史性新高的 23%。

2. 美國 2021 年的 35% 敬業度是他們自己的歷史新高，2022 年又降低 1%。

3. 台灣的敬業員工也達到空前的兩位數，10% 與 11%，10 個員工裡約有一個是熱情投入、主動積極地在工作著，他們願意為公司、為自己、為成果而多加一盎司，多走一哩路，他們擺脫了看鐘錶、數饅頭、吃碗內看碗外的日子了。

4. 南韓的敬業員工成長竟比我們快一點點，但他們也更會報怨與報復公司，很不快樂還可能懷有恨意的員工達 26%，也是上表六國中最高的。

5. 日本不敬業員工還是在繼續爬升，敬業員工反降至 5% ——默默冷冷無感地吃力工作著的員工比例還真高，尼特族也不少，台日同病，都不知如何鼓舞工作熱情。老闆們還是像嚴父，官威盛也愛進行著微管理嗎？

6. 比較有趣的是新加坡，以前也是偏向華人文化的保守管理，敬業員工度也老停在個位數字；後來，據報他們在管理上做了改善，在制度上由年功制改向績效制，經理們也提升了在員工心理上的投資——例如，開始重視個人目標、個人強項、個人發展與個人成就感；另外，也以導師制強化了與員工的連結與關係。所以，後來我們看到了曾高達 23% 的員工敬業度——這數值在講究華人

傳統敬業的任勞任怨、克勤克儉、苦幹實幹、盡責盡職、犧牲奉獻的東方企業裡，算是超高的。但不知因何又從 23% 的高峰降回 13%？

7. 新興的印度，「敬業的」員工也從 13% 提升至 2021 年的 26%，又大升 7% 到 2022 年的 33%，這個國家講邏輯理智，也講心理 / 情感吧，管理制度是在轉變中。

8. 全球 96 國各式各樣企業 / 組織 2022 年總平均的 23%、59%、18% 的敬業、不敬業、超不敬業的比率呢？原 2017 年敬業員工的 15% 已經在 2022 年又提升到 23% 了，是台灣 11% 的兩倍多。是時候了，我們應該更努力喚回——正確地說，不是喚回，是創新、創造我們在職場上的積極與熱情了。

9. 根據調查與研究，高敬業度員工展現出來的共同經驗是：

   • 對自己的工作很有熱情，充分投入，有成就感。

   • 想要留在公司裡繼續發展。

   • 願意以正向積極的態度，討論公司的事。

   • 會許下承諾，要幫助公司成功。

   • 願意多加一盎司，以交出成果 / 績效。

台灣過去 5 年，敬業的員工從 7% 提升到 11%，我們的員工多經歷了些什麼？老闆們多做了些什麼？可以再加強一些嗎？在越來越多國際合作與國外工作的台灣企業與台灣人，敬業（engagement）將是一道越來越重要的課題與考驗。

故事

記得大約 10 年前，我還在中國大江南北、大山東西開辦無數當責式管理研討會時，在 2013 年 11 月，蓋洛普公布了前一年的全球員工敬業度大調查，結果是：全球總平均值敬業度是 13%，中國是 6%。在中國曾引發一片譁然，網路與輿論各方聲音盡出，舉其較有代表性的如：

1. 「誰給中國員工扣上了『不敬業』的帽子？」
2. 「意識形態不同，這是美帝在醜化社會主義中國。」
3. 「中國人一直保留著勤勉勤勞的傳統美德，怎麼可能不如老外敬業。」
4. 「是員工不敬業，還是雇主不敬業？」
5. 「我覺得同事都挺敬業的，比如說，他們都很有責任心。」
6. 「中國員工不是『不敬業』，是『難敬業』！」
7. 「到底是污衊，還是事實？中國經濟近年來在全球可是發展最快、最好的。」

從現在往前回顧，第 4 條與第 6 條是很真確的，雇主沒有現代敬業管理觀，沒能創造出員工可敬業的工作環境是員工不敬業的最大因素。在西方觀念裡，員工敬業度低落，是企業各級領導人與領導力的失敗。尤其是，員工們的最直接主管、第一線主管或團隊主管，直接負有其下員工至少 70% 的敬業度責

任──蓋洛普累積 4、50 年的調研與顧問經驗如此地下結論。

所以,**員工敬業度不是談人格特質,不是談刻苦耐勞的美德;是談員工對工作的全心投入、熱情參與,乃至許下承諾、以正向的態度與方法為企業帶來貢獻的。**當然,員工也一定是對企業具有高滿意度的。

如何量測、評估、改進、管理敬業度,我在《賦能》一書中有許多論述,我們覺得蓋洛普 Q12 中的 12 個問題,化繁為簡──實在是簡單好懂,不只應用廣,也應是最有效的應用了。

下圖起,我們要用三個連續圖簡介 Q12 的應用。

圖譜之 50

提升敬業度的 12 個關鍵要素

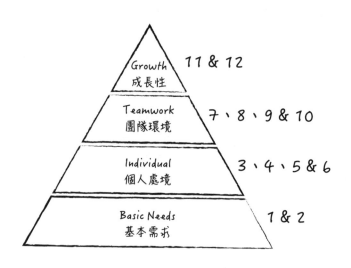

圖解

　　上圖中把 12 個關鍵要素依其特質又分成了四個階層的需求，我們就一起從最高需求反向探討直到基本需求了：

第四階需求是：Growth，成長性

- 要素 12：去年裡，我在工作中有機會學習並成長。
- 要素 11：過去 6 個月裡，有人跟我討論我的進步狀況。

第三階需求是：Teamwork，團隊環境

- 要素 10：工作中我有一位最好朋友。
- 要素 9：夥伴們都能承諾要做出高品質的工作。
- 要素 8：公司的使命與宗旨，讓我覺得我的工作很重要。
- 要素 7：工作中我的意見似乎有受到重視。

第二階需求是：Individual，個人處境

- 要素 6：工作中有人在鼓勵我的未來發展。
- 要素 5：我主管似乎是把我當「人」在關心。
- 要素 4：過去 7 天，我曾因工作良好而被讚揚。
- 要素 3：我有機會做我最擅長的事。

第一階需求是：Basic needs，基本需求

- 要素 2：我擁有工作所需的器材。
- 要素 1：我知道老闆對我的期望。

這 12 個要素／問題提供了主管們一個框架，可以用來與他們的員工們進行積極的對話，每一項問題都已被證明與績效息息相關，足以用來衡量員工的敬業度——不論是用來衡量自己組織的進步狀況，也可知道自己在競爭領域中的相對競爭地位。

故事

這個蓋洛普 Q12 系統中的 12 個敬業要素已化成了四十餘種語言，在一百多個國家裡印證過一千多萬名主管與員工了。當初發展時據報還進用了無數專家學者，耗資數百萬美元，歷經

數年才完成——也適用於台灣與東方國家嗎？為何這些國家由此系統所測出的敬業度又如此低落？是文化不同，員工需求也不同？或同是「人類」，我們在早期進步（如亞洲四小龍）之後，現在已面臨著另一個應該更進步的人力資源應用了？更進步的人力／人才／人性發展，或是新的工作文明？其實，整個世界一直在很努力地思考如何更進一步釋放人類的潛力，Q12 必然也是此中努力之一。

我們總是覺得要精準敘述事件時，英文還是精準些，所以，下列很值得條條圖解的每一條 Q12，我們還是中英文並列，方便讀者們原汁原味地深嘗，甚至未來也能有更好的國際溝通。也請不時多做思考：對員工們在工作上的滿意度與對公司的貢獻度兩方向上，這 12 個要素對台灣員工也確實重要嗎？

1. 我知道老闆對我工作上的期望是什麼（I know what is expected of me at work）

- 這個對期望的描述如果不明確或與實質工作不一致時，會讓員工感到困惑與沮喪。
- 好老闆會先談明確的期望，也談進一步的期望；談公司的期望，也談什麼樣才算是傑出的表現。
- 好老闆不只談工作本身，也談整個工作架構，也讓員工知道這個工作的成敗會如何影響到其他同伴，乃至於業務夥伴以及公司業績。

2. **我擁有我在正確工作上所需的材料與裝備**（I have the material and equipment I need to do my work right）

- 「材料與裝備」其實不僅僅是工具清單，還包括有形與無形的資源與支援。例如辦公用品、技能，資訊乃至授權。
- 好老闆還會詢問並傾聽員工的其他需求，並想辦法滿足一些必要卻沒想到的需求，也鼓勵他們的創意與創新。
- 員工們認為要「以少做多」地創造出似乎不可能實現的目標時，會對老闆與公司感到沮喪。

3. **在工作時，我每天都有機會去做我最擅長的事**（At work , I have the opportunity to do what I do best everyday）

- 好老闆能個別地了解員工的技能、能力、潛能與天賦，在工作上做出調整，讓員工盡量發揮最大的優勢。
- 雖非現有擅長，但屬公司策略方向上的也是潛能延伸，好老闆具有說服力，提供培訓，建立員工第二擅長的能力。
- 用非所學、所長或所望，是員工離職的重要因素。

4. **在過去 7 天裡，我曾因工作優秀而受到肯定或表揚**（In the last seven days, l have received recognition or praise for doing good work）

- 好老闆知道任何員工有了好成效，都需要好好地被讚揚，而且讚揚的方式每個人都不一樣。他們會適時適當地表示，明示出這績效對個人、對團隊、對組織、對客戶的重要性。
- 老闆的肯定或表揚一定會激勵當事人、提升成就感，也對其他員工展示出關於成功的樣貌與訊息。
- 員工認為自己表現優秀，卻沒得到充分肯定，在隔年離職的可能性是其他員工的兩倍。
- 可惜全球只約 25% 員工強烈同意：他們的優秀表現獲得了肯定與讚揚。員工在工作上做出了貢獻，卻沒得到讚揚，會嚴重傷害他們的敬業度。

5. 我的主管或同工，似乎會把我當「人」般地關心（My supervisor, or someone at work, seems to care about me as a person）

- 員工不僅僅是一個數字、工具、資源或資產，他們是「人」、是員工、是夥伴，是鄰居。老闆們會以「人」的角度予以尊重嗎？
- 人同此心，心同此理，當員工被尊重、被關心，在感到心安的環境下，也在工作與生活的平衡下，會有更佳的成果回報給老闆與公司。
- 應該很少老闆在業績壓力下，仍有此種對員工們很有幫助的軟能力。蓋洛普曾在全球調研中發現，仍有約 40%

員工「強烈同意」他們的主管或某些同工似乎是以「人」的角度在關心著他們。如果，這個比率再提高一倍，那麼客戶忠誠度將提高 8%、安全事故減少 46%、員工缺勤率將減少達 41%。

6. **工作中有人在鼓勵我的前途發展**（There is someone at work who encourage my development）

- 每個人都想在個人與職業上獲得成長，不能成長就會想要離職了。成長需要有人在支持、教導、訓練、培育或提供具有挑戰性的任務，好老闆就是會這樣做。
- 發展與成長並不意味著要升官，發展是開發自己獨特或天賦才能與優勢，並找到適當的角色與職位。
- 好老闆透過員工的成與敗來教導員工，發揮潛能以超越現狀，並為自己的表現負起當責。

7. **在工作上，我的意見似乎有受到重視**（At work, my opinions seem to count）

- 老式老闆常自詡經驗豐富，無所不知，喜歡獨自思考後交辦事項；現代成功老闆則會促成公開對話，歡迎員工意見，對員工提供誠實反饋，再融合成更好主意，最後付諸實踐。員工覺得他們積極參與了決策，執行時會像在實踐自己的想法一樣，成功機會就更大了。
- 在 VUCA 世界裡，環境變化太快，競爭太強太大。現代

再強的經理人也沒有所有的答案，第一線員工充滿了直接經驗、第一手資訊與改進實務，老闆已不能不聞不問了。

8. **公司的使命或宗旨讓我覺得我的工作很重要**（The mission or purpose of my company makes me feel my job is important）

- 員工每週每日瑣碎的工作，如果是連接著公司的中長期策略，甚至是公司更長期的宗旨或使命，大小老闆們如果讓大小員工清楚知道、也看到這種連線，員工們會覺得他們的工作好有意義、也超級重要。

- 好老闆會讓員工知道公司大藍圖與小藍圖，並與實際每週工作保持一致性，這是驅使千禧代與更年輕一代留職的最強大因素之一。

- 宗旨與使命也是公司最高層級的情感性需求，足可激勵各層員工們去極大化他們能做的所有事情。

9. **我的同事或夥伴們都能承諾要做出高品質的工作**（My associates or fellow employees are committed to do quality work）

- 所有的團隊工作都已變得越來越相互關聯、互依互信，如果其中有人仍是邊裡邊遏地工作，團隊就不可能交出高品質的成果，也會嚴重降低團隊士氣。

- 人們對「有能力但不努力的」同事的不滿意度，比對「很

努力但能力不足的」高出 6 倍。好老闆不會看著團隊的高品質與團隊士氣受到侵蝕，他們有責任建立更好的工作環境。

10. 我在工作上有一位最好朋友（I have a best friend at work）

- 好老闆鼓勵成員分享自己的故事，多多相互認識，建立有意義的友誼，但應在不影響最後成果下才進行社交活動，也不必試圖讓成員們都成為好朋友。

- 有一位最好的朋友在，可以讓人更容易融入團隊裡，建立有意義的友誼，但會不會形成小圈圈，有賴團長老闆們的注意與努力。

11. 過去 6 個月裡，在工作上有人跟我談論我的進步狀況（In the last six months, someone at work has tell me about my progress）

- 好老闆會經常與員工就工作的方式與工作的進步，做正式與非正式的對話，至少每半年會有個正式績效評估，反饋他們的績效、工作方式與未來展望。

- 工作有進度、有進步、受讚揚與公平報酬，是工作的最大激勵，如果只在乎最後成果，不關心過程與進步，也會傷害員工敬業度。

12.在過去 1 年裡，我有機會在工作上學習與成長（This last year, I have had opportunities at work to learn and grow）

- 員工每天都在做幾乎同樣的事，做了一年，感覺上也沒了什麼新學習、新成長，對工作還會有熱情嗎？或更像一個機器人了——不像，因為機器人這樣做時還會比你強！

- 主管怎樣幫助員工？提供訓練、討論長短期成長目標、學習新技能、找到更好的工作方式、鼓舞承擔新角色與更大責任。相信人們都不想邊邊過一生。

- 想學習、想成長是人類的基本需求，做中學、學中做，是學習與成長最有效的方法。幫自己、幫公司一起成長，一舉數得，老闆與自己，兩方都有責任的。

上述就是 Q12 的深一層論述了，論述中有我們自己的顧問經驗，許多資料資訊也取材自權威的蓋洛普，謝謝他們的努力，讓全球的工作環境與生產力、工安率、獲利力、品質、客戶忠誠度不斷提升，也幫助降低了缺勤率與離職率，提升了人類的工作文明。他們投入巨資找出了這 12 個要素，也不時地做出全球性員工調研，反映出真正事實，讓全球各行業老闆與員工們都能知彼知己，有所改進，也不斷在提升自己的競爭力與員工福祉（wellbeing）。台灣的實況呢？讓我們在圖譜之 51 裡詳述，喘口氣請繼續看下去……。

談談台灣的敬業難度

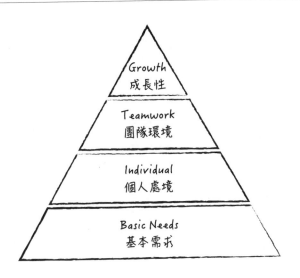

圖解

之一：你也喜歡這樣的工作環境嗎？

經過上圖譜之 50 的圖解與詳述後，我們現在要改用更白的話語也換個角度，由基本需求談起，談談台灣職場上的敬業「難度」，或者，窘境：

　　1. 基本需求：(1) 老闆的期望（值）很清楚嗎？(2) 我要的

資源足夠嗎？

2. 個人處境：(3) 我有機會做最擅長的事嗎？(4) 做好時會得到表彰嗎？(5) 被當「人」在關心著嗎？(6) 被鼓勵要「發展」嗎？

3. 團隊環境：(7) 意見受到重視嗎？(8) 工作與公司的宗旨與使命有相連嗎？(9) 同事們都能互相承諾要做出高品質工作嗎？(10) 在團隊裡工作時有個很好的朋友嗎？

4. 成長與發展：(11) 過去 6 個月裡，有人曾跟我討論我的進步狀況嗎？(12) 過去 1 年裡，我有什麼新的學習與成長嗎？

員工敬業度最簡單的定義是：不只滿足員工要求的「滿意度」──對工作與環境不只感到滿意，還能熱情參與；再加上員工被要求的「貢獻度」──不只願許下承諾，還能交出成果，對公司帶來貢獻。

現代工作據稱有 95% 以上都是藉由「團隊」完成的，所以你一定要有帶團隊的本領，團隊是由個人組成，每個人最難搞的是心。華人常說「帶人帶心」，可是人心難測，老闆們哪有那麼多「美國時間」去測試、去管理、去改進？

可是，美國人還真有許多「美國時間」做那些事！上述 12 大題中，是有許多的「心理大戲」──簡言之，也沒那麼難，只是多增加了一些工作上老闆與員工之間有意義的對話。這些對話也是生性比較害羞又急躁的台灣人較難以啟齒的，是有待勤練的部分，畢竟你搞定了他，他會把事情搞定──不止這件

事，還有後面許許多多的事。

記得蓋洛普對敬業度的三種類型是敬業的、不敬業的、超不敬業的三種嗎？那麼 2021 年台灣調查出來的員工敬業度分別是約 10%、70%、20%（後兩項未公布，是依過去幾年公布的數據推估的），很好記，也很難吞下去？但，記得嗎？每年底報載「年後想換工作的」總佔有八、九成——是員工不敬業的重大警訊。2022 年全球敬業員工的平均值是 23%，台灣還是偏低；美國呢？最近幾年來總是在 30%、33%、35%，乃至 2022 年最新的 34%。不應也看成是「美帝」的惡作劇吧。

這 12 個問題很全面、很務實，不像只是針對西方人設計的，捫心自問或平心而論是否人同此心、心同此理？那麼帶人帶心，我們就別抱怨了，面對它，接受它，改進它，不成不罷休；我們台灣管理與領導上是有很大的進步空間吧。

之二：讓「猛虎添翼」好嗎？

你還是很台——管理上很台式，常覺得西式不合適？或者，開始多了些思考，這 12 招可是探入人心深處，無分東西方或古今時。不管是人浮於事，或人才不足時，老闆與員工多些對話，對老闆、個人乃至公司與社會都很有益處。

郭台銘說：一家公司如果技術夠強，再加上好的管理後，就會如猛虎添翼；但，如果技術不強，縱使有了好的管理，也只是如老鼠加了翅膀，是隻蝙蝠。

技術夠強的台灣，是有許多大小「老虎」，跑得很猛、很

快，也很辛苦，加個翅膀應該會很爽的——如果，我們把員工
敬業度從 2022 年的 11% 提升到全球平均值的 23%，或直逼美國
2022 年的 34%，台灣員工的敬業度都是史上的最高值。加油，
眾家大小老虎們，有空也多想想上述與下述的 12 招，與員工多
些「對話」，猛虎會長出翅膀的：

1. 老闆的期望（值）很清楚嗎？

- 如果連老闆都沒規劃、不想明確化，員工就更難處了。
  總是說試試看或做多少、算多少，最後則是盡力了就
  好，都算沒有領導力與執行力的。

- 明的暗的期望（值）在明確後，不只是談 how（如何
  達成），更要談 why（為什麼要做？或不做？影響何
  在？）還有 when（不會凡事擠在一起，尋我開心吧？
  客戶怎麼說？），這樣子多做些常會打動人心的。

2. 我要的資源足夠嗎？

- 不是多少資源做多少事，也不是資源一有不足，老闆
  就有全責。一定要責成自己與部屬多些規劃，盡早知
  道要有多少資源，部屬要爭取，老闆需決斷——包含
  斷了其他次要計畫吧，每家公司都是資源不足的。

- 要達到那個「期望」的話，我需要多少軟硬體資源與
  支援，老闆如不知，員工一定要知——員工可是負有
  當責的。以少做多式的資源匱乏，常是世界上許多團

隊士氣不振的重要因素。

3. 在做最擅長的事嗎？

- 找出擅長或優勢（strength）有其專業手法，HR 很擅長的，也給員工一些專業訓練嗎？員工也常常不很清楚自己，找到後、去做時超爽的，說不定還進入「心流」（flow）地廢寢忘食，那是「人才開發」的最高境界了。

- 做不太擅長但是公司很需要的事，是個挑戰，是有新學習，或許還強行成自然，有了第二專長，但這個過程很需要積極的對話與支持、支援。

4. 做好時，有表彰嗎？

- 沒有；他這次只是將功折罪、是份內事、已給太多了、才給過、最後再一起給吧、不需錦上添花了、他在別處犯了錯……錯了！這些理由都錯了，當然還是要給。不信，你去問問國內外的心理學專家。

- 每位員工都喜歡被老闆肯定和表揚——私下或公開，也包含例如一句貼心真誠的話。美國有位讓全艦軍心大振的得獎核潛艦艦長，原是被要求給獎時 1 年不得超過例如 80 次，他那年給出了 120 次。

5. 被當「人」在關心嗎？

- 企業經營太緊張，很容易不把人當人看，老想把人榨乾──台灣還有流行語如：「擰乾」已乾的乾抹布、「榨乾」已乾的豬頭皮、讓尿液變黃⋯⋯連杜拉克都在說：管理就是把「雇員」（employees）當人（people）看。管人真的有那麼難嗎。

- 對人的尊重，不僅要成為文化，更是文明的進程。你知道嗎？同理心（empathy）已成為國際卓越公司的管理顯學，例如微軟 CEO 納德拉（Satya Nadella）大力倡導後公司更成功，同理心已成微軟公司創新與團隊協作之源。

6. 被鼓勵要「發展」嗎？

- 其實我只是想維持現狀？不想學新的、不想去發展？其實我也不想你太成長、太發展，因為那以後會很難管？這是許多員工與老闆的現狀嗎？是的，是事實，卻也只是少數，我們常被不當應用的比例原則給唬住了。

- 沒成長與發展才是不敬專業、不敬業主的主因。調研說有八成以上員工在工作時總是在尋求新技能、新發展，想發揮潛能、全能以超越現狀。

7. 意見受到重視嗎？（我們要離開「個人處境」進入「團隊環境」工作了）

- 老闆（小如 ARCI 中的 A）已無法掌握全部的知識、技能與所有答案了，員工日日與機器、流程、客戶為伍，與各種新知新聞為伍，他們的意見常是創新之源。意見輕易被輕視甚至被剽竊，是敬業環境之敵。

- 其實，我也不想提意見，常常是提了後就要自己做、自己負責、自找麻煩了！老闆剛愎自用，就讓他好看幾次吧。其實以正面看待，意見獲重視並選用，正是起案（initiatives）良機——及隨後 get results 的良機。

8. 我的工作與公司的宗旨與使命有相連嗎？

- 這題對台灣員工應是超低分，因為大部分老闆並沒有認真對待自己公司的使命與宗旨，只視為空包彈般地在網站上公布、宣傳用的。常常連老闆們自己都不買帳，殊不知那正是公司的目標與目的，在延伸到中長期策略後的再延伸，我們在後篇中還有更詳細說明。

- 每位員工都希望自己每日繁瑣、無聊的工作其實是很有意義、有影響的，是連線到更大的目標與目的上的，對公司三、五年策略與長程願景、使命乃至國家社會地球都有助益的；甚至自己回到家中社區裡，都感到與有榮焉。連我想要離開公司時，也怕鄰居們問起：

你怎麼要離開這樣一家好公司？

9. 同事們都能互相承諾要做出高品質的工作嗎？

- 聽過吧，一整條很長很強鏈條的最弱處就是其中的一個小環鏈，這個小誤失，令整條鏈條、整個團隊扼腕。故，別忽略了相互間的承諾。全盛期的馬雲說：我們的 R_1 會對 R_2 說，我不會讓你失敗的，因為你失敗了就是我們全隊失敗了。

- 老闆應該帶頭啟動當責文化，讓當責在個人心中、隊友之間、團隊之間、企業裡都能感受到承諾與責任。喪失團隊士氣的最大原因之一，是團隊的高品質成果卻被一個邋遢傢伙無意間毀了。

10. 在團隊裡工作有個很好的朋友嗎？

- 老闆還是應該鼓勵隊友們多多分享個人故事，相互了解包括個性與生活故事的，但不必成為好友。小心密友也可能有害公益，但調研顯示團中有一位好友真有助於自己融入團隊而提升歸屬感。

- 台灣團隊更應該建立團隊自己的共同價值觀與行為準則，也確定有共識的共同目標（不只是團長或大老闆的目標）。有了言行的邊界條件與「自己」及共同的目標，也有效防止了小圈圈，享了利卻沒有弊。

11. 過去 6 個月裡，有人曾跟我討論我的進步狀況嗎？

- 這題與下題都是談到員工的成長，台灣員工的觀點或許有異。把事做對、做完後論功行賞即可？老闆與員工兩造還有必要再討論什麼嗎？管那麼多嗎？有，是的。前人有言：檢討過去，策勵將來是也；有檢討有策勵，就會有進步。記得海豹部隊隊員每次苦戰後也要寫報告嗎？

- 非正式的對話與不定時的反饋之外，半年有一次正式坐下來對談，對忙碌的雙方應是益處多多，尤其對下半期進步的預期。老闆在準備上是較有壓力，但，有進步！連小學生聽到都重新又有了活力。

12. 過去 1 年裡，我有了什麼成長與新學習？

- 新成長與新學習自是對現老闆與現公司與現本人都有利，也提升了敬業度；其實對於真想跳槽的，也是有利。所以，自己一定要知道，老闆的看法尤其重要。現公司已有成長也獲肯定，就少想跳槽了。

- 下一年，成長在哪裡？新學習在哪裡？老闆請多分享一下、多討論一下吧？想想就興奮，可我老闆就是少言或無言，我就很難敬業了。這也是為什麼直接老闆的影響遠遠大於大大的大老闆了。

- 也擔心「功高震主」式地被屬下超越嗎？那就有請這

位「主」，也趕快有新學習與成長了。還有，縱使在硬技能上輸了也別緊張，在軟技能及領導力上可要領先──還有，被屬下超越在美商中也是屢見不鮮，笑笑吧，算育才有成了。

結論是，想想算算上述這 12 條測試，也難怪台灣員工敬業度在過去 10 餘年，都只有是 6、7、8、10 的不斷小小進步了。或者，台灣員工在滿意度上因未獲滿足（如，薪酬與尊重），就遑論進一步的貢獻度與綜合敬業度了。

故事

台灣有許多中小企業，企業裡有許多事，老闆們多想親力親為。要提升員工敬業度的敬業管理，有沒有可能不需依賴外面的顧問公司而自己來做？

有。下面舉一實例是美國賓州一家中小企業成功的故事。老闆是凱文・克魯茲，他在讀了許多有關書籍與資料後，決定自己來做──後來，他的公司還因此屢得這個美國工業大州的「最佳雇主獎」，老闆很是得意。他曾說：「當你的員工說，你的經營管理深得人心；並且，公司也在公開評論中脫穎而出，那可是一件很過癮的事。」他整理出了他的敬業管理六步驟，簡單有力又有效，例如：

第 1 步：進行「員工敬業度」現況調查

克魯茲為自己的小公司設計了七題的問卷：

1. 我對公司的工作極為滿意。

2. 我極少考慮去另一家公司找新工作。

3. 我願意推薦朋友來本公司工作，這是極佳的工作場所。

4. 在公司裡，經理與員工之間經常有雙向溝通。

5. 公司給我充足的機會去學習與發展。

6. 在工作上，我經常受到肯定與獎勵。

7. 我很有信心，公司的未來是光明的。

七題中前三題是測評員工的滿意度，後四題則是測評他們敬業的幾個驅動因子，以及員工的貢獻度。七題都有評分，分為五級：極不同意是 1 分，極同意是 5 分。克魯斯每半年做一次全員調查——他的經驗是，總平均 4 分以上是極優，3.5 ～ 4.0 分是好，小於 3.5 分是差，要加油了。在 2 分左右時，有員工在準備離職了，沒離職的也不想做出貢獻了。他們得到美國這個工業大州的賓夕法尼亞州的「最佳雇主獎」時，內部的敬業得分是 4.2。

第 2 步：調查結果一定要公開分享

在會議中或內部網路裡，勇敢分享調查結果——有些結果是很難堪的，但不要一直在辯解，要誠心提出改善辦法；也不要對意見與提案驟下評論，更重要的是傾聽與輔導。

員工滿意度與敬業度不足，都是領導人的責任。做了調查，不分享結果，或分享了又不聽提議、不做改善、沒有實踐，都是悲劇了，比不做調查更糟。

第 3 步：溝通再溝通，沒有「過度溝通」

- 不是單向式的，那是政令宣導或資訊布達。
- 是雙向溝通，容許員工有討論、有分享、有介入、有參與，沒有屈打成招，最後是有了承諾，也就容易交出成果了。
- 在「公司的年度目標上」與「員工每日的工作上」形成一條條清楚連線。
- 在公司的中長期使命與宗旨上，讓員工們覺得他們的工作是有意義、是很重要的。
- 所有計畫都應該化成「每週工作計畫」，才更有可行性。每週總有 10、20 分鐘的一對一直接對話，對話有反饋式的、前饋式的，問問有提供幫助嗎？
- 做定期或定點式的查核點／里程碑檢討，由當責者（不一定是老闆）來主持，不可以在最終檢討上才一翻兩瞪眼。

第 4 步：員工要有成長、有發展

- 大小老闆們要讓員工知道，他們有新的學習，正邁向預定目標，總是在成長。
- 沒訂目標的員工，幫助他們訂立目標，因為有目標時成

功的機會更大。

- 有目標的幫助他們實現，認知到在「現在具有的」與「未來需要的」中間的差距——如何補上這些知識、技能與特質？
- 真正的敬業不只是敬重你的事業，更是敬重你的企業，也讓員工敬重自己。在企業裡的前程，不是憑著自己專業在行業裡轉來轉去。身為「業主」的大小老闆們，也需自問：我值得被敬重嗎？
- 第一線的直接主管是敬業管理中最重要的一環，你如果不夠敬業，部屬們幾乎是更不敬業了。
- 關心並協助部屬的成長與發展，他們會成為忠於組織的敬業員工，在工作上會願意多加一盎司、多走一哩路。

第 5 步：肯定與獎勵員工

- 「肯定」是及時的、適當的鼓勵，不一定是在財務上的，是財務上的也不一定很大，也不是累積到年終。
- 真誠地感謝——在他面前、在他背後，也在眾員工前。
- 每位員工都是個案。如果你真關心，你一定有更大、更有效的激勵上創意。
- 除了獎勵績效成果外，也獎勵敬業的行為，因為這些行為與敬業文化與中長期策略有關聯。

第 6 步：展現出「互信」的價值觀

- 清楚明白如果高管們自肥或貪贓枉法，員工們就很難以公司及領導人為榮了，就難以敬業了——敬業是敬重企業，也敬重業主。

- 公開透明。報佳音也報惡耗，讓資訊透明，讓員工以真實透明資料做判斷，處理有關問題，也與老闆們一起共享「失眠」。

- 承認錯誤。別當個死不認錯、硬拗成癖的主管，公開認錯並做改善，更容易受到信任乃至尊敬。

- 建立未來願景。全心全意構建公司的願景、使命、宗旨與策略，讓員工參與，以贏取長期經營與信任上的信心。

- 當責與賦權：釐清角色與責任，要求負起當責；由授權提升到充分賦權，讓員工有責、有權、有能以成事。

克魯茲就如此這般地以「敬業六步驟」率領員工，而敬業管理也就如此簡單卻又困難地推動了。每半年重覆調查一次並展開其他五步，每次找出最低分處，分別好好地改良並加強之，如此這般，員工敬業度不斷上升，最後就是「最佳雇主獎」了。

他們只跟自己以前做比較並求進步，從很低分一路爬升到很高分。沒有外面顧問的強大數據庫，也沒有同業的標竿，卻很簡單有力而堅定地達成自己所要的敬業管理——讓員工滿意度與員工貢獻度達於最大。

敬業是有如訂婚，英文都稱為 engagement，兩者作業都是

千頭萬緒，但總是要比較強勢或優勢的一方來先提親，勇敢說出想共結姻緣，追求共同目標，共譜長遠未來，誠心誠意地請求訂婚。最後決定要不要接受訂婚乃至結婚的，總是較「弱勢」的女方與員工們了。

看來，敬業管理也可以很簡單；問題總是：身為職場人，你喜歡哪樣的工作環境？如果是很人性的、很重視個人的，依蓋洛普設計的那 12 題問卷方向來努力，我們的努力總是還不夠。我們台灣最近年的測評結果在敬業、不敬業、超不敬業的三等級上總是約略的：10%、70%、20%。再提一次，2023 年初的農曆年底，報載台灣職場人有高達 90% 以上想在春節後轉換工作！當然，絕大部分都無法如願，他們春節後乖乖回去老公司再看鐘錶、數饅頭般地「努力」工作另一年……是個多方皆輸的場景吧。

更加一度空間的管理世界

I（我）：Personal，「個人熱忱 & 承諾」的經營

3rd, Z

It（它）：Impersonal，「合理化」的經營

1st, X

2nd, Y　We（我們）：Interpersonal，「協作」的經營

　　還是看向正面，我們在員工滿意度與貢獻度、整體執行力與領導力上，仍有好大的成長空間。或許，我們把大局拉高如上頁圖，會看得更清楚：

　　我們在 X 軸的「沒有人味」（impersonal）的「合理化」經營得太精、太強、太久了；我們在 Y 軸「我們」的人際（interpersonal）合作與協作上，已認清並已戮力向前挺進了；今後，我們更應加把勁重視第三軸 Z 軸上的個人化人性（personal）如熱情、承諾、發展上的經營了。我們要把那 11% 的比例，提高到目前世界總平均值的 23%，甚至，世界級超高標準的 30% 以上！創造一個更好、更有生產力、更文明的台灣敬業環境。

圖譜之 52
敬業（度）管理的全面觀

敬業文化
1. 分層當責
2. 充分賦權
3. 有效賦能
4. 全心敬業

敬業進階
1. 能敬業的第一線經理
2. 老闆走入第一線
3. 提供成長與發展的機會
4. 成果的評量與獎懲

敬業基礎
1. 領導人的自覺
2. 高管團隊的領導力
3. 願景使命與策略的經營

圖解　故事

　　上圖敬業基礎中的第 1 條是企業領導人的自覺（self-awareness）。是的，要在「日理萬機」的領導人腦中再加入另一「機」，並排入優先次序，確實很不容易。但，敬業管理如果是由 HR 部門引進並管理，確實很容易流於形式，難以成功。

　　英國大學教授大衛・衛斯特（David West）說：管理者仍然

總是執意走入老伎倆，如：金錢的、控制的、指揮的、短期的、非人性的、最佳實務的。但，員工——至少是那些有腦、有教育的員工們，卻是在找尋其他的如：誠信、關係、創意、公開、責任、肯定等。當然，如果員工仍然被要求必須遵守老老闆們的老伎倆，他們會照做，只是當他們有能力時，就會跳槽、跳船。

我們看到很多的台灣企業領導人也常作如是觀。他們認為員工就是要被管控（command & control）的，管控很簡單，簡化後就是胡蘿蔔與大棒（carrot & stick）——我們仍是想留在管動物的模式裡，不想提升到 21 世紀的工作文明裡。

如果，老闆們仍然無法自覺、他覺（由他人助覺）地認識到：員工的敬業度如果能提升一倍，下述這些成功要素會有 10% 至 40% 的成長或降低，例如：生產力（升）、工作意外（降）、留職率（升）、客服滿意度與客戶忠誠度（升）、員工效能與效率（升）、品質良率（升）、獲利率（升）、銷售成長率（升），還有，在公司有難時員工的竭誠相助度。

這些是蓋洛普公司在 4、50 年來，不斷以事實與數據在展示著的，可惜我們許多企業人還是不信——也很正常，管理專家們也說：我們的管理模式在過去幾十年甚至百年來其實也沒什麼進步，只是與管理有關的機器設備在不斷翻新吧。

老闆們自覺、他覺後，如能由衷地推動敬業，那麼，他第一個想到的應是他的高管團隊（top team）要全力支持。這總共約十幾個成員的團隊如不能心動支持，壞的影響也超大，他

們將如擴大器般，把負向聲音往外、往下傳播。著例是康寶濃湯（Campbell Soup）新任執行長道格拉斯·康南特（Douglas Conant），為了拯救全部財星 500 大中最差的營運績效、最低的員工敬業度，後來還撤換了他全球 350 位高管中的約 300 位。他是有決心的，他後來也成功地提升了全公司敬業度而拯救了全公司。

第 3 條是願景、使命與策略的經營，不是打高空，是引領員工努力成長、發展與成就的大方向與大遠景。優秀的、敬業的員工不會滿意於每日、每月、每季、甚至每年的成果與成就，他們看得更遠，想知道 3、4 年的策略呢？10、20 年的使命與願景呢？幹嘛想這麼多，看這麼遠？因為敬業員工是敬他們的企業／事業，敬他們的領導人／事業主，是沒在想跳槽、跳船的。他們是想「訂婚」後還要「結婚」並共度一生，怎能不看清是否確有大好遠景？

上圖中，第二層的第 1 條是：要有很敬業的第一線經理。想多說幾句的是，這位第一線經理，有時不被稱為「經理」而是稱為領班或主管（supervisor），他們直接管理廣大的基層員工，是廣大員工心目中真正的「老闆」，影響員工的心態、行為、行動乃至成果至深且巨。如果，這些「真正的老闆」們其實是不敬業的，他們也將有一大批火線上的員工們也是不敬業的。這些「第一線經理」們的敬業度則又有賴 top team 的高管們透過層層階階往下傳，或時而跳過各階、直接「走入第一線」。也就是上圖進階中的第 2 條以直接影響到這些「第一線」了。

　　上圖最後面是建立敬業文化，其內各項在前文與連續圖譜中已依序述及，不再贅述。讀者如要有更多、更大、更深興趣，亦可參閱另本著作《賦能》。

第 5 篇

珍愛價值觀

Love Our Values Everyday!

圖譜之 53
建立富有價值觀的事業與人生

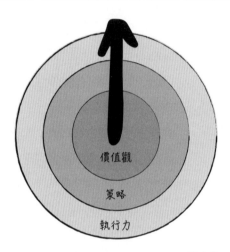

價值觀

策略

執行力

———張文隆，《價值觀領導力》

圖解

「就是這三環：從價值觀出發，到策略，到執行。」

———張忠謀

　　台積電創辦人張忠謀在《天下》專訪時曾說到：「價值觀有什麼用？真使台積電賺更多，成長更快嗎？我可以說，是 Unequivocally and definitely Yes。台積電是個整體，若把價值觀

拿掉,只看錢,一切完全失去真正的意義。」

　　他隨即說明了台積電的四個價值觀是:誠信正直、承諾、創新與夥伴關係(後來修正為「客戶信任」),而這四個價值觀也是他個人最重要的價值觀。

　　美國領導學大師,也曾來台演說過的約翰・馬克斯威爾(John Maxwell)總是在提升個人領導力上鼓吹價值觀,他說:「你的價值觀是你領導力的靈魂;它們將形塑你的行為,並且影響你的領導方式。」

　　價值觀是會系列性地影響你的信念、原則、心態、態度、行為、行動,乃至行動後的成果與績效。這就是為什麼有了例如當責這個價值觀後,心思意念就轉了,心態更積極、行為更確定、行動更堅持、承諾更強大,而交出成果的機會也更大了。所以,在新版《當責》封面上,我們說:**當責是種價值觀、是種黏著劑,它把承諾與成果連結在一起。**

　　在企業整體營運中,領導人們在眾多價值觀裡選取了幾種「核心價值觀」(core values),再加上願景與使命或宗旨,努力經營後將會形成很強的企業/組織文化。然後,以價值觀為核心的企業文化會強烈影響策略,再隨後影響執行力要素的組織架構、系統流程,以及各種 programs、projects、products……的運作,也全程影響員工行為。這應該就是張創辦人在上面所提的「就是這三環:從價值觀出發,到策略,到執行」的實質意義吧。

　　歡迎進入本書第五篇較為特殊的「珍愛價值觀」篇,

前面四篇的主題分別是：分層當責，充分賦權，有效賦能與全心敬業，你發現了它們之間有什麼共同特質嗎？當責（accountability）、賦權（empowerment）、賦能（enablement）、敬業（engagement）正是四種國際上在管理學裡，越來越重要、越來越流行的「價值觀」（values）；價值觀已是一種越來越重要的軟技能，乃至軟實力、巧實力。可惜，台灣企業人運用得不明也不多。

好在，不只在台灣，當責這個價值觀的理念與工具已是越用越強盛了。賦權也是蓄勢待發，廣大企業／組織的員工們也是越來越需要激勵式授權了。緊隨當責、賦權之後，是所至盼的則是及時提升能力、能耐的賦能；最後，時機更遠些的應是蓋洛普已苦心經營 50 餘年、寄望全球都能提升的員工敬業度了。在台灣，我們循著責 → 權 → 能 → 敬，沿著這條征途，我們要在沿路消除業障，把這四種在事業與人生上的重要價值觀所形成的更美好世界也能逐次展現吧。

在商場──或是政場上，讓我們再深一層反面看看、想想，我們如果沒有了價值觀，就像沒有了靈魂、沒有了中心思想，缺少了做人處事的基本原則或獨特特質，凡事可能就是機關算盡，盡只是排列組合。沒有認識與建立正向價值觀，更遑論守護與堅持，遇事待人就唯利或唯權是圖了。

故事

回憶起來企業人生，我對企業價值觀最初始的印象應該是來自約 38 年前所任職的一家化學公司。董事長老闆很英明，空軍將領退役，據聞他 30 歲不到就當了空軍大隊長，帶領過三千餘位部屬。他轉職經營民間企業後，在辦公室、工廠裡各個重要場所都貼有四項基本要求：團結、合作、進步、愉快（哇！38 年後的我，居然還記得），這四項應該就是我們現在所謂的「核心價值觀」了。可惜，公司在後續上沒有針對性的積極貫徹，還是淪為牆上口號了。

我第一次對價值觀經營深感震撼的，則是在又數年後的一家美商公司——他們的 core values 中含有誠信與安全，不只是口號，還化為行為準則，還有施行細則並且很認真地在執行著。我曾經在美、台、中等地，親睹過同事因違反價值觀——尤其是在上述兩項上，而被開除，不論他們在工作績效上有多麼優秀！

也記得在約 10 年前，在我們開辦的兩天「當責式管理」研討會後的總檢討中，有位董事長有感而發地說，回廠後要把工廠內四大價值觀招牌中的「服從」（老董事長留下來的）拿掉，因為，價值觀是會影響員工的思考與行為的。

其實，價值觀是企業文化裡，最核心、最關鍵的組成分，再加上願景、使命或宗旨／目的後，就能建立更完整的企業文化了。企業文化明示了企業與員工在中、長期發展上的方向與

希望，員工們也要在這裡找到工作的意義、目的與大原則。可惜，我們台灣企業比較不重視長期經營也較不重視軟實力，所以企業文化一直被視為空泛、空談式的打高空。代替的常是「朕」的文化———一切聽我的就是了，但聖上難明也總是變化難測。聖上退位後，企業也常因此進入混亂而式微。可惜，是少掉了真正足以傳承乃至代代相傳的經營哲學或經營理念，或簡言之的企業文化。

給你一個想像百年的實例。

默克醫藥公司的前 CEO 羅伊・瓦傑洛斯（Roy Vagelos）在約 30 年前的 1991 年時曾說過：想像……我們突然進入時光隧道，來到了 100 年後的 2091 年，那時許多策略、流程都因快速發展而改變了，改變之大遠遠超出大家現在的想像。不過，不管公司發生了什麼改變，有一件事是恆久不變的，那就是默克人的精神。默克人把「對抗疾病，減輕病痛，協助人群」視為真理，並以此真理為後盾，不斷發明偉大產品。

故事繼續著……距今又約 100 年前，1920 年代的默克創辦人喬治・默克（George Merck）的格言是：

> 醫藥是為病人的，不是為利潤的；利潤，隨後就會到。
>
> （Medicine is for patient, not for the profits. The profits follow.）

默克公司在今年的官網上說：我們的價值觀代表著我們品格的最核心，它們引導著我們的每一項決定與行動。這些價值觀是：

- 病人第一；我們都對交出高品質產品與服務負有當責……。
- 對人的尊敬；我們要建立互敬、包容與當責的工作環境……。
- 倫理與誠信；我們對全球所有利害關係人負有責任，不抄專業或倫理上的捷徑……。
- 創新與科學卓越；我們致力於鑑定並滿足病人與客戶的最迫切需求……。

默克的官網上又提到：我們說到做到，如果你想了解我們的文化，就開始與我們的員工談談。

這種「與員工談談」文化的方式，也讓我想起了在美國創立著名 Zappos 網上賣鞋的謝家華（Tony Hsieh），他的公司是大大成功，企業文化更是赫赫有名，來訪專家名人們絡繹於拉斯維加斯總部的路途上。他們來到公司後，都被隨機丟到員工現場去實際訪談，而不是在聽老闆簡報宣傳。也讓我又想起一家深圳大企業的事業部，他們在當責文化推動成功後，來訪要學習的其他事業部人員，也都是被直接丟到現場去實訪員工的。這些企業的價值觀最後是直透入員工心理，直接影響了員工的決定與行動，不只是老闆用在口頭上，或牆上，或網上；是員工活出來、每天都活出來的。

是：Live Our Values!（活出我們的價值觀！）

更且是：Love Our Values Everyday!（珍愛我們的價值觀！字首簡寫是 LOVE！）

英語小考之翻譯下列 10 條短句

1. The Value of Values.
2. 倫敦大學論壇講題：Values beyond Value
3. 歐洲文化聯盟專題：The Value & Values of culture
4. Unilever 廣告：Sustainable Growth: Value + Values
5. 〈strategy + business〉一篇文章：Values vs. Value
6. Value-based vs. Values-based 投資法則
7. Values-driven Leadership
8. Douglas Smith 名著《On Value and Values》
9. M. Benioff 名著第一篇名：Values Create Value
10. 舉世滔滔下處事警語：Value your values!

圖解

　　在越來越國際化的台灣社會與管理世界裡，在英語正被倡導要成為第二官方語言的台灣裡，上述十句英語短句是在管理文獻中常常遇見的，你會翻譯也識得其中真義嗎？簡單英語卻成了重大挑戰，斗膽挑戰的不只是英語初學者，還包括英語大

4882818

咖們、管理大師們！

　　挑戰的初衷其實也很單純，只是想澄清：不論是在中文或英文裡，價值（value）是不等於價值觀（values）的。你還是不信？那麼，有請繼續看下去，我們依考題次序做了如下說明：

1. The value of values 的中譯是：價值觀的價值。「價值觀」（values）是觀念、理念、原則，它到底有何價值（value）？「價值」是價多少？值多少？或無價、價值連城？例如誠信，它是一種價值觀，是無價的，常被奉為人生圭臬。台灣有人卻常戲謔地說：誠信一斤又值多少錢？等名譽掃地或啷噹入獄後才知道吧。但，重點是，這些傢伙們也把「價值」與「價值觀」混為一談了。

2. 換個地點到歐洲，倫敦大學曾連續多年開辦論壇談：Values beyond value。討論的是，在硬硬的價值之後、之上是否藏有什麼樣軟而有力的價值觀？身兼英國國民保健署計畫總監的克里普斯（M. Cripps）教授說：極為少見地，一個小小的 s 字母，會在 value（價值）與 values（價值觀）之間造成這麼大不同的意義。

3. 還是在歐洲，他們的文化聯盟有了這個專題：「The value and values of culture」。他們是要研討文化（culture）中的「價值觀」組成分，也要研討文化顯現出來的具體「價值」所在，甚至兩者有何相連？或如何兼顧？不要在與會之前就被文字與語意卡住了。

4. 英國 / 荷蘭共管的聯合利華公司（Unilever）是國際著名

超級重視 ESG 經營的公司，他們網站上有句超簡單的廣告是：追求永續的成長，並重價值與價值觀。他們嚴守 ESG 有關的價值觀，同時也要達成企業的利潤目標，就用 value + values 來精簡表示了。

5. 美國著名管理季刊《策略與商業》裡曾有篇文章，章名是：values vs. value（價值觀對價值）。論述的是，對於性（能）價（格）比很高的商品，民眾真的不在乎它們是怎樣被生產出來的嗎？不在乎它們是血汗工廠的無良產品嗎？目前世人中又有多少百分比的顧客在購買高性價比物品時，是不在乎它們是否由沒有正向價值觀的工廠 / 公司所製造出來的？

6. 以價值（value）或價值觀（values）為基礎的投資方法有何不同？是有大不同！例如，歐洲許多背負著幾兆美元計的投資公司，已不再投資在經營上違背價值觀與 ESG，卻是財務績效良好（高價值）的公司了。台灣也曾有許多家「好」績效公司也被列入不投資的黑名單上。

7. 以價值觀驅動的領導力（values-driven leadership），特別重視企業在核心價值觀與文化等軟實力、巧實力上的經營，自然是不同於主要以股東價值或市場價值或價值鏈 / 價值網管理等驅動的領導力了。買書時，或參加歐美研討會時，可別選錯主題了。

8. 麥肯錫退休的著名國際團隊經營顧問，在著書《On Value and Values》立說時，急呼美國人要堅持讓組織兼

具價值與價值觀的倫理，要平衡經營價值與價值觀；全書近 300 頁，殷殷提醒部分美國人 value 與 values 的不同。

9. 美國矽谷公司裡，獲利與成長俱是超優的 Salesforce（賽富時）公司共同創辦人兼 CEO 馬克・貝尼奧夫（Marc Benioff）在他 2019 年出版的創業傳記裡，把全書分成兩篇，第一篇篇名即是三個字：values create value，你現在是會翻譯了，但你可要了解其真意與真實作用。你真的相信嗎？他們的四個核心價值觀又怎樣幫助他們創造出巨大價值的？他們又怎樣堅持與守護價值觀的？……他的自傳書值得你去細讀，讀原文本更不易有誤會。

10. value 在英文上是名詞，也是動詞；作為動詞時是重視、珍視的意思。所以，舉世滔滔中，你是要珍視價值觀？還是隨波逐流人云亦云？我們的呼籲是：珍視你的價值觀（value your values）。又或者，你也不確定自己的價值觀，那麼，我們的書就是要幫助你找出、並活出有原則、更豐盛的事業與人生。

十個小故事，一口氣講完了，意猶未盡地再給一個 bonus：曾先後任職加拿大國家銀行行長與英國國家銀行行長的馬克・卡尼（Mark Carney）在退職後的 2021 年，出版了一本厚達 600 頁的巨著——我買了也讀了，也是因書名就是一個英文字：VALUE（S）——我認為最佳中文翻譯是：價值（觀）。他在全書中精論財經上的價值與價值觀，再論價值（觀）的三大危機，後論如何開拓我們的價值觀——例如以價值觀為基礎的領導力

（values-based leadership）。書中有一短句也是很醒腦的，他說：

價值與價值觀有親戚關係，但兩者截然相異。
（Value and values are related but distinct.）

故事

　　直論價值與價值觀太嚴肅，說個有關「貓熊」的有趣故事。

　　panda 是貓熊，是一種熊，在科學分類上屬於哺乳動物的「熊」科，「大貓熊」屬，「大貓熊」種。在中國，一般卻被誤稱為「熊貓」，據說可能是因為中文寫法上，早期都是直寫，然後是由右往左寫；後來，中共改為橫寫，由左至右寫，於是原寫的「貓熊」就變成了「熊貓」了。大家傻傻不分，也以訛傳訛，也訛及台灣。

　　中文造詞的原理是：後面的字是名詞、是重點，前面的字常是形容詞，形容其後的字。所以，長頸鹿是頸部很長的鹿。所以，熊貓是像熊的貓，貓熊則是像貓的熊。panda 當然是熊，是像貓的熊，當然是貓熊。

　　唉，你還是不聽，熊貓、貓熊還是一直不想分。但是，下一題可否請分清？有人生級重要性的。

　　價值觀（values）是一種「觀」──是觀念、理念，是原則、守則。歷史上有許多偉人、巨人總是不輕易妥協，甚至以命相

搏以守護價值觀，故常稱價值觀是無價的，不只是價值連城。

價值（value）是「值」多少？價多少？物超所值嗎？值不值得？有附加價值嗎？可算出數值以做比較嗎？或者，直接講價格（price）也就好了嗎？

我的經驗是，在中國、星馬，把價值與價值觀混為一談、傻傻不分的人比較少些，只約 10% ～ 20% 吧。在台灣呢？大約高達 80% ～ 90% 是不分也不管的。近年來，台灣影響力漸大，於是在中國、在星馬華人地區混為一談的人，也跟著越來越多了。在應用上有影響嗎？肯定是有的，而且是負向的。

英語世界呢？也有其誤會處，例如，在指「單單一個價值觀」時，英文還是會用 value；此時，value 這個字確是指價值觀。但，因為人們在論述價值觀時，價值觀總是成套、成組、成群地出現，故歐美人總是用 values 來泛指價值觀，語言上也就約定俗成了。所以，結論是：values 就是價值觀，價值觀就是 values。但是有個例外，在單單指「一個價值觀」時，value 可以代表價值觀；在泛指價值觀時，一定是用 values ——舉個例，如果你上網買書，書名有 values，或參加有關 values 的研討會，那麼別傻傻不分了，那些都是在討論軟軟的「價值觀」理念與應用的。

所以，雖然不夠百分百地嚴謹，我們在此仍然要提出下列這個中英文皆通行的不等式：

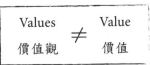

$$\text{Values} \neq \text{Value}$$
$$\text{價值觀} \quad\quad \text{價值}$$

　　麥肯錫的道格拉斯·史密斯（Douglas Smith）寫的這本近 300 頁的《On Value and Values》，是力倡 value 不等於 values，以及 value 與 values 的平衡經營了。我也寫了一本近 300 頁的《價值觀領導力》，說明把價值觀與價值混用後會繼續延燒的壞處，如：我們會更輕易地把「原則守則」與「金錢利益」混在一起；我們已是很弱的——有關價值觀的探索、確定、建立、應用與守護、發揚，會不斷地受到侵蝕與斲喪。

　　正名真重要嗎？再分享孔子與他大弟子子路的一段故事。

　　子路只比孔子小約 9 歲，有時不免沒大沒小的。有次，他問孔子如果被請去治理國政，他會優先處理什麼事？孔子即答：「必也正名乎。」子路當下不以為然，居然還出言頂撞，說：這太迂闊了吧，有什麼好正名的？當時孔子已高齡 64 歲，卻還是動了氣，當場開罵子路魯莽、無知又無理，隨後，一口氣講了下面這一段大道理：

> 名不正則言不順，言不順則事不成，事不成則禮樂不興，
> 禮樂不興則刑罰不中，刑罰不中則民無所措手足。

　　白話的意思是說：如果名不正，說起話來就不順理、然後事就不能做成、然後禮樂教化就不能復興、然後賞罰就會失當、然後百姓就惶惶然無所適從。

　　真厲害。這是在約 2,500 年前，孔子罵人兼論政，從政府沒正名開始，順著路一直罵到百姓會因此而惶惶然無所適從。也不禁想到，當今台灣政府與各行各業也不肯對價值與價值觀做

出正名、定義與定位，然後就讓百姓 / 員工們惶惶然無所適從了。

　　正名怎會不重要？請繼續看下面實案例。

圖譜之 55
台灣人常常遇見的迷思

看看下表，比比左右兩欄目，想想你會有何結論？

● 大官因決策錯誤導致了組織財務上重大損失
● 損失重大常達數百萬甚至數千萬；大官後來也沒事

● 小官辦事因循收禮而涉貪，也只是一個個案
● 貪污只是收了幾萬；卻遭受入獄多年的重判

如果你是右欄那家公務機構的員工，會不會覺得超不公平，甚至憤恨不已？

你可想過左欄是純「價值」上的考量，右欄卻是違反了誠信的「價值觀」。

圖解

上述事件如果再經記者們進一步的情緒渲染，你會不會更加感受到事件的不公不義？會的，台灣在 1980 年代就因此有了名振一時的名言：錯誤的決策比貪污更可怕。

這個說法，對比鮮明，話題性十足，曾感動過許多人。後來，有總統還引用，經濟部官員們也用以惕勵自己決策要小心，政客們用來罵人也暗示貪污沒那麼嚴重，大小企業家們到升斗小民，茶餘飯後也朗朗上口用以嘲諷或評論時事。

　　20、30 年後的現在，還是不時被引用，層級還是很高到前副總統級、到好大的企業家大老闆。在左邊欄目比較時所用的金錢損失，也已高到更嚇人的幾十、幾百億甚至上千億，情勢更加聳動人心，名人名言更加讓人印象深刻了。

　　「錯誤的決策比貪污更可怕」似乎已直入、甚至植入台灣人的心了。有時還被誤解到彷彿貪污也不太重要了——只是小巫見大巫罷了。例如，政府與大官們為何不先去辦大案——我只是貪 5 萬，你們為什麼不去抓那些貪 500 多萬的？或貪 5,000 多萬的？沒聽過「錯誤的決策比貪污更可怕」嗎？你們又為什麼不更優先地去抓那些在鄉、鎮、縣、市政府裡、國家單位裡，因決策錯誤而讓國家損失達幾十、幾百億的人？他們比貪污更可怕。

　　其實，許多錯誤的決策，正是因為其中藏著許多貪污；其實，錯誤的決策裡，仍有許多的補救機會與更多的學習。寫過《基業長青》（*Built to Last*）與《從 A 到 A+》（*Good to Great*）管理巨著的實務派管理大師柯林斯曾經論述過：「在真正大決策上，你仍然可以犯錯——有時甚至是大錯——而你仍然可以勝出。在大決策上，五中對四就夠了。」他說太棒了，他原來不知道的，現在知道後，鬆了一口氣。讀者們如有更大興趣，有更多論述可參閱我的另本著作：《價值觀領導力》。

　　其實，上圖左欄目在談損失多與少，是在談「價值」，右欄目在談是否貪污，是在談「價值觀」。所以，對「價值」與「價值觀」引用與應用不當進而造成企業／組織與國家社會長久不

當影響的，我們覺得大約就是這些名言了。這句名言前小段談的是「價值」，後小段談的可是「價值觀」，其實各有其「可怕」處，就是別亂比較了。

擔心嗎？這句「錯誤的決策」比「貪污」更可怕，太有名了、影響更大時，會弱化了台灣人對貪污的防範，甚至為貪污合情、合理化了──好險，還沒有到「合法」化，但也對誠信正直的價值觀有夠懷疑與嘲弄了。誠信正直是真的很難做到，但如因此而公開放棄時，這個周遭世界絕對會是更慘更糟的。

貪污是價值觀與人格上的一項重大缺陷，也是國家貪污治罪法條上的罪愆。在台灣政壇，已有許多大小官，只因高報而低付助理費的每月幾萬元而銀鐺入獄了。美國企業裡也有許多大小長官們因貪污了幾千美元而遭開除──不論他們的歷年績效有多好。這些都是「普世價值觀」良好運作的範例，也值得我們宣揚與學習。

所以，**違反誠信正直「價值觀」的貪污案，是不要與沒貪污的決策錯誤的「價值」損失多寡做比較的。**在創立初期，需才孔殷的阿里巴巴馬雲也曾經把在升等考試中集體舞弊而違反了誠信價值觀的廣州團隊全部開除──馬雲稱那是紅線、是高壓線，誰踩了那條線，誰就沒命。後來，他們連一位踩了紅線的 CEO 都被董事會請走了。

故事

我們在企業經營裡，要美好實踐誠信正直（integrity）的價值觀實在很難。記得在約 20 年前，我曾經在台北參加時代基金會所主辦的一個研討會，會後 Q&A 時，與會貴賓張忠謀董事長在答客問如何提升員工誠信時說：很難，你很難把一個不誠信的人教導成一個更誠信的人，所以在找員工的面談上，就要更注意一開始就是要找到誠信的人。

時任基金會董事長的徐小波先生則回答說：從歷史教育著手吧，誠信的長期價值，在歷史上已顯現無遺，我們應該要從歷史中多學到教訓。

是的，教導誠信很難，連美國最負盛名的 CEO 教練葛史密斯（Marshall Goldsmith）也曾說過，如果在教練高管的過程中他發現被教練者（coachee）是不誠信的，他會立即中止合約，他認為不誠信的高管是無法教練的（uncoachable）。

我們曾經與一位數百億級營收企業的執行長談到這個誠信問題，誠信是他公司高高舉起的四大核心價值觀之一。「但是，我想把它拿掉或換掉，」他說，「因為我們實在做不到。」想想，拿掉或換掉的原因在被揭開後，那個營運世界豈不更亂、更無所禁忌了？

然而，我總是覺得誠信還是可以訓練的，我自己私下就曾捫心自問：我進入那家會以誠信「價值觀」為由開除員工的美

商公司後，歷經了製造、新事業開發、供應鏈管理與事業部區域銷售管理，管理技能上是一直在長進，在誠信度上也有很大的提升啊，怎麼會說是：誠信難教、難學、難改進？

後來，我讀了這本書：《Airbnb 改變商業模式的關鍵誠信課》，英文書名是：Intentional Integrity（刻意的誠信），副題是：How Smart Companies Can Lead an Ethical Revolution（聰明公司如何領導一個倫理革命），讀後恍然大悟。作者是羅伯特・錢斯諾（Robert Chestnut），曾任美國聯邦檢察官、後來遊走矽谷幫助許多公司的經營 20 餘年、終而轉任為 Airbnb 法務長兼倫理長，手下帶領著 125 名的專業法務團隊。他在矽谷裡與國際上倡導「刻意誠信」——要求公司清楚而具體地描述出自己的一條一條誠信原則與守則，並刻意要求大家遵守。

這些規定、準則反映的是企業的使命、價值觀等的文化，每位員工都得同意在受雇期間，在各項工作上應用這些規則，從執行長到每位員工都要遵守。雖有罰則，但也有足夠的尊重，讓每個人都能很自豪地論誠信、設邊線，有意識地做對的事與公司價值觀相連結，甚至因此吸引到更多優秀的人才。厚厚 300 餘頁的書，細細地論述每一執行細節。是的，每位員工都已有同感，對人對己的誠信度也越來越高，還有驕傲感；原來，大丈夫果真是有所為、有所不為了。

國際上有個叫「國際透明」的組織，他們透過各國商人、學者、國情分析師並結合 IMD 等十個國際組織來源，評鑑全球 180 國公務人員與政治人物的貪腐程度，每年評鑑一次。2022

年1月公布的2021年結果是：第一名同為88分的紐西蘭、丹麥、芬蘭3國，台灣得68分，排名第25名，邁入了全球廉潔前段班，也首度超越美國67分的第27名。其他幾個鄰近國家如：新加坡（第4名）、日本（18名）、韓國（32名）、中國（66名）、北韓（174名）。

我在2018年寫成《價值觀領導力》時，已注意到這個國際組織。那年紐西蘭、丹麥、芬蘭分佔1、2、3名，台灣是第29名，比前一年已進步兩名，新加坡第6、美國第16、日本第20、南韓第51、中國第77。

看來，台灣輿論與法律對不誠信官員與政客的不斷追殺、聲討與教育是有一些正向成果了。貪污是可怕的，誠信是可教、可學、可進步的，但願台灣有天可以堂堂進入 Top 10%──這不只是前段班，而是優等生了。

我們企業界也該更加油的。

圖譜之 56

在台灣意外失蹤的價值觀領導力

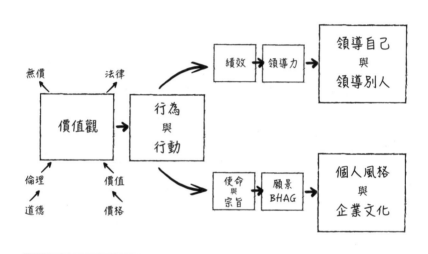

圖解　故事

我們常常聽到有領導人問起：「我這樣做，有違法嗎？」通常也會引起有識之士幾個反問，例如：

- 你是指違反法律條文，還是違反法律精神？
- 沒有違反法律，但違反了商業倫理與職業道德，還要做嗎？
- 沒有違法，但違反了公司的核心價值觀，還是要做嗎？

其實，法律只是道德的最後一條防線，是最低標準。下面

這個反問有點挑釁，如：你是領導人，應有前瞻性的價值觀與倫理及道德標準，還要靠最低標準的法律條文來規範行為與行動嗎？

所以，在上圖中我們一眼盡覽「價值觀」的來龍去脈與何去何從，以及隨後應用與重要性了。

我們的市井小民們也常常這樣拍胸脯說：「我又沒殺人放火，你想怎樣？」同樣，也有了這樣回答如下：

- 殺人放火是大罪，不要拿來相比；你可以「諸惡莫作」嗎？甚至進而「與人為善」嗎？如此這般是會增長福慧的。
- 進一階是善用同理心與慈悲心，守住普世價值觀，會造福自己與社會的。
- 退一階也不要耍小聰明、鑽小漏洞、貪小便宜，看起來很「奸巧」，有失風度風格，也進入了倫理道德的灰色地帶了，有智慧者不為也。
- 「價值觀有什麼用？當成口號喊喊罷了，做不到的。」有用的，價值觀一定要在定義清楚後再化為三、五條清楚可行的「行為準則」，或更細些的「每日例常」，讓每人每日可自省也醒人：這樣做，符合我的或我們公司的價值觀嗎？
- 那些源自價值觀的「行為」應受到獎勵，甚至成為績效考核的一部分。行為在有目的、有目標後就化成「行動」了，行為與行動都是要完成目標、交出成果的。所以，

價值觀不只是口號，而是行為與決策的準則。

- 「領導力就是領導別人的能力，也要包含領導自己嗎？」是的。Visa 創辦人說：真正領導人要用一半的時間與精力在領導自己。領導自己，也是台灣領導人很缺乏的一種理念與實務、價值觀、使命感與大願景（可不是常言的小確幸），可以幫助認識自己（self-awareness）並建立更堅韌的「個人風格」。

- 先賢說「修身、齊家、治國、平天下」，後三項是在領導別人，第一項就是在領導自己了；我們企業人不在治國、平天下，而是治團隊、平公司，要平一家國際大公司也不容易的。所以，要修身或修己已經是個大課題，需要有厚實基礎。先賢於是在「修齊治平」之前又提出了格物、致知、誠意、正心的「格致誠正」，其中後兩項的誠正就是要搞定價值觀——個人價值觀。

- 「我是企業創辦人，最該傳承下去的會是什麼？」肯定不是策略；策略雖然一、兩年甚至三、五年不至於有大變，但在 VUCA 大世界裡，變幻莫測。在策略之上，更長久不變的會是什麼？肯定也不是組織、制度、系統、流程、產品，或各種管理撇步乃至人脈，人脈通常時序與你相似，也一起退了。傳股權，是的，還有呢？肯定要傳承公司裡含有價值觀的企業文化，那可是卓越百年企業早已證實必然世代相傳的。現在沒有彰顯的價值觀？一定要有的，趕緊蒸餾或結晶出來，準備旗幟鮮

明地好好發揚光大吧。

再試著平心靜氣看一遍上面圖表，會是更加清晰易讀易懂了。也問問自己，我們這個應該長期擁有的強大軟實力到底是卡在哪裡了？

2007 年 11 月，76 歲的張忠謀董事長在華人菁英齊聚的上海「遠見高峰會」上獲頒「終身成就獎」，並以「打造世界級企業」為題發表演說。他說要成為世界級企業必須要達成的第一個條件就是：企業要有價值觀，企業價值觀一定要符合世界主流的價值觀。他隨即提出下列七項細項：

1. 說真話，不說謊話。

2. 不輕易承諾，一但承諾要赴湯蹈火履行。

3. 遵守法律。

4. 不貪污、不賄絡。

5. 擔負起社會責任。

6. 不靠政商關係。

7. 良好公司治理。

第一個條件，白話直述，卻是震撼全場。許多大型企業就首先淘汰出局了，國際大企業並不一定就是世界級企業。其餘還有八個條件，此處就不再贅述，讀者們若有興趣，亦可上網查詢。

圖譜之 57

企業價值觀的提升

馬斯洛的五層需求及其延伸		相對應的企業級價值觀
共利	7 服務人生	CSR、謙虛、慈悲
	6 共創大同	協作、利害關係人
	5 內部凝聚	員工自我實現
轉型	4 轉型	當責、賦權、團隊、創新、目標管理
	3 尊重	生產力、品質、績效
	2 關係	客戶滿意、忠誠、公開溝通
自利	1 生存	股東價值、組織成員安全健康

——取材自：Richard Barret, *The Values-Driven Organization*

圖解

　　價值觀是怎麼來的？

　　由心理學的角度來看，是由「道德」而「倫理」，而「價值觀」一路由最低層的「服從」的道德開始，到最高的「擁抱價值觀與原則」，美國著名的心理學家柯爾柏格（L. Kohlberg）

把它分成六個層級，精彩論述，讀者如有興趣請參閱《價值觀領導力》一書。

　　人類與社會學家伊安‧摩里士（Ian Morris）在 2 萬年前到現在的大歷史研究中發現，人類有三大發展時期，亦即，覓食採集者、農耕者與化石燃料使用者。這三大時期各有其不同的社會生存與繁盛上的「需求」，因而也有了不同的人類價值觀，對於相同的價值觀也有著不同的重視程度。

　　心理學與腦科學家托馬塞洛（Michael Tomasello）也曾由遠古時代人類在生活與生存上的社會需求上，發現人類有了更重視的價值觀，例如出獵時，合作遠比單兵或互相競爭更為有利，因而產生了合作、分享等的價值觀，進而產生了部落。

　　神經科學家達馬吉歐（Antonio Damasio）研究更仔細，他由意識（consciousness）研究起，人類為了維生與繁盛而產生了需求，在需求上產生了價值判斷系統與價值觀，這些價值觀與人體維持體內恆定系統（homeostasis）有著直接或間接的連結，這個連結也說明了人腦如何致力於人類得失的預知與偵測，尤其是對收穫的倡導與得失恐懼上。人類於是產生了心智與意識，價值觀於是直接或間接地相關著人類的生存與繁盛。

　　意識是一種對於自我與環境的覺知，有三項要素，即醒著、運作中的心智與自我的主角。達馬吉歐說：**「意識因價值觀而誕生，意識也展現出人類的價值觀，並發展出管理價值系統的新方法與新手段。」**

　　管理學家理查‧巴瑞特（Richard Barrett）在意識與價值觀

的研究上也發現了兩者間的互動關係，他認為意識裡是有相對應的需求與價值觀，也因此提出了上圖中與馬斯洛延伸式需求理論相連的相對價值觀，讓我們可以有效地來認識價值觀的現代管理。

麻省理工學院（MIT）名師寇夫曼（Fred Kofman）應用了意識的要素及與價值觀的互動關係，在 2013 年出版了一本好書《Conscious Business: How To Build Value Through Values》——如果直譯此書名是：有意識的企業：如何經由價值觀建造價值；中文譯本意譯為《清醒的企業》——有意識，當然是清醒了。醫學上的反意是無意識，就是昏迷的，還有用昏迷指數在區分著等級呢。由這個角度來看企業發展程度也是有趣的，例如：你的企業有意識嗎——夠清醒嗎？有心智嗎？對周遭環境夠認識嗎？有該有的價值觀嗎？有自我的覺醒嗎？或是昏迷指數第幾級？

書歸正傳，該書中論述由「清醒」而展現出來的七種寶貴「價值觀」，是可用來為企業建造「價值」的，他綜合提出的下列七大重要價值觀，在 MIT 裡為美國許多大小企業的高管們開班授課：

1. 無條件的責任感
2. 絕對要有的誠信正直
3. 發自內心的謙虛
4. 真誠的溝通
5. 建設性的協商

6. 無懈可及的協調

7. 幹練級的情緒管理

從這裡，我們也開始認識到一些具體有用的企業價值觀了；直譯的意識（conscious），或意譯的清醒，好像一時也開始在管理界流行了。全美最有名、最大的有機食物連鎖超市「全食超市」（Whole Foods）的創辦人約翰·麥基（John Mackey）在2014年哈佛出版了《清醒的資本主義》（*Conscious Capitalism*）一書，他希望以自家的企業實績與實力，挽救飽受攻擊的傳統資本主義，要讓企業經營的目的不再是只以「創造股東價值」為價值觀、為單一目的。

著書無數的英國學者、企業家巴瑞特定義了 consciousness 是一種「有清楚宗旨的覺醒」（awareness with a purpose），在他的意識—需求—價值觀模式中，他依據馬斯洛的人類需求，延伸到他的七層價值觀，由「自利」到「轉型」、到「共利」，如上圖所示。在下一圖譜中，我們再舉個人級的價值觀為例，想幫助繁忙的企業人們能一目瞭然自己個人目前的定位與未來應有的發展。

在這些企業級與個人級實例中，我們可以清楚發現，價值觀原來有等級之分，我們應如何自「自利」經「轉型」而轉到「共利」上。企業經營在國際化中，價值觀也應提升到世界級上，別忽略了共利的價值觀。

故事

我們為什麼在談到人類的生活、生存、生命上眾多議題時，老是會提到馬斯洛的人類需求模式？

猶太裔美籍心理學家馬斯洛在 1943 年 43 歲時提出人類需求五層級模式時，確是名震一時，當時，他認定是先滿足下一層需求後，才能更往上層去追求。後來經由實證，他也作了一些修正，例如：

- 並不需要百分百滿足，只要適度滿足後，即可繼續往上追求。
- 需求次序也因環境與個人而有了彈性，如有些人第五層需求比第一層還重要。
- 需求可能同時有多個，甚至同時全有。
- 有些人始終維持在低層上，沒有向上一層發展。
- 有些人因重大變化而在各層間來回震盪跳動，而非單向移動。

就在馬斯洛 1970 年辭世前不久，他把需求五階層提升到了七/八階層了，他認為有一些卓越人士在達到第五層後，仍然在思考著如何超越自己，從自利而思考到共利了。我們在他的新論述中是看到了第八階超凡（transcendence）的發展。在他去世前，他還建立了一個框架，容許他身後其他心理學家能夠繼續添加更多資料。於是，在 2011 年時，戴伊（Louis Tay）與

迪安納（Ed Diener）公布了他們 5 年間在 123 國所做的實測結果，其中至少有兩項結論彌足珍貴，例如：

- 不論國家文化上的差異性，「普世的人類需求」是存在的；所以，「普世價值觀」是存在的，縱或共產主義者並不認同。

- 這些人類需求常可單獨運作，但它們像維他命一樣，人們要它們全部；在自我成長的自利之後，我們已進入共利時代了。

在上圖中，與人類需求相呼應的人類價值觀，也在企業裡相類似地運作著。許多企業仍兀自在「1. 生存」與「2. 關係」的各類價值觀上奮鬥不已——好像也不會、不知要再升級上去。

很高興看到，有許多企業已進入了「4. 轉型」之中，其中所涉的價值觀如當責、賦權、團隊、創新等正在幫著他們轉型，他們也應心知、身覺是時候要升級了。許多世界級的企業兼有著自利型 1.、2.、3. 層價值觀與共利型的 5.、6.、7. 層價值觀，以及有形或無形存在的 4. 當責、賦權等價值觀。或許，他們早就視為自然的順勢發展，只是管理學家們後來才發現而整理出來罷了。君不見，當今許多世界級百年企業在百年前就已在自利與共利價值觀並存的世界裡運作了。

這張圖要圖示的是，**現代企業別想老是停留在自利的 1. 與 2. 階層世界裡了。發展有方，爬升有路。**

圖譜之 58
相應的個人級價值觀

馬斯洛的五層需求及其延伸		相對應的個人級價值觀
共利	7 服務人生	謙虛、慈悲心
	6 共創不同	意義、目的、同理心、協作
	5 內部凝聚	真誠、誠信、信任、創意
轉型	4 轉型	調適、勇氣、不斷改善
	3 尊重	自信、自律、驕傲感
	2 關係	家庭、友情、歸屬感
自利	1 生存	健康、財務穩定

——取材自：Richard Barret, *The Values-Driven Organization*

圖解　故事

如果有天被朋友問起：你有什麼價值？

你會不會覺得對方有些突兀，甚至於是種挑釁？雖然一時沒能答上來，但心中飛快就有了盤算：當然很有價值！腦中快速估算了動產與不動產，約略想了一下家世與學經歷，還想到

現在還在一家大公司裡位居要職。我，當然很有價值；不管現在或未來，價值都不低啊。

哈哈，不是啦，是問你有什麼「價值觀」啦——可見前述的價值（value）≠ 價值觀（values），正名有多重要。這下鬆了口氣，問題是不突兀了；但，卻把我考住了——我真的是不知道自己的價值觀是什麼？也從沒想過。

朋友又問起：那你現在覺得在人生上比較重要、或比較在乎的需求會是什麼？

那還用問？直球對答，當然是發大財，不愁吃喝，多些旅遊，體健如牛；還自謙一下，我是生平無大志啦。

認真一點吧。請看看上面這張圖，芸芸眾生裡許多人還真是一生多在一、二、三階層需求上，也懷著自己也沒認真探索過的相對應的一、二、三階層個人價值觀，這些價值觀可能在暗裡一直影響著你的思考、行為、與判斷。

朋友問起也想討論的，或許正是高高在上，在第六階層需求以及相對的個人在人生意義與目的上的價值觀吧。於是，討論戛然而止，又回到第一層的發大財上？

又或許，在看完上圖全貌後，你有了頓悟，原來在發大財後面還藏有更大更深的慾望與大志要完成？午夜夢迴時還時有想到「轉型」的。

調研說，有 80% 的人將平平凡凡或渾渾噩噩地過了一生，你想過另外 20% 的人生嗎？怎樣找到並提升你的價值觀，拍掉它們上面的灰塵，由隱性變成顯性、由消極變積極，發揚光大

之，過個更有意義與目的的人生？

下面是我們綜合整理而學會自矽谷領英（LinkedIn）創辦人所用的四步驟，用於找出自己的個人價值觀，與讀者們分享：

第一步，找出你最尊崇的三個人物；他們可以是在商界、政界、學界，各行各業，乃至家族長輩。暫時不用思考為何會尊崇他們，就寫下這三位的名字，倒是只能寫三位。

第二步，決定後開始思考：為何會尊崇他們？認真思考並分析評論這三位人物的人格特質、重要事蹟、關鍵性為人處事風格。在每一位名字下寫下三項他們所代表或相應的價值觀，可參考上圖；有必要時，亦可自網路下載有百餘個、幾十個的「價值觀」圖表以供參考。

第三步，在前兩步所完成後的 3 × 3 = 9 項價值觀中，依自己所認定的相對重要性做出次序排名，例如兩兩抓對相比重要性，也細想哪個是你更不願意放棄的。最後排出了 9 個名次，前三名很可能就是你隱而未察，或早已外顯的三個個人級「核心價值觀」了。

我們曾經把這個方法用在北京與新加坡所開辦的有關領導力的研討會中，收效甚佳。在會議當場或前一晚作業中找出後，在會場上一起分享，在侃侃而談中與會者們能多認識了別人，也更認識了自己。

當然，這三項是偏向「核心價值觀」的，你還是可以另外加上兩、三項也足以激勵自己未來或較具短期性成效的所謂「營運價值觀」，如此綜合形成的約五項價值觀將成為你今後行為、

處事，乃至決策、抉擇時的準則，幫助你成為一個更有原則的領導人——領導自己也領導別人，有所為也有所不為，不是一般人的老是機關算盡、毫無原則，還自以為聰明。

這是簡法，如對更完整的其他方法有興趣，可參閱《價值觀領導力》一書。

找出、理出個人最感重要的三、五個價值觀後，成為個人為人處世與決策抉擇的準則，就更容易活出個人風格，形成個人文化，也成就更有價值的人生。

上圖顯示，個人級價值觀是與馬斯洛人類需求層級相關的。從基本的自利性健康、財務、親情、友情到共利性的人生意義與目的的追求，與同理心與慈悲心上的發展，還有在中間轉型上的不斷調適、不斷改善與勇氣。

原來，價值觀是有等級之分。那麼，就別一生臥底似地停在第一層級的想發大財、吃美食上吧，有時也跳上去想想人生的意義與目的——這可是高高第六層級。

換個話題。我們在研討會中，也常丟出這樣的問題：我的個人價值觀，與企業的價值觀有衝突時怎麼辦？

約有八、九成的學員們會說，那就跟隨公司的價值觀吧，要因此而離開公司的不到一成。有趣的是，許多學員直接回答了：我們公司沒有真正的價值觀。其實，許多個人也沒理出真正要信守的價值觀。

領英創辦人建議的是，個人價值觀與企業價值觀應該有如下兩圖的相互契合度，也與在公司裡的官位有關。例如：如果

你是高階主管，你們的契合度要很高：

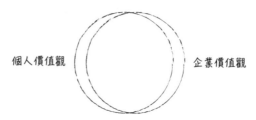

個人價值觀　　　　企業價值觀

如果只是基層員工，那麼如下圖可參考：

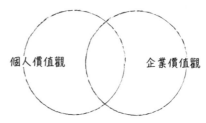

個人價值觀　　　　企業價值觀

如果你是中階主管，那麼就是中間級中度的契合度了。

如果，雙方在重要的價值觀上真有很大歧異呢？彼得・杜拉克給出的建議仍然是：及早離開公司吧。當然，在公司方也會日後伺機請走你的，你在公司裡是不會有高「敬業度」而有高成就的。

個人級別上的相處之道呢？在中國，年輕人常講的是：我們「三觀不合，分手吧」。三觀指的是：價值觀、人生觀與世界觀；現代人很懶，「三觀」也常只是單指價值觀這一觀了——真的是指價值觀或核心價值觀嗎？其實也不然，只是很空泛的價值性理念罷了。

年輕朋友們，還真希望大家把「三觀」弄清楚：價值觀、人生觀、世界觀，你會更強的，「三觀」是從價值觀啟動的。

圖譜之 59
價值與價值觀平衡經營的新時代

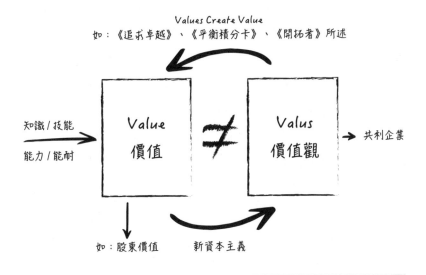

圖解	故事

　　我們將以底下四段精彩故事論述也圖解上面這張簡圖：

　　在進入那個價值與價值觀平衡經營的時代前，我們看到的總是這樣的：就是要創造與提升「股東價值」（shareholder value/stockholder value）。企業經營的目的就是要賺錢，或賺更多的錢，用各種可用知識與方法──新的舊的，軟的硬的，就是要創造更有利、更強大的產品或服務，以賺取更多的錢，也

不斷提升企業的價值與市值。在資本主義的社會裡，許多大小企業家還有諾貝爾獎經濟學家們都認為，企業經營的最終「單一」目標，就是在提升出資的大小股東們的「股東價值」。

我以前服務的美商公司裡三令五申、耳提面命的就是要提升股東價值，至於其他「利害關係人」如顧客、員工、供應商與社會等的價值（stakeholder value），則隨後會順勢被照顧到，但非最重要的。這樣的資本主義以後會不會走向衰亡？共產主義或社會主義者認為會的、一定會的。

但是，好像並不會，資本主義好像還活得越來越興盛。有學者說，救因之一是這些資本家或資本主義世界有很強的宗教觀──尤其是如清教徒的強大傳統，他們有「三拼」──拼命賺錢、拼命省錢，還有拼命捐錢。捐錢在眾多公益活動與社會活動上，也很自然地還錢與社會。資本家的雄資在不斷賺錢中也在創造大小機會，沒有那般「中飽私囊」，勞工大眾也沒那般被「剝削」得厲害，「邪惡的」資本主義還是一路走下來了。

一、有了「清醒的」新資本主義。2019 年，美國大型企業的執行長們在他們例常年會中終於驚濤駭浪地通過修正了「單一」的股東價值經營目的論，而改為是要為「重要的利害關係人」了──雖然報導說還是有 10% ～ 20% 的企業家們仍表示不贊同。如前所述的歐美企業如聯合利華，全食超市等等，則早就付諸實踐並卓然有成了，他們力倡這種新的資本主義，是「清醒」（有意識）的資本主義或清醒的企業或清醒的領導力（conscious leadership）了。

「利害關係人」包含了員工、顧客、供應商、經銷商、社區、社會、政府機構、環境……還有備受摧殘的地球，是時候該「照顧」我們唯一生存的地球了，每個企業都該選出他們的重要利害關係人，多多照顧他們——尤其是，要把「照顧」列入企業的長期策略與企業文化中，不僅僅是賺了錢後再捐錢回饋了。

把這些關心與照顧，列入企業策略後，會順勢往下進入既有的組織系統，乃至企業每年每月每日工作中，不致有漂白或漂「綠」之議，甚至在策略之上而進入企業的願景、使命、價值觀裡，成為企業長久文化經營的一部分。

我們也常赫然發現，歐美有些百年企業，在百年前就已經把他們的重要利害關係人的價值列入核心價值觀中，在長久經營了。

二、由自利到共利，提升企業價值觀（values）。首先，我們當然不應該把價值與價值觀混為一談，價值觀是一種經營理念與原則，影響著十年、百年經營至深且鉅。價值觀經營裡融合了長期不變的核心價值觀與中期隨需而變的營運價值觀與轉型價值觀。

價值觀會成為企業裡重大抉擇的準則嗎？會成為員工（包括老闆們）日常行為的準則嗎？要的。在許多卓越企業裡，都是據此在運作或竭誠盡力往此運作著。價值觀還會更進一步與揭示著方向、意義、目的、宗旨的企業使命、願景等相輔相成，成為企業文化——專家學者們稱，這才是企業的終極競爭優勢。

三、軟軟的價值觀可以創造硬硬的價值嗎？當然可以。最

近，最顯著的實例是美國矽谷的 Salesforce 公司 20 年有成的故事。它是一家雲端 CRM（顧客關係管理）公司，創立才 21 年，年營收額已逾 200 億美元，市值 2,000 餘億美元。公司創辦人貝尼奧夫得過無數經營獎項，如最創新、最佳 CEO、最佳雇主、最受尊崇……等國內與國際大獎。

貝尼奧夫與其夥伴們自從創業日以來，一路在啟迪並激勵他們的正是公司高瞻遠矚的願景與堅守不懈的四大核心價值觀，他把這一段 20 年奮鬥史寫成《開拓者》（*Trailblazer*）一書。全書分兩部，第一部開宗明義就是三個字：Values Create Value，中譯是：「價值觀創造價值」。是說：軟軟的價值觀創造了硬硬的財務上價值。

其實，他們的四大核心價值觀，看來也是平實無奇，是：信任、顧客成功、創新與平等（equality）。他在書中各用了 20 ～ 30 頁長篇幅分別說明如何運用這四個價值觀，在競爭激烈無比的國內與國際市場中，驚濤駭浪裡贏得顧客與市場，並強勢成長。比較特別的是第四項的「平等」價值觀，他們曾經為了矯正同工不同酬──尤其是對女性。公司前後 3 年共花費近 900 萬美元，才痛苦地修整完畢，除因此獲獎無數並吸引人才外，也幫助他們贏得了寶僑公司的一項大型專案等等，在在說明了「價值觀創造價值」（values create value）的商場成功故事。

此外又如，他們刻意營造的「信任」，也曾為他們贏得豐田汽車 5,000 個營運點、300 家經銷商的業務，也因「信任」的價值觀而放棄可能潛藏天文數字「價值」的推特收購案。為「顧

客成功」而打造的基礎設施也成功贏得美國銀行集團的重大業務，以及家得寶、愛迪達…的大生意。

　　該書第二部分在說的是，企業在創造價值之後是更有能力與資源去運用新的、進步的價值觀去改變世界的——重視「利害關係人價值」的價值觀。貝尼奧夫說：「營收排名裡，佔全球前百大的經濟體中，有 70% 不是國家而是企業，如沃爾瑪、蘋果、三星……等。」因此，企業更應該介入敏感的社會問題，尤其是當政府已無法發揮全效時。這時，硬硬的價值實力又要回頭支持看似軟軟的價值觀了。

　　從另個角度再來看看，美國 1980 年代出版並狂銷 300 多萬冊，號稱「20 世紀頂尖三大商業書」之一的《追求卓越》（*In Search of Excellence*）裡，在 40 餘年前的早期就在鼓勵企業人運用價值觀來創造價值了。

　　四、價值與價值觀平衡經營的新時代。然後，在 1990 年代與 2000 年代裡的企業名著，如《流程再造》、《第五項修練》與《平衡計分卡》也陸續倡導「價值觀」的應用，應用為一種重要「手段」用以創造「價值」這個「目的」，其中《平衡計分卡》更是清晰地畫出這一條連線：員工的技術硬技能加上價值觀的軟技能後，足以創造出商業流程的高效能與高效率，及其後緊接的顧客價值及最終的股東價值。

　　可惜，這條線是單向前進的，價值觀協助創造了價值，企業在獲得價值之後並未以價值、市值與成功再回頭提升價值觀——如由自利提升到共利，由股東價值觀提升到利害關係人的

價值觀，甚至還破壞了原有的價值觀。於是，平衡計分卡成了另一些企管名家眼中「一匹披著羊皮的狼」。

其實，價值觀與價值的經營，是可以互為「手段」與「目的」的，而再平衡經營的企業家們應在獲取價值後，提升自利價值觀至共利價值觀。例如，全食超市的新資本主義的「核心價值觀」是要提升下述五個「主要」利害關係人的價值：

1. 滿足而且快樂的「顧客」。

2. 「全體員工」能樂在其中。

3. 「投資人」是被激勵著。

4. 與「供應商」有美好的夥伴關係。

5. 「社區」與「環境」有美好的回應。

另外，他們也注意著更外圍的利害關係人的價值，如：競爭對手、生物權益推動者、批評者、工會、媒體、政府等。

「價值」與「價值觀」，互為手段與目的，相輔相成的平衡經營時代已經來臨。在這個世界裡，萬事萬物正以前所未有的方式相互連結，我們不可能一直想躲在高牆後或平台下而置身事外。

麥肯錫顧問公司合夥人也是《*On Value and Values*》一書的作者道格拉斯・史密斯有句警惕與勉語可做最後分享，他說：

對我而言，他們是「麥那托」（Minotaur，希臘神話中一種牛頭人身的怪物）的後代──他們貪贓枉法，卻又熱情無比也聰明伶俐，他們追求價值，從不參照價值觀。

追求價值卻毫無價值觀、原則、守則，或許有近利，斷非長利也斷了永續；以價值觀為手段而達成了一定的價值、市值的目的，卻不提升與提振價值觀也勢將成為一隻「披著羊皮的狼」，甚至成了牛頭人身的「麥納托」後代了。

圖譜之 60

「個人價值觀」的探索與實踐

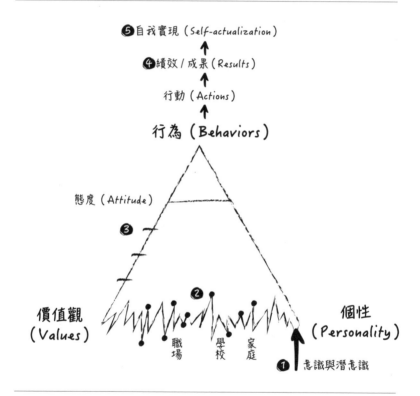

圖解

上圖三角形，是我們習稱的「行為三角學」；三個角分別代表了一個人的：個性、價值觀與行為。高高在三角頂上有「行

為」及其更上的行動、成果，它們會受到其下的「價值觀」與「個性」所影響。

所以，如果我們想改變人們心目中「真歹改」（台語，真難改）的「行為」時，是應該在價值觀與個性兩個角度上多下些工夫的。

整體來看，我們是把這整個三角學再演繹成了五個部分，分別做申論。以「個性」這一角為第一部分開始，我們要談的是：

1. 個性的分析與應用：意識與潛意識

企業界在招聘及其後的人力／人才開發上，應用最多的可能是較早期就已開發完成的 MBTI 的 16 種「個性類型」，是邁爾斯（Myers）與布里格斯（Briggs）兩位女士自瑞士心理學家榮格（Carl Jung）1920 年所發展的八大個性類型延伸開發的。後來，MBTI 中的兩項最核心要素又被組合成四種更簡潔又關鍵的「核心個性類型」。2000 年後，在這領域中有很強勢發展的則是蓋洛普的「強項（或譯優勢）測評系統」（StrengthsFinder），依此測評出來的人才強項共有 34 種，他們也稱之為天賦（talents），後繼研究者又把它們統合成 9 項個性或「強項角色」（strengths role）。這些強項或優勢或天賦在發掘後的積極應用，也成為員工敬業管理上很重要的一環，例如：你每天在工作上，都可以應用到你的那些強項嗎？有一年的調研實例是：美國有 32% 員工回答：是。德國 6%、日本15%、中國 14%、台灣沒資料，或應略等於中、日吧。

回到經典的 MBTI 源頭的榮格研究上，榮格認為一個完整的個性包含了「意識」與「潛意識」兩部分。潛意識又可以分成淺與深兩部分，亦即：

- 個人潛意識：較淺層的，由個人生平體驗與回憶所累積而成。
- 集體潛意識：是個人出生時即擁有的人類共通心理要素，有著人類歷史、觀念、智慧的記憶，人類透過遺傳而代代相傳。所以，古代人與現代人、東方人與西方人的心靈深處都棲息著某種相同的要素。

意識或顯意識，是自己能夠自覺並能自我控制的部分，它掌控了我們日常生活中的覺知，並能從自我與心智中創造出各種觀念。

想到人類都有著「集體潛意識」在影響著「個性」，就聯想到曾在美、澳、紐等很鄉下旅行時與陌生老農們的聊天，發現了許多人性上的相似點；如果遇見外星人時，應該就是大相逕庭、完全不通了吧。

2. 個性到價值觀是一條崎嶇路：上下振盪，左右衝激著

從家庭成長與家庭教育開始，我們有了知識、理念、道德、倫理上的薰陶，然後在鄰居、社區中，在小學、中學、大學共16年學校教育裡的學習與磨練後，終於進入了事業的職業生活。在這段職涯裡，應是酸甜苦澀與成敗榮辱最精彩的一段了——從成功的頂峰到失敗的谷底，我們有了許多的學習與經驗，這

些在在衝擊著個性與人性、理性與感性、軟能力與硬能力乃至於人生的意義與目的，大大地影響了我們當前與今後為人處世的「價值觀」與原則，我們絕對應該找個時間，好好做個整理。

約在 2,500 年前，孔子說：三十而立。30 歲該是要立身立業立家了。真巧，現代人也大約如是。在經過完整的家庭教育與學校教育後，又經歷約 10 年的職業與事業人生磨練，30 歲正是確立人生與志業的時候了，許多成功人士都也在此總結而建立了自己的「價值觀」

你的價值觀是什麼？甚至在那些價值觀中更重要、更核心，不願意被犧牲掉的三、五個「核心價值觀」（core values）又是什麼？在「三十而立」前後，該仔細考慮並確立與實踐了。

3. 把價值觀化為行為：心路歷程

先說我們企業界是怎樣來應用「核心價值觀」的。首先，要做進一步適合自己公司的明確「定義」，定義清楚後還要大家一起討論這項價值觀為什麼特別重要。如果這般重要，那麼公司員工包含大小老闆們日常表現出來的行為準則會是什麼樣子？可以條列舉出數項嗎？甚至在行為準則下再探「每日例常」的細則？在這些準則、細則下如何有其獎懲條例？也列入績效考核的考量嗎？列入公司管理制度之中嗎？

實踐後的核心價值觀，加上具有長期目標與目的的使命與願景要素後，就會形成很強的企業文化了。企業文化對外也自然地形成了企業品牌，造成企業的競爭優勢。

那麼，在個人的價值觀實踐上呢？小一號地同樣形成個人文化或個人風格，個人也勢將活得更盎然出色。

價值觀的理念一路走到態度的形成，就是我們所謂的「心態」（mindset），是一些外商高管朋友們常在論述也無比重視的員工 mindset 問題了。

品格（character），源自希臘原文的 Kharakter，原意是雕刻、雕琢，使其具有特徵；所以，品格是一路雕琢出來的，不只是天賦天生。就像《禮記》中講的：「玉不琢，不成器；人不學，不知道。」那麼，人的品格是怎樣一路雕琢、學習並成長的？就是指在天賦個性之上，再經家庭、學校、社會、職場上操練，自強不息形成了正向價值觀、信念、心態，一路到了有品德的行為，乃至於行為成了習慣，他人已經可以觀察出，並已成為個人特徵。這就是「品格致勝」的要義。

4. 化行為為行動、為績效或成果：行動致果

行為經系統化、組織化、目的化後，就成了行動（action）。所以，行為很受價值觀的影響，行動則是衝著目標、目的而去，是有紀律、有策略性的，與較缺乏驅動因素與策略的「活動」（activities）不同。企業界不愛為活動而活動，愛的是要達標致果、成就績效的行動。

5. 最後是：馬斯洛人類需求第五階層的自我實現（self-actualization）

　　滿足自己最深處的慾望與最大的才華——是發揮了個人各種才能與潛能，在適宜的社會環境中充分發揮，實現了個人理想與抱負的境界。據馬斯洛觀察，人類中只有個位數百分比的人才能達此境界。也沒關係，沒達此境界者也可以從自利轉向而進入共利的廣闊世界。

　　所以，上圖圖示的個人價值觀在個人一生發展中，承先啟後，如轉折樞紐般的功能。少了價值觀，不只缺了行為改變的驅動力，也少了回首來時路與前瞻天涯路的中繼站與制高點了。

故事

　　台灣人不重視「價值觀」，習慣於把論述觀念、理念的價值觀，與論述價多少、值多少的價值混為一談。在用詞上已先混淆，理念與作為上也就跟著混淆了。例如，我們政界有些領導人常常會振振有詞地說：

- 民主（價值觀）能當飯（價值）吃嗎？
- 轉型正義（價值觀）能增加多少 GDP（價值）？
- 錯誤的決策（損失了價值）比貪污（違反了法律、道德、倫理、價值觀）更可怕。

　　下焉者也習焉不察，信之不疑，也安之若素了，殊為可惜。在台灣話裡，甚至沒有「價—值—觀」這個名詞，你問：你的價值是啥米？他就開始計算他的動產與不動產，也準備做出數

值比較了。是我們建立正確價值觀的時候了，**企業需要價值觀，以利形成企業文化；個人也需要價值觀，以利形成個人文化或個人風格，活出更有意義、有目的、有原則的精采人生。**

哪天你創業時，讓你有為有守、有所不為的個人價值觀，成為日後組織價值觀中重要的部分，也成為未來組織傳承中最重要的部分。沒創業呢？那麼在各個領導位置上，有所為、有所不為地活出不悔人生。

讓我們一起創造一句新的台語吧，念起來是很響亮、很好聽的：

你欸「價—值—觀」是啥米？

其實，企業世界還是充滿活力與智慧的。當有大老闆倡言「民主不能當飯吃」時，從香港來台念書、創業並大成的廣達林百里先生立即回應：「民主能當飯吃，而且是經濟繁榮的基礎。」

價值觀是基礎。

圖譜之 61

我們是「三觀」不合嗎？

圖解　故事

　　現在年輕人——尤其是在中國，分手時常會說：我們三觀不合；在批評人時也常說：他三觀不正。三觀所指為何？蓋指：價值觀、人生觀、世界觀這三種觀念或理念。很高興，「價值觀」也因此而走入年輕人的日常生活與思想世界了。

　　後來，又有些年輕人把「三觀」簡化成單指「價值觀」了。

或者，更簡化成對事物的價格、價值、有價、無價、重要度、重要性在比較上的觀點問題；至於再上一層的人生觀，與又上一層的世界觀，年輕人事實上還是來不及去論述。

如果，要認真談「價值觀」，在讀過上述多個圖解之後，你現在應該很會談了吧？還會談論到更重要的「核心價值觀」，還可以用兩到五個字的三、五個詞句來更精準表達，也更有利於溝通與應用了，要分手也能分得更明白了。

「三觀」是指價值觀、人生觀與世界觀，三種重要的為人處事觀，準確來說，是中國的教育部在 2007 年所公布的漢語新詞，他們原想要用來提升國民素質與文化建設的。雖然，後來曾短暫出現過迷糊仗一般的「新三觀」，終是不敵這個原來的「老三觀」。三觀之說，後來也流行用到台灣的年輕人了；佛教界更早也有「三觀」之說，那是指：空觀、假觀、中觀，佛學裡道理更深邃了。

中國曾在 2012 年又進一步公布了「社會主義十二大核心價值觀」，它們是：

- 富強、民主、文明、和諧（在國家層面的）
- 自由、平等、公正、法治（在社會層面的）
- 愛國、敬業，誠信、友善（在個人層面的）

當時，我們正好在中國闖蕩，到處開辦當責有關的研討會。這十二大核心價值觀鋪天蓋地而來地出現在各種公眾場合中、大小城鄉裡、交通工具上，令人嘆為觀止。當時中國政府想的是，要配合偉大的國家願景、使命與策略，要在成為經濟大國

之後，再建立起一個文化大國，成就真正的世界大國形象。

　　以目前實況而論，是失敗了，這十二大核心價值觀的口號與實務實績，完全是南轅北轍，天差地遠。

　　然而，在做學問，或事業、人生、生活上，「三觀」仍是個好議題。在真正建立與推動三觀時，我們還是建議是由小世界到大世界的價值觀 → 人生觀 → 世界觀，甚至再擴充到也常聽聞的國際觀與宇宙觀，可大大擴展了人們的視野了。

　　我們在剛談完價值觀後，現在是很合適由此為基點進一步、更上一層來談談「人生觀」。

　　一個人在觀人生以建立人生觀時，也常受到企業人在觀企業時的影響吧。資本主義告訴我們，企業經營的最終且單一目的是：最大化「股東價值」，也就是為股東賺錢、賺更多的錢。那麼我們個人的意義與目的呢？很自然地也就指向賺錢、賺更多的錢？君不見，政客一句要幫助市民賺大錢的虛幻口號，卻真的賺進了一大堆選票。如果你再多深入幾層一直追問，賺到大錢以後要幹什麼？可能會幫他發現原來賺錢也可能只是手段，深藏其後的有他人生的真正意義與目的，可能藏有更高的目的。正如企業人最近幾年來，終於把股東利益延伸或提升到利害關係人利益上；也把賺錢後再慈善的工作提前到列入公司的經營策略、企業文化裡。

　　那麼，有空思考一下，把你人生的意義、目的與目標的「人生觀」提前、提早些論述、澄清，並逐步實現嗎？所以，想一下、談一下你的人生觀吧。

「意義」，常是跟價值觀有關的。做什麼事會讓你總覺得意義非凡，也是金錢價值上很難相比的？「目的」，總是與使命有關，我為什麼工作？為什麼活著？可以更高、更大些嗎？孫中山說：人生以「服務」為目的。為什麼？真的嗎？我的呢？「目標」中含有長、中、短期想完成的，長期的就是習稱的「願景」，你可以把那個「景」描述的更清楚些、真像一張圖景嗎？更清楚了，就更容易實現了。

人生把意義、目的、目標說清楚了，就很像企業家把企業文化中的願景、使命、價值觀說清楚一樣。個人也像企業，塑造企業文化就像在塑造個人文化——或通俗些是個人風格；或者，由外人看來，那是個人品牌了。

所以，由價值觀開始，想想並試試建立自己的人生觀，形成個人風格或個人品牌，是走向一條人生大道了。

報導說，21 世紀出生的人都有機會活到 100 歲。企管大師吉姆・柯林斯說：人生太長，不應該太早放棄我們最想做、最合適做的事。歐美有專家也建議這樣的三階段人生：

- 第一階段 1 ～ 30 歲，是個學習發展的時期。
- 第二階段 31 ～ 60 歲，是個衝刺事業的時期。
- 第三階段 61 ～ 90 歲，是個完成志業的時期。

所以，30 歲正是我們之前所述建立「個人價值觀」的適當時機了——順勢也建立起人生的願景與使命，以建立「人生觀」並準備隨後的事業衝刺嗎？你還有 30 年的時光去經營。60 歲，也是個再啟動另一個願景、使命、價值觀的時機嗎？這正是孔

子說的「六十而耳順」——順啊！看盡世態，看開諸事，以包容、超然之心，志在志業，凡事不再感到刺耳了。胡適說，耳順就是能容忍逆耳之言。

　　真令人驚奇不已，影響東方文化與西方文化至深且鉅的人物，竟然都是活在約 2,300～2,400 年前的人物，如孔子與孟子，與古希臘三哲的蘇格拉底、柏拉圖、亞里斯多德。當時，人類的平均壽命大約是 30 歲；但，這幾個人除了亞里斯多德外，都活了 70、80 歲，聖人長命可也沒虛度白活。以孔子為例，他活了約 71～73 歲——看你怎麼精算了，一生也有六個清晰的人生轉折點。

　　孔子在《論語》〈為政〉篇裡，回顧自己的一生時說：

吾十有五而志於學，三十而立，四十而不惑，五十而知天命，六十而耳順，七十而從心所欲、不逾矩。

　　這是我在中學時讀的、背的，今天已逾「不逾矩」之年，還是能背得出來，重新精讀細想後，更是倍覺精彩！對自己、對讀者們都很有參考價值吧。

　　孔子在 15 歲時立志向學。我們 15 歲時是國中畢業，準備進入很叛逆或很有學習壓力的高中。然後一晃又 15 年來到「三十而立」，孔子已卓然有成，像大樹般地往下紮了深根，挺立不移，望向前程與天際。這時的我們也已歷經大學、研究所，還有數年職場工作的洗練，也是立定志向，向下扎根、向前主張的時候了。用現代語來說，正是錨定「價值觀」而向下

扎根，也遙指「願景」，堅定「使命」的時候了。願景、使命、價值觀第一次隱然成形，或仍是隱而未發——讓它發吧，我們都需要更成功。

如斯奮鬥又 10 年，來到了「四十不惑」，在奮鬥過程中，通權達變，是大學後又約修煉了 20 年的 EQ、自利利人、處事不惑、有所為有所不為了。美國企業人士常把 40 歲當成是一個巔峰期——你該已佔定某個峰頂了，繼續爬向更高峰，或者會開始走下坡，長江後浪也在推前浪或捲前浪了，能不驚或不警？

「五十而知天命」，古人在 50 歲時，人生已過了一大半，就應知命、認命了，思想已成熟或過熟；大事底定，就不再汲汲營營了。這句話或許有些悲觀，但，證之孔子生平卻很不然，他在約 54 歲時又離開了祖國魯國，開始周遊列國達 14 年，在各國求官任職任事，想治國治民。到了 68 歲，他才應邀回到魯國，對現代的我們來說，他是更不信「天命不可違」地在抗天命了。50 歲的現代人知天命或抗天命，都足以創立人生更高峰。

我最喜歡這句話了：「六十而耳順」，孔子在周遊列國中看盡人世百態後，能以包容、超然之心，聽取各方意見，不覺刺耳。胡適註解說：耳順是能容忍逆耳之言，也就是容忍異己。我也喜歡台大教授傅佩榮力排眾議說的：「耳」字無意義，「順」是「實踐」，耳順是「理解命運後，轉為使命」。那麼真義應是，在理解「命運」後，轉而建立「使命」要轉動「運命」了。孔子在 60 歲「高齡」又出國，中途曾險遭殺害，61 歲時又做官 3 年，67 歲時又換他國為官。現代人 60 歲仍屬青壯，在歐美社會

中也視為人生第二次事業或志業的轉折點，也是第二次重整重建願景、使命與價值觀的時候。約 2,500 年前的孔子，在他 60歲前後，仍然奔波於各國之間，仍然一心想襄助各國的國政國事，令人動容。

終於，來到古人說的「人生七十古來稀」了。孔子 70 歲時從心所欲，不會超越規矩法度。不知他講這篇《論語》〈為政〉篇時是幾歲？他在 68 歲時回到魯國，然後是一連串悲苦的日子，兒子與大弟子顏回、子路等相繼離世。西元前 479 年，他 72 歲，聖人千古。

你想過嗎？在距今約 2,500 年前孔子生活的年代裡，一般人的平均壽命是約 30 歲，孔子居然規劃人生到 70 歲，還活到了72 歲，期間歷經了清晰的六個人生轉折點，皆足為現代人景仰與參照。所以，年輕人與中、老年人，建立你的百年人生觀吧。

回到今日世界，我們還有一「觀」有待解決──「世界觀」。你認識這個有近 200 個國家，約 80 億人口的地球世界嗎？你怎樣看待這世界的？世界觀正是一個人對這世界的看法、認識、觀察與理解，以及在知識與信念綜合整理後的全面性觀點。價值觀與人生觀會影響你的世界觀，世界觀也會隨後回頭影響你的人生觀。例如，現代一般人普遍持有下面幾點世界觀，你的看法與觀察呢？

- 全球化的興衰：世界已又平又熱又擠，大家相互依存，國界與文化差異逐漸消失，人類似是朝向共同的未來邁進。現因政治立場，高牆又起，企業供應鏈斷處多多，

全球化即將衰亡嗎？

- 環保熱的興起：地球環境已遭嚴重破壞，保護地球是人類責任；企業人與政府卻仍是不急不忙，個人與團體乃至政府如何善盡責任？

- 科技化超級快速發展：現代人普遍認為科技是了解這世界的最佳方法，科學理性主義幾成了一種信仰，但科技文明或將迎來地球第六次生物大滅絕嗎？人類對心靈與精神的訴求才能使世界更美好嗎？

- 個人主義的興起：強調個人自由、自主、自我實現，乃至自利，已成潮流，對個人當責、賦權賦能、敬業的提升原是有助益的。但，在台灣的移民社會裡，個人主義觀不斷滑落，在全球重要國家裡總是最為低落的，還低於韓中日等國。我們該提振自主、自我實現等的理念嗎？

- 世界觀與國際觀的不同：「國際觀」概指一個國家對世界與其他國家的看法與認識，與對他國政治、經濟、安全等的態度與觀點，是關乎自己國家利益、戰略、外交政策等立場的國與國關係。所以，國際觀應屬於更專業的專家觀點了。

做個小結論。短短一句話「我們三觀不合」，引出了本文長長一段故事，也引出價值觀應用上一條長長的路。但，存異求同時，更重要的還是在「價值觀」上的志同道合了，然後，讓你的人生觀與世界觀充滿了論述力與實踐力。

第 6 篇

建立文化

Cultivate a Cult-like Culture!

圖譜之 62

換個新角度…側視也透視「這三環」

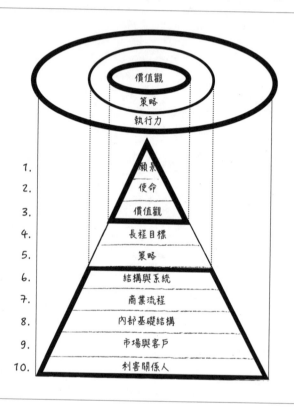

圖解

前面第五篇的圖譜之 53 中，我們曾談及台積電創辦人張忠謀提到：價值觀「真使台積電賺更多，成長更快嗎？」，還有「就

是這三環：從價值觀出發，到策略，到執行」的故事。

在本圖中，我們要像無人機般換一些新角度——用俯視、側視、透視這三種角度再來看看「這三環」。無人機飛離「這三環」正上方後，在側視中，我們首先看到了如上圖所繪出的金字塔；現在，我們就要由正前方分成五截來研究這個金字塔。

一、金字塔最頂端是企業文化。企業文化有三個要素是：願景、使命、價值觀。在企業實務中，也有些企業人認為單單一項價值觀，在努力實踐後，就足以形成有效的企業文化了，願景與使命是在更彰顯企業文化的更長程目標與企業目的或宗旨。這三項要素上，也有企業說是兩要素即可，至於誰上誰下、誰先誰後的次序論述則更見分歧，也顯得不甚重要了，甚至，連名詞用法上也是看法歧異。例如，有企業人把願景與使命融合一起成為目的或宗旨（purpose），這也正盛行中。也許，這也是企業文化易生混淆也難以彰顯與實踐的原因之一。質言之，企業文化的內涵很單純，除了長期不變的「核心價值觀」外，或許再加上幾個較短期也是戰術上的「營運價值觀」。然後再想一想，我們企業長期的目的與目標是什麼？又是為了什麼？想清楚後也要說明白，於是多了願景與使命。如果我們企業沒有核心價值觀，一切只是隨機應變；也沒有了願景與使命，一切也是見機行事，那麼就是沒有企業文化了。企業也宛如沒有了中心思想、沒有了精神和靈魂，只是一台隨機賺錢機器，沒有生氣生機。施振榮先生說：「沒有文化也是一種文化，代表的就是沒有效率。」

二、企業文化下面是企業策略。文化與策略也是相互影響，文化中的願景與使命常在此化成了更具體些的幾個長程目標，又化成了長中短期的策略。再往下執行時，也像金字塔般地層層而下。做策略規劃時，就像學孫子兵法般地嘗試著知彼知己，知天知地，還想知古知今。上圖策略之上是有項長程目標的類似柯林斯談的 BHAG，有人也把它去掉了，認為已含入策略之中。一般來說，就把企業文化之下的這一層訂為策略的層級吧。在 VUCA 世界裡，長短期策略也是在變，但，企業文化及其中各要素總是不變的。

三、策略之下就是執行層級。策略要化為較短期、更細部可執行的層次，以利推動並交出成果，這一層級上我們有了較軟性的系統（system）與較硬性的組織架構（structure），在其下又有了如製造流程的各種商業流程（process）與作業（如 project 與 program），配合產出各種產品與服務。早期的管理原理說是 structure follows strategy ——結構（與系統）是在策略之下的，今日管理實務也常可見到結構與系統也是在影響著策略。

我們說這幾層是產出產品與服務的層級，是「執行力」的層級，其實也只是指狹義的執行力。拉里‧博西迪（Larry Bossidy）在其暢銷名著《執行力》（*Execution*）中所稱的執行力，可是很明顯地包含了其上層的「策略」與「企業文化」，我們就稱之為廣義的或全面的執行力吧。

四、基層是「市場與客戶」了。從文化到策略到執行力，

我們終於生產出所需要的產品／服務，可以到市場上賣給客戶來賺錢了。其實，上節中所談到的「執行力」，也應該再包含這一部分賣出產品／服務的能力吧——也還不夠，應該還要再算上把「應收帳款」收回來的能力了。造成「呆帳」可是大事一件，也算是領導人的執行力不足的。

五、新基層的「利害關係人」。在 ESG 盛行的今日，關心「市場與客戶」還是不夠。企業的正常運作裡應該要擴充到重要的「利害關係人」上，連資本主義都已在修正為利害關係人資本主義，或conscious（有意識的、清醒的）資本主義了。還有，這一部分的關心與運作也不能只在事後捐錢補救，而是要把這些想法與作法寫進本圖中最上層的策略與企業文化之中而順勢進入其下的各式各樣日常營運中。

我們終於把這個大金字塔的道理講完了，有圖為輔，否則在本身邏輯就不太嚴謹的管理學之下，我們的管理知識、理論與實務就顯得不調和甚至迷亂了。

故事

在上圖中我們是像用無人機飛到金字塔頂，先看到了清楚的「這三環」，然後，再飛到側面與正面，正視了這三環內的五階層，還更深入地透視了其內十級的內涵。

這十級內涵，我們還想用下述五段故事，如五種「環鍊」

般把它們鍊在一起，讓事業的經營管理更有趣、更有力，有請讀者們耐心繼續看下去。

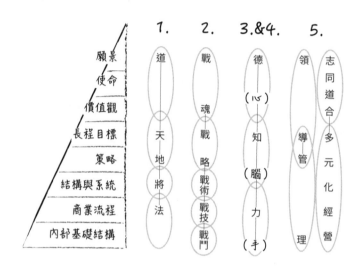

故事1：道、天、地、將、法

約在 2,500 年前的春秋時代，孫子在當今江蘇省蘇州市的穹窿山裡寫成了《孫子兵法》，隨後他以此為據而練兵、帶兵、作戰。現在，這本書已被美國專家學者們列為影響世界發展的一百本名著之一，許多名校與名將們不斷地在推薦著，亞馬遜裡競爭激烈百大暢銷商業書榜中它也總是常客。

孫子兵法第一篇第二句即開宗明義地闡明了戰爭決勝的五大關鍵：道、天、地、將、法。簡言之，即：

- 道：近於今之願景、使命、價值觀所形成的綜合效應，

期盼著君、軍、民上下同心，全力以赴。

- 天、地：即，知天知地、知彼知己，以形成策略。
- 將：將領之道；有道、有策略、有架構、有系統，有智、信、仁、勇、嚴的領導力。
- 法：法規、法紀，乃至流程與 SOP、權與責、人力、物資調配等守則。

這「五事」在上圖中，又如「環鍊」般地鍊起來後，就可以戰爭得勝，治國成功，當然也能成功用於治理大小企業與組織了。孫子自己說：「凡此五者，將莫不聞，知之者勝，不知者不勝。」

故事 2：戰魂、戰略、戰術、戰技、戰鬥

或者，直指戰場，就用戰爭術語了。這五個「環鍊」也就是：戰魂、戰略、戰術、戰技、戰鬥，在戰鬥之下當就是戰場了，戰場也由主戰場延伸向了副戰場的「利害關係人」新戰場。

先說戰魂，乍看之下有些嚇人，卻是提振軍心士氣最重要的武器——我們是為何而戰？為誰而戰？如何而戰？主帥說不清楚嗎？或，是師出無名的單純好戰嗎？這是我們當前很缺乏的軟實力，它甚至往上連上了當今眾所詬病的軍無軍魂、國無國魂、黨無黨魂，企業也是無魂。但，我們還不是經常打勝戰——運氣可真好，也讓人嚇出魂魄了。聽過西點軍校著名的「西點魂」嗎？它不只用在戰場，也用在商場、政場，成就了無數著名領導人。

再下來說的戰略，這原本是戰爭用語，卻是企業「策略」

的來源，延伸到國家後稱為「政策」，小至個人級的稱「謀略」。拿破崙說：「我沒有打過勝戰是依照原來計畫打的，但每一場戰爭之前我都會有詳細規劃。」他談的是戰略與戰術，是有些詭譎。艾森豪則說：計畫本身是沒有用的（戰一開打，就要變了？），但規劃的流程與形成過程卻是最重要的（因為，許多變化都已討論、爭論過了？）。

戰鬥一開打，原計畫就常常要立即改變；企業界也就戲言是計畫趕不上變化，變化趕不上老闆一句話，或客戶一通電話——但，你能因此而不做計畫了嗎？

根據戰魂、戰略、戰術，你要如何磨練今日與明日所需的戰技，或者以前戰鬥的成敗經驗，如何用以提升戰技——別忘了，技能有硬技能、軟技能，要發展成為軟實力、硬實力，還有隱而微明，甚待開發的全能力（capability）。

這五個環環相扣的環鍊構成了在戰場／商場上必勝的古今五環鏈。

故事 3：文化、策略、執行

其實，「環鍊」之名是來自美國維基尼亞大學講座教授陳明哲先生，他聞名於國際管理學界，是動態競爭學說的創始人。他提出了「文化—策略—執行」的「三環鍊」說，與張忠謀的「這三環」：從價值觀出發，到策略、執行，是東西方遙遙相互呼應。

陳明哲教授說：

- 文化是企業的「心」，是成員共享的信念與價值觀，體

現於規範與慣例中，影響著企業決策與員工行為，是企業的 DNA。

- 其下策略是企業的「腦」，設定方向、引導資源，決定該做什麼、不做什麼。承上（文化）啟下（執行），抬頭看路、低頭拉車，紮實地前進。

- 執行是企業的「手」，是策略與現實鴻溝之間的橋樑，執行成效由人力、獎酬、成果與流程，再加文化而決定。

所以，綜合來說，文化是軟實力，策略是硬實力，執行則是具體化了軟實力與硬實力。策略的定位很有趣，如果把管理學硬分為領導與管理，那麼策略正是領導與管理兩者的交疊處。如果有軟實力與硬實力，那麼策略也就是兩力交疊處了。

陳明哲教授言簡意賅地簡化了「三環鏈」，也環環相扣地鏈接起上圖金字塔內的十階段內涵。

故事 4：德、知、力

所以，不論這三環或這三鍊：價值觀／文化，策略，與執行／執行力，在古今台外的許多論述裡都是鏗鏘有力。孔老夫子也有另一種闡釋是：德、知、力的三階段。他話說得很重的：

「德薄而位尊，知小而謀大，力小而任重；鮮不及矣。」

用白話來翻譯後是：如果一個人的德性薄弱，地位卻崇高；智慧不足，卻謀略與圖謀很大；能力不高，卻責任重大。那麼，這人很少是不會遭逢災難的。

台大傅佩榮教授在他的《解讀易經》中，也勉國人說：《易經》全書中再三著墨的，是期許人們要開發「德行、智慧、能力」這三方的資源。

成功路上的領導人們，別老停在「能力」或「智慧、能力」上，而忘了核心或頂層的「德行」了，這一層在大團隊上就是價值觀／企業文化的建立了。

故事 5：志同道合、多元化

這個內含共有十層的金字塔，在下段故事裡只剩下兩層了，企業經營管理是真的喜愛化繁為簡了。

企業成功人士常說：企業要找的人是「對的人」。大哉問則是：什麼是「對的人」？其實答案還真的簡單。張忠謀說台積電要找的「對的人」，就是「志同道合」的人，他還進一步說明，志就是願景（Vision），道就是價值觀（Values）。

如果，志與道兩者還要比較時，似乎道還會更重要。所以，企業用「對的人」就是用志同道合，亦即願景與價值觀相合的人。歐美眾多好企業在選才、用才、留才時，志同道合總是一大要素，台企特重短期效益，選才用才總是喜愛「有直接相關產業經驗者」，長期上也就屢見弊端或成團成隊地跑了。台企自己也常弄不清楚、不在乎、不堅持自己的願景、使命、價值觀，志同道合也跟著失去意義了。

人才對了，那麼在戰略、戰術、戰鬥的經營上就能多元化而不亂。如果企業連文化也不在乎而要多元化，無所堅持，那

麼企業就很容易從上而下亂成一團了。企業在國際化或國際購併後，沒有自己的企業文化在當「壓艙石」或「定於一尊」，在國際各色文化下經營又會更辛苦了。

回到本篇主題的建立文化上……Cultivate a cult-like culture! 我們是要做到：

- cultivate ——備土、種植、滋養、成長、茁壯、成就
- cult-like ——如宗教般地崇拜、甚至是達狂熱級的
- culture ——企業 / 組織文化

這原是吉姆·科林斯在他的《基業長青》名著中提到的卓越企業在建立企業文化時的作法，從以前到現在，許多公司都在做也做到了，例如：迪士尼、西南航空、諾斯壯百貨、哈雷機車、台灣人開創的 Zappos、Tesla、蘋果……等等，綜合他們的作法經驗，有下列招式等，可供參考：

- 充分公開並清楚定義公司的「核心價值觀」：並結合下述一項或多項要素組合：使命、願景、原則、宗旨。
- 刻意地把文化要素埋入公司的政策 / 策略、系統、流程、程序、專案 / 計畫管理，及各種功能活動中。
- 有團隊裡、團隊間共同同意的行為準則——常是植基於價值觀與使命等。
- 創造合於文化的典範、故事、傳奇、符號、語言、習慣……以加強文化。
- 創造積極環境以慶祝：行為、成就、成果，活出文化來。
- 創造夥伴情、社區感與歸屬感。

- 打破傳統禁忌，容許員工表達自己、做自己。
- 培養公司內特有的語言，例如：雞婆、多加一盎司、不做種樹二人組、刮鬍刀、兔寶寶、豬頭、脫去防毒面具、踩線……等等。

我們是想建立一種 cult-like 的 culture，很難一蹴可幾，需要長期刻意 cultivate 的。

圖譜之 63

找回「魂」與「本」，別老想學動物了

圖解　　故事

　　2018 年 10 月，我出版了《價值觀領導力》一書，城邦集團何飛鵬執行長閱後有感而發，在他的商周專欄上寫下一專文：台灣企業缺乏靈魂。還真有影響力的，隔月，一家大型經濟研究機構就找我去演講了。當年年底《商業周刊》封面故事報導

了華碩董事長：最徹底的「醒悟」的故事。

那年 12 月中旬，華碩宣布新任 CEO，施崇棠董事長對新人的未來期許，不是業績，而是要找回「魂」與「本」。商周也是在質疑，為何一家台企中最愛談「策略」、理工背景出身的董事長也開始說「文化會吃掉策略」？專訪後的結論是，「這是施崇棠過去幾年來最徹底的醒悟，也是台灣企業的轉型痛點。」想了一輩子商業策略的施崇棠，回過頭來才發現，原來，沒有良好的企業文化，再好的策略、戰術、組織設計，都如行走在鋼索上，終無所本。

再一次看看上圖，你就更能一目瞭然了。原來，組織的系統架構之上還有策略，策略之上還有企業文化。彼得·杜拉克就是這樣說的：「文化會把策略當早餐吃掉。」吃掉的意思是，吃掉後就拉掉了，就沒有了，或只剩一點點了。

可惜，在華人的企業經營裡，最上層的企業文化卻常被忽視為空談、打高空、空砲彈，或一大團「熱空氣」。其下的策略／戰略，也常是口頭說說而已，每年行事如儀地做成策略規劃，規劃完後就歸檔，忘得一乾二淨了（filed and forgot）。華人經營重點總是在戰略之下的各種戰術、戰技與戰鬥裡——常是惡鬥連連，殺得天昏地暗，大官小官，每日總在救火，救大火或小火，大官有時也常下來救小火。大小火總是在客戶與市場端燒，現在還延燒到了所謂「利害關係人」上了——我小小一家公司的經營怎也跟大大環境有關了，還跟地球有關了？至少，遠在天邊的歐美客戶也關心或干涉我的經營方式了。

其實，上圖中最上層的企業文化也沒那麼空、那麼軟、那麼沒用。舉幾個我們在國內外研討會中的應用實例：

- 就在 2022 年，我們在一次海峽兩岸、線上線下一起進行一整天有關敬業度的研討會後，一位中國學員站出來說：「我們的願景讓我在住的小區裡，感到很驕傲……，也讓我在每天早上醒來後都急著來公司上班，一想到我們公司的願景是：讓空氣更潔淨，我整個人的靈魂都甦醒了……。來公司的 2 年多裡，很喜歡我的工作，很努力學習，也常跟鄰居介紹我們的產品，我們說到做到，讓汽車排氣更乾淨。」

- 一位台企老董說，他有次南下巡視工廠，遠遠看見一位工人正把廢液倒入水溝，他跑過去阻擋並問道：你知道我們公司的願景嗎？你這樣做，我們會成為世界級的綠色企業嗎？你知道我們的價值觀是什麼嗎？好厲害的老董，**他不是要員工們聽命他的聖諭，而是聽命於企業的願景、使命、價值觀，也要在日常工作中活出來。**

- 一位已事業有成的執行長在兩天的當責研討會後談起他去洛杉磯拜訪美國分公司美籍總經理的經歷，在談到為人處事時，美籍總經理說他會依照：American way；後來轉到荷蘭訪歐洲分公司時，荷籍總經理也說會依照「歐洲人之道」。執行長問我，該依誰之道？我說，聽過 HP way、IBM way、DuPont way……嗎？貴公司已是典型國際企業，就好好勇敢地建立「貴公司之道」──確立願

景、使命、價值觀，好好地貫徹執行，國內外員工都要聽那命的，現在與未來都要聽那命的，執行長會變來變去也要聽那命的——至少在你改變它們之前。

- 企業在國際甚至國內購併經營時，為何失敗居多？常常不會是產品、技術、市場上的問題，因為那些早就規劃過了，還相互配合得天衣無縫呢。最大原因總是敗在雙方企業文化不合，於是，大好機會又在志不同道不合下，幾年後分道揚鑣了。我們的經驗是，華人企業在購併時的挑戰更大，主因卻是雙方都「沒有」企業文化——「沒有」比「相異」的挑戰更大。在「只聽大老闆的」文化中，聖意不只難明，聖上自己也不明，被猜到後還常常會改變呢。

各位老闆們，**企業文化的認真經營，還可提振員工敬業度，並引發真正需要的變革。**我們常把企業只當成一部「賺錢機器」，在經營上不只少了人氣、人性，還常常不知不覺地助長了許多「獸性」——例如，老是想學中國流行的「狼性」，想過嗎？狼性的工法在上圖金字塔經營上會佔上第幾層級？最高只會是在戰技上吧，偶會或許學些戰術，但，肯定很難上了戰略的，也絕對上不了戰魂——這「魂」只有人類才有。我們學了一大堆如狼似虎的戰術、戰技，是要跟另一批狼虎們做狼爭虎鬥嗎？

我曾經研讀過一本好書：《狼的智慧》（*Die Weisheit der Wölfe*），是一位厭倦了律師工作的德國女律師，在美國黃石公

園裡與狼相處了 25 年，貼身觀察後寫成的充滿啟發的好書。狼，是一種很聰明的動物，但最高只達好智力（intelligence），無法達到好智慧（wisdom），遑論是洞見（insight）了。**人類或在戰術、戰技、戰鬥上，仍可學習狼，但如戰魂般的文化就只能向人類自己學習了，也只有人類才會有願景、使命與價值觀。**或許，宇宙中另有更進步的外星人也有，但那也是與人類不同的。

所以，在企業經營上，開始多重視戰魂與戰略吧，別老想學習更多動物的戰術、戰技與戰鬥了，如狼似虎地也實在沒人性。回到人性上的經營，一直都是無數世界級管理大師們與百年卓越企業永不歇息的期許與追求。

圖譜之 64

建立「機制化」能力

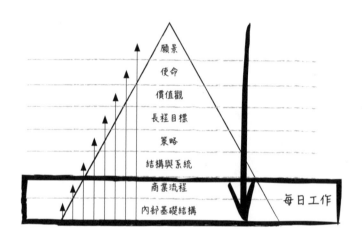

| 圖解 | 故事 |

　　孔子的弟子曾子說：「吾日三省吾身，為人謀而不忠乎？與朋友交而不信乎？傳不習乎？」已傳頌了 2,000 餘年而不衰。意思是，曾子他每天都要用三件事來省察自己：第一是替人做事，盡忠職守嗎？第二是交友為人，守住誠信了嗎？第三是傳己傳人的知識，複習練習了嗎？真偉大，這種為人處事與學習實習的精神，不僅僅只是成了儒家典範。

　　用現代語言來說，應該是，**曾子的人生有三個「核心價值**

觀」：盡忠職守、誠信守身、終身學習與實習——這個「習」字，據考證古意是：羽＋自，是指小鳥長大後，要用自己的羽毛，開始練習飛翔了。所以「傳不習乎？」是要用傳下來與傳出去的知識在查核實習、練習應用，是很重視實踐的。

　　每天用三件事來省察自己，日日為之將是日日成長、積少成多，或防微杜漸、免於鑄成惡事吧。放大來看，今日我輩也應三不五時地回首省察人生、也前瞻前程嗎？古希臘哲學家蘇格拉底說：「未經省察的人生，不值得去活。」（Unexamined life is not worth living.）好嚴厲啊。所以，今人或許不能「日省吾身」，也總該有個年度省察，省去年、瞻來年吧。

　　專家們說，在工作上你如果有了計畫，要真正有效地去貫徹執行時，你一定要把計畫化成「每週目標」，然後日日實踐、每週檢討。

　　我以前在做業務時，是要每月檢討別人與自己的業績的，業績每月歸零一次，次月又開始新的努力。然後，重點是季度檢討，季度沒過關就得小心了；第三季還沒達標時，年度目標就很危險，是很嚴重的事了。三不五時，還得好好想想：年度目標與公司 2、3 年的策略有關嗎？與更長期的策略呢？還有再更長些的……與企業的願景、使命、價值觀有關嗎？這些要素如能連成一氣，工作起來就會覺得更有意義、更有力、更有生氣？是的，肯定是的。

　　或者，讓企業的願景、使命、價值觀也回頭來連上自己的願景、使命、價值觀與「每週三省吾身」？也時不時地省察自

己的人生，讓人生更值得再繼續活下去？

　　如何做好規劃？重看那個金字塔，由上往下看；如何執行？再看那金字塔，反其道由下往上看。真簡單，不看金字塔，也請看看前面談的「兔寶寶」也行，屬較短期的就是了。

　　人生與每日工作，原來都是可以如此遙遙相連——連起來後，你開始可以跳躍式跳接，也可以很邏輯地細細地相連。往前瞻望、往後省察，都是一覽無遺。這樣的連接與運作也是一種關於所謂的機制化（institutionalization）能力了。

　　在我們管理上，這種連結力可不稀鬆平常，它是環環相扣，不斷在規劃與執行上能做出更新（update）與提升（upgrade），卻是萬變不離其宗，如下圖所描述。

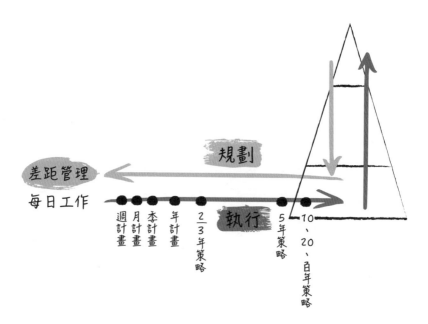

更具體來說，我們有三則有關「機制化」能力的故事要與大家分享。

其一，國家社會級的機制化

曾任行政院文化部首任部長的龍應台，在留學美國與長住德國後回台灣工作。2016 年，她在《天下雜誌》說了一段故事，德國在二戰時幾乎全面被摧毀，後來卻能在短短幾年再度成為強國，答案是：這個國家有強大的「機制化」資本與能力。

什麼是機制化？她回想起留美時，有一位德國社會學教授邁爾有解釋是：「機制化不只是機構——機構靠的是制度，不只是制度——制度靠的是文化，不只是文化——文化代表著大家有一個共同遵守的價值觀和信念、一套大家接受的行為準則和習慣。」邁爾教授隨後問龍應台：「中文裡有沒有一個詞，涵蓋著機構、制度、文化、價值觀、信念、行為準則的？」龍應台回答說：沒有。

現在，我認為是有了，那就是「機制化」。所以，機制化是把機構、制度、文化、價值觀、信念、行為準則、習慣等融合在一起，形成了從文化到策略、組織制度、信念、行為、行動、習慣上的「一致性」。我們在企業／組織裡、在個人領導力上，在國家／社會各層級運作裡，都很需要這種機制化流程、機制化能力與機制化資本。希望，台灣有天也變成一個「機制化資本」雄厚的國家。

龍應台在國政層級上還有一段精彩論述：「當機制化強大

時，政黨可以不斷更迭，首長可以隨來隨去，黨派可以鬥得風雲變色；但是，事務官的機制化能力深厚，可以篤定握緊手中之舵，讓國事如黑夜湍流中的巨艦，穩健前行。」

其二，什麼叫「機制化資本」？

出生在湖南，後來成為耶魯大學終身教授，曾被華爾街日報譽為中國十大最具影響力經濟學家的陳志武先生，在他的《沒有中國模式這回事》一書上探討了中國人為何總是勞而不富、跌宕不堪？又為何總是自外於世界一體──雖然中國歷來都是世界進程的一部分？書上說，中國人普遍缺乏的是機制化能力，他建議，中國經濟持續發展的動力應該在建立並累積足夠的「機制化資本」（institutional capital），亦即，在機制化能力、文化、與軟實力上。

看來，台灣也是很需要建立並累積機制化資本，至少應從個人領導力級與企業組織級上──國家級的似乎是太遙遠了，尤其是在我們毫無黨魂與缺乏國魂的目前大環境裡。

你是否也感覺到，有時美國總統在處理世局上，似乎是全力放手施為，令人害怕，為何大多數美國人卻是很放心？或許，是因為他們有了雄厚的機制化資本。而這項資本中最基層的底蘊正是美國精神或美國價值觀了，價值觀與文化牢牢地統合著人心，緊緊地抓住不亂的基線。

其三，在個人領導力上

我們在北京與新加坡舉辦有關領導力原理與實踐研討會後的討論中，我們發現有許多高管學員們相繼提出：「機制化」能力是個亮點──在眾多領導力原則中，顯得突出。畢竟，長遠領導力中有一個要素是一致性（consistency），你能在 VUCA 世界裡的一大堆紛亂中，快速理出頭緒並堅持前進嗎？這些堅持還得經得起後來的仔細分析與檢驗，因此讓人有所遵循與尊崇，這就是領導力中的機制化能力了。

圖譜之 65

「企業文化」到底有何利多？

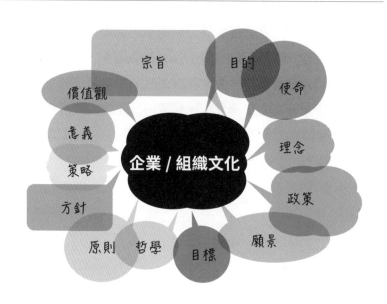

圖解

　　形成企業 / 組織文化的元素也多，見解很分歧，學者、專家與業界的看法、定義與作法也各異；但，如果只要用一個要素來表達文化的形成，那麼毫無疑義的就是：價值觀（values）——最好能再進一步說明的是長久難變的幾項核心價值觀（core values），以及幾項更具短期性營運效益的營運價值觀

（operational values）。

如果能用兩個元素來說明，那麼就是價值觀再加上目的或稱宗旨（purpose）吧——企業人喜歡在此描述企業是為何存在？如何存在？要達成何長期目標？這個「宗旨」常綜合含有企業存在的 why、what、when 與 how 等的要素。

那麼，如果可用三個元素呢？最普遍的應該就是價值觀、使命與願景了，亦即，作為行為與抉擇準則的價值觀之外，再加上企業 / 組織在長期性目標（願景）與目的（使命）上的描述；然後，讓企業 / 組織文化變成企業 / 組織人在做什麼、為何做與如何做等上面的最高指導原則。

如果，綜合那三項要素成為「經營理念」與「經營原則」或日人常講的「經營哲學」等一個長長也泛泛的名詞呢？又有何不可，最重要的還是要真奉為圭臬、躬身實踐。

怎麼實踐？**文化中的各要素會分別成為全體員工行為的準則，也會成為各級主管們在做困難決策時的準則**——例如，他們會自問或互問：哪一個決定會更符合我們的價值觀與宗旨？

企業文化會造成什麼樣的成果或後果？高高在上也恰似一片熱空氣的文化，果真會影響企業的財務下線、企業形象與長程經營嗎？下面分享十一個角度下的企業文化故事。

故事

孫中山說：「國者人之積，人者心之器也。」那麼，組織或企業內呢？當然也是人之積、心之器了。常言道：帶人帶心，卻又言：人心難測。管理有道，領導也有道——領導人有時站到前頭去，領之、導之；有時站到中間來，身教言教、以身作則；有時站到後面去，鼓之、舞之，如此而已矣。領導人胸懷的總是些類似願景、使命、價值觀的東西，他們建立、實踐、守護文化，讓看似不可捉摸的企業文化或經營哲學，在短期與長期上產生了許多綜效。例如，下述十一種成效是我們在國內外企業／組織裡的親身經歷，有些則是在研討會中客戶分享的，所述也只是舉其犖犖大者以饗讀者們了。

1. 抑止不適行為的滋長

員工行為是否適當，不應以主管們個人的喜惡作為判斷，應該回到企業文化所衍生的準則上。主管們作為表率的、或以身作則的行為，也應該是他們在文化下的最好判斷。我們已經很難總是規定員工不可以這樣、不可以那樣，但，衍生自價值觀的行為，是要行之數年或數十年的，可不是一朝天子一朝臣式的一時行為。

例如，「行事不重安全」是杜邦公司百年來即已不喜的，

從今起百年後應仍如是,你平生就是放任「不安全」作為,還要進入那家公司嗎?那家公司容得下你嗎?

2. 驅動彈性快速的行動

有長期適用而清楚的目標、目的與行為、行動準則作為邊界條件,不用老闆事事交代,對待員工有如小孩、如巨嬰。尤其是讓第一線員工也能在前線自主做出最佳判斷,依企業文化而快速行動,為公司抓住商機,也常成一般員工在授權與賦權後做最佳決定時的一項重要條件。

尤其在服務業,第一線合於公司文化的快速反應更是顧客最需要、最受感動的。

3. 公司高層用以引發並推動變革

公司在推動變革時,有時只是在流程與 SOP 上改變,有時在組織、系統、制度上改變,有更大些是在策略上做出改變;但最大的改變應是在願景、價值觀上的文化改變,是從員工的心態、行為、行動及決策上做出重大改變了。例如 IBM、GE、GM 及矽谷許多新舊公司的大變革,都是從改變文化做起的。

稻盛和夫在搶救股票下市正倒閉中的日航時,不是急拉顧客,而是急著改變數十位高管們的「哲學」——經營哲學或日航文化,前幾個月常在「密集上課」中!

4. 保持領導與決策的一致性

　　領導人的大小決策很需要有一致性、邏輯性，甚至可預測性，能在企業文化的大圖與策略的中小圖上找到條理脈絡，讓員工有所遵循。縱然是在千變萬化的 VUCA 世界裡，公司裡最可能還是不變的正是宗旨 / 使命與價值觀，它們宛如北極星、羅盤與船行大海的壓艙石。

5. 幫助跨部門協調

　　各部門都各有其部門目標、目的與作業特性，增加了跨部門協調的許多困難度。在協調時往更下級求共識是更難些，但往上提高一級甚至多級到公司級的目標、目的與價值觀上，成功協調的機會就更大了。

　　或者，為跨部門團隊先訂出合於公司價值觀 / 文化的團隊行為守則，也是對團隊內成功協調與運作的一大幫助。

6. VUCA 世界裡堅強的領導

　　企業人常說，這世界千變萬化，哪有什麼是不變的？一切也就是隨機、隨需應變吧！

　　是的，在這易變（V）、不確定（U）、複雜（C）而模糊（A）的當今世界裡，萬事都在變，不跟著變可不行。但，看看如圖譜之 62 的管理金字塔（絕非象牙塔）裡，有哪層最有可能不變？是的，就是價值觀 / 企業文化這層是最不變的、最可依靠的。

7. 吸引並留住優秀人才

　　約 10 年前，中國創業潮大爆發時，我們在杭州有位很成功的年輕客戶，老闆有感而發地說：**留住人才，要靠好的組織制度；但，留住優秀人才，要靠好的企業文化。**優秀人才總是被認真、有遠見的願景與價值觀吸引住，然後物以類聚、人才相吸地聚在一起，共創更成功的未來。

　　舉個反例，一家愛作奸犯科的公司，給了高薪也能留住「優秀人才」嗎？

8. 發揮有效的企業購併

　　企業購併在台灣已經越來越普遍，企業淨想的是在產品、市場、人才與技術上有完美整合，沒想到的是文化上的不合。更多先行成功者的經驗並足資參考的是，雙方企業文化上的「志」（願景）同、「道」（價值觀）合，我們一定要學習參照。企業文化不被重視，硬來硬去，不久就又分道揚鑣地離婚了。

9. 建造跨國經營成功的模式

　　跨國、跨文化的經營一直是越來越多、越大的挑戰，本國大老闆不太可能總是繞著地球跑，還到處下令。整合各國不同文化有賴進步的企業文化。我們曾論述過：人類是有共同價值觀如同理心、誠信、協作，尊重……等的，可通行全地球的。建立強韌的自身文化後，在國際經營上就是利多，你會「尊重」

不同民族文化，也會要求「遵守」母企業所具有長遠性的目標、目的與價值觀所形成的文化，或許哪天要與外星人共治時才需要特別注意價值觀歧異吧。

10. 塑造難以模仿的競爭優勢

企業文化是在企業內部實踐並獲實現的，也遲早會延伸到供應商、客戶與社區等利害關係人上，逐漸形成企業在外的「品牌」。形成不易，外人要模仿也不易，因此也形成了難以模仿的競爭優勢。品牌加上背後強大的文化，是可以補足產品價格上的劣勢的，我以前在亞太地區跨國公司做業務與行銷時，對此深有感觸。

歐美管理學家常稱，企業文化是企業競爭上的最終極優勢。看看企業經營的金字塔圖，最上端的也正是企業文化。文化不是沒用，是沒在用；運用之妙，存乎一心。

11. 企業成功傳承上的利器

華人企業在「創業維艱，守成不易，傳承更難」下，終於要傳承時，要傳的什麼？通常赫然發現是：策略在變、人脈在變、經驗在變、經營撇步也在變；你除了傳股權外，還要傳什麼？當然是傳承最不會變而且最珍貴的「企業文化」──卻又是我們最缺乏又很難急就章的。

及早蒸餾出並刻意彰顯出一路以來、賴以成功的企業文化要項，如價值觀與宗旨，好好珍視、慎重傳承才是企業要成功

傳承百年的重中之重。很遺憾，台灣在成功傳承的論述上，討論企業文化的總是少之又少。

　　企業文化的運作仍然屬於「軟實力」（soft power）的範疇，雖然有人還是看不清，但，它終是能幫助產下硬硬的財務下線成果。在文化與策略以下的所有操作都可算是硬實力（hard power）了，都是台企的強項。**未來，我們一定要走向軟硬兼施的所謂「巧實力」（smart power）上，千萬別走上多耍詐而具操控性的「銳實力」（sharp power）上**。企業文化的軟實力，也可以避免我們走上歧途。

圖譜之 66

杜拉克說：
「文化會把策略當早餐吃掉。」

"Culture eats strategy for breakfast."
——彼得・杜拉克

圖解

　　彼得・杜拉克說：「文化會把策略當早餐吃掉。」（Culture eats strategy for breakfast.）意思是，企業文化積弱不振或混亂不振時，策略再好，也終會被文化吃掉，而且是，早早地當成早餐吃掉了。吃掉的意思是吃乾抹淨，或所剩無幾後繼續執行下去了。

　　乍聽下，這話是有些危言聳聽，但已有越來越多人把它當成至理名言。有人在考據後說，此話應非出自彼得・杜拉克，因為在他的所有著作或文章中並未曾見過。然而，福特汽車前 CEO 馬克・費爾斯（Mark Fields）說，他的確是在與彼得・杜

拉克的對談中聽過,他就把這句話高高掛在福特總公司的「戰情室」(war room)牆上,勉勵福特高管們了。

故事

　　文化吃掉策略時的吃相是怎樣的?例如:

　　策略制定後要執行時,各相關部門從主管到員工,在心態與行為上卻仍是懷疑猜忌、相互抵制,分工卻不合作。本位主義、小圈圈,難以協作,甚至還會互鬥,總是同床異夢、各自為政、互不支援。志不同、道不合,常是起自部門高管,於是上行下效,好好的策略在執行時就像這樣在許多內鬥、內戰、內傷、內捲與內耗中耗掉了。

　　比爾·奧萊特(Bill Aulet)是 MIT 創業家中心主任,也是史隆管理學院教授,他曾在 IBM 工作十餘年,自創過幾家公司,也寫了幾本有關創業的書與許多相關文章。他說,初聞「文化會把策略吃掉」時,他是不相信的;後來,卻越來越信,還加碼說:

　　「文化會把策略當早餐吃掉,把技術當午餐吃掉,把產品當晚餐吃掉,然後不久,再把其他一切都吃掉。」

　　他甚至認為,文化在早餐之前的晨跑中,其實就已經把策略吃掉了。

　　創業夥伴們常在策略形成過程中，眾說紛紜，莫衷一是。但，沒策略也沒多大關係，邊做邊學邊調整。反正，技術仍在、市場仍在，趕緊弄出產品，有多少賣多少，一切隨需應變。施振榮說沒文化也是一種文化，代表的就是沒效率。那麼，沒效率或效率低，效果是差些，也沒關係，只是大家工作苦些又多忙些吧。這樣這批志不同、道不合的好漢們關關難過關關過。但，初期成功了又能活多久？好像很無奈也無解？連新創企業也要找「志同道合」者先建立文化嗎？

　　是的。那麼，已經老大的公司呢？

　　我們曾經與一家大客戶執行長討論解決方案。技術底子超強的執行長很痛苦的是，他的公司策略很好，技術與創新力也很強，但各部門間疑心很重，明爭暗鬥，對公司總目標沒信心也提不起興趣，有很顯著的穀倉現象（silo），是典型的積弱文化。他們甚至在「誠信」這個核心價值觀上，也有主管在質疑：「是對客戶行小賄，但純是為公司好，也是為了保住客戶，辛苦為公，還要受罰嗎？」高管竟也無言以對，還建請公司刪去這項「有名無實」的核心價值觀──「因為我們做不到嘛……。」想想看，公開刪掉誠信後的企業文化，不會只吃掉策略吧？

　　日裔美籍的福山（Francis Fukuyama）是當代極負盛名的社會科學家，也是藍德智庫的資深學者，還曾任美國國務院政策計畫局副局長，是國家發展與戰略設計領域的專家，名著無數。他在《信任：社會德行與繁榮創造》（*Trust*）書中說：**「國家**

社會文化在經濟成長與成就的因素中，佔有 20% 的比重；文化因素的重要性無庸置疑，膽敢忽略文化因素的生意人，唯有失敗一途。」原來，國家社會文化對國家經濟成就的影響力還有過如此的「定量」分析！

那麼，企業文化對企業的成長、成就與績效呢？彼得・杜拉克只是就企業文化對在其下緊鄰的策略說：文化會把策略當早餐吃掉——是吃得乾乾淨淨，還是有剩？剩多少？哈佛商學院名教授詹姆斯・赫斯克特（James Heskett）也做過「定量」分析，他的研究說，**企業文化對策略執行的有效性有大於 70% 的影響力，對最底端的最後財務績效呢？也約有 15% ～ 25% 的影響力。**

企業文化對最底端的財務績效「只有」約 20% 的影響力？也難怪我們台企不太重視文化；反正，這約 20% 在效能或效率上的消失，我們可以在工作工時上更努力地補回去？其實，我們不只不重視文化，常也不怎麼重視策略，沒策略時卻美其名為彈性——你是想破頭後才決定要彈性？還是連想都沒想過就先下了彈性策略？兩者還是相差很多的。

我們在張忠謀董事長的「這三環」——價值觀、策略與執行中，如果只在「執行」（尤其只是指：狹義的執行力）裡辛勤地奮戰，發揮了無比努力與戰力，也掙得了一片天下。但，要長程與永續地生存，還是應該立志再向上爬完兩層，或者再向內勇進兩環了。

再換個角度，在文化的級別上，我們不只需要建立企業 /

組織文化，也須向內建立部門級次文化、團隊文化，乃至協助
認識個人級文化。至於，升級到明確的社會文化、國家文化，
則是漫漫長路了。我們常常被批或自批：黨沒黨魂、軍沒軍魂、
國沒國魂，我們卻不可無畏於沒魂也是魂，反正肉體一時也長
得強又壯。綜合看看下圖的圖示，或許我們印象會更清楚。

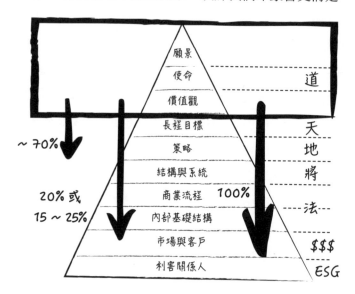

上圖中最後那一大條的影響力是 100%，是我們的戲言。有
次聽演講時，會後有聽眾問張忠謀董事長，信守「誠信正直」
時，總是多苦多難、壞多益少；到底，又有何好處？張董事長
一臉嚴肅答：確保你晚年不會進監牢吧。是的，久走夜路成了
習慣，終必遇鬼；臨老入獄，人生還頓成悲劇了。看看、想想，
當今檯面上的那些政經人物，哪些會像上圖如此這般的 100% 破
壞力下場？又為什麼要賭這攤呢？

提升員工做「附加價值」工作所需的能量

$$Ev = Ei + Ed - En - Ece$$

Ev：員工做附加價值工作所需的能量
Ei：員工上班時所帶進來的正常能量
Ed：員工自願多付出的一份能量
En：員工做正常工作時所需的能量
Ece：組織「文化亂度」所滋生的負能量

——Richard Barrett,
Building a Value-Driven Organization

圖解

「附加價值」是指產品／服務在原有的價值基礎上，企業因在內部或外部某一階段裡的創新作為，而附加上了額外的新價值。所以，企業要產出附加價值的工作是需要員工比正常狀況下多用了腦力、精力、與體力的。

員工為什麼要在正常工作之外再多用些精力與能量？在日日操勞正務後還有多餘的意願與能量嗎？上圖公式裡的 Ev，就

是在說明經過右邊四個能量項目的加加減減後，這個最後淨能量是為正值或負值了。

公式中 Ev 是負值時，表示員工已是力有未逮，不能或不願更多思考或實做以增加「附加價值」了；是正值時，員工是有能量與意願多做創新工作以「附加」價值的。

工作時依照流程、工作說明書標準、SOP 等把產品或服務上所需求的正常工作做好，是最低要求；有時卻成了一般正常標準——一不小心也就能沒能達成了。

我們都希望員工們及大小老闆們能在正常「價值」之上、之外，再貢獻出「附加價值」，那麼，這些能量或熱情從何而來？我們需要正的 Ev 值！

故事

巴瑞特在當顧問時，蹤跡遍及歐美，後來他創立了 Barrett Values Centre 顧問公司，利用他們自創的公式幫助客戶計算出企業文化的強弱度——他神來之筆地稱之為文化亂度（cultural entropy）。亂度（entropy）的另一中文譯名是「熵」，是動力學上的專有名詞，用以量測一個系統裡，熱能無法轉換成機械能以做功的部分，也顯示著一個系統裡失序或混亂的程度。

我們常說，管理員工工作時間，不如管理員工工作時的能量，或總能量。所以，上面公式表示了員工每日能做附加價值

工作的總能量是下述能量：Ei 加 Ed 減 En 減 Ece 的總和。亦即：

　　Ei 是指員工每日上班時所帶進來的能量——能量如虎或如貓，一眼便知曉。員工如果有正常作息，身心健康，這個每日帶進來（input）的能量（energy）是正常夠用的；如果是已過勞中，就一日不如一日了。我們把這個能量定為 Ei。

　　Ed 是指員工被公司或工作所感動，願意「自願主動」地在工作上多付出一些心力，以利交出成果，或讓成果更好——亦即英文裡慣稱的 discretionary effort，直譯之為自主決定的努力。即，員工們在受到有形或無形的激勵後，願意主動積極地「多加一盎司」，或「多走一哩路」地去完成工作、交出更好成果。具體來說亦有如前述許多圖譜之中所概述的，在全心敬業、有效賦能、充分賦權、分層當責與正向文化後，所獲致的分別或綜合效果吧。這些「多加一盎司」式的努力就叫 discretionary effort，我們把這種能量定為 Ed。

　　En 是指員工正式上工了，在正常狀況（normal）下依規依約工作所需的能量，以 En 來表示。世局多變，工作狀況多變，這個 En 的需求量也已越變越大，超大時就形成了壓力山大。

　　最後一項是 Ece 能量了，ce 指的是 cultural entropy（即，文化熵數或文化亂度）。巴瑞特等人把 entropy 引入我們的文化制度裡，說明文化失序與混亂度增加後，做「功」的能力下降的程度，所以文化亂度越大，做「功」能量也就越小。

　　巴瑞特的團隊曾在 5 年裡對 36 國 40 種產業，共 1,000 多家企業進行過文化亂度分析。他們發現：

- 只有 15% 企業的文化亂度是在健康範圍的 0 ～ 10% 內。
- 有 39% 企業的文化亂度是在尚可的 11 ～ 20% 範圍內。
- 有 41% 企業的文化亂度是在很差的 21 ～ 40% 範圍內。
- 有 5% 企業的文化亂度是在極差的 ≥ 41% 範圍內。

文化亂度所滋生的負能量，是因企業內的內鬥、內戰、內耗、內傷等所造成的，傷害的是策略的執行與整體執行力的貫徹，最後則是呈現在財務下線上，還有事倍功半的低迷士氣上。

所以，上列公式 Ev = Ei + Ed – En - Ece 的白話意義是：

員工要能做出「附加價值」（value-added）工作的總能量（Ev）等於：員工每日上班時所帶進來的正常能量（Ei），加上員工心有所感、所屬，願意自主主動多付出的能量（Ed），減去員工維持正常工作時所需的正常能量（En），再減去企業內因文化亂度所滋生的負向能量（Ece）。

我們如果重視員工的能量、效率、效能，更重於工作時間的長度，那麼在上面公式的加加減減上，應該要有長期性與系統性的盤算。

員工每日疲於奔命，光是正常工作的能量已益顯不足，何來能量與心思用在創意與創新以增加公司或客戶的附加價值？Ev = 0 時，企業只是差堪維持每日正常工作了。或者，我們也可以做個連結，這就是在蓋洛普敬業度分類中的「不敬業」員工了——台灣約有 70%。Ev > 0 的正是那些充滿熱忱、主動積極推動績效與創新的「敬業」員工，依蓋洛普的標準與調研，

台灣 2022 年是最高點，但只佔 11% 員工。

我們對企業文化與策略大多不強也不重視，但整體績效表現卻仍是不錯，應該是我們有很多很聰明也很強勢的企業老闆們與很拼命工作的員工們吧，但員工的潛能與全能力與更好的工作環境，都肯定都有待開發。

巴瑞特在他們的調研中還意外發現，在文化亂度偏低的優秀企業裡，最常見到的價值觀有兩項，即：當責與團隊合作；而在文化亂度偏高的困難企業中，最被需求的價值觀也正是當責與團隊合作的有效加強，我們在經營上很常見到的「降低成本」，卻成了他們最常見的一種負向價值觀。或許是因為它增加了員工沮喪程度——鼓勵創意與創新的價值觀不只會「提升價值」，也會提升員工的積極度。

總結是：**正向的企業文化不只降低 Ece，還會增加 Ed，幫助員工擁有更多的工作能量以使用在提升能附加價值的工作上**——為自己公司與客戶們。亦即：優秀的企業文化——尤其是含有當責、賦權、賦能、敬業為價值觀的企業文化，能幫助企業員工們捕獲並釋出更多能量，以用於對自己企業與客戶有「附加價值」的工作上。

圖譜之 68

企業文化會定義員工行為

—— Geoffrey James, *Success Secrets from Silicon Valley*

Culture is what "keeps the herd moving roughly west"
—— Lee Walton，麥肯錫前總經理

圖解

企業文化是什麼？簡單說？

1980 年代美國剛流行時，說企業文化是：我們這裡的人都是這樣做事的。好說，進一步說也可能是：我們這裡的人不會那樣做、不會做那種事的。

麥肯錫顧問公司前總經理李·沃爾頓（Lee Walton）說：「企業文化就是讓一大群人保持著大致向西而行。」一如上圖所示，可能是開發西部時的靈感吧，一大群人與牲畜都要保持著西行，

是大致向西方，不是絕對的西方，這一大群人畜生活在一起也向西而行，不太容易吧。

在中國民企裡呢？記得 1990 年代後期我們曾有個沒談成的案，客戶高管說：企業文化就是聽老闆的話，老闆說的大家去做就是了。我說，老闆把話說清楚、寫下來、傳出去，自己也遵守嗎？或者，更有系統地能化成像願景、使命、價值觀等的一般說法嗎？能讓大家對企業中長期經營上的方向、意義、目標與目的，也更有概念、有所遵循嗎？結果，我們連大老闆也沒見到，就丟了這個案。要老闆以身作則、或也聽進自己的話去做事，很難吧。

也講個在中國成功的案例，一家大客戶的執行長決定以當責作為他公司的一項核心價值觀，大推「當責文化」，半年後，績效斐然。執行長後來說，當責是他們「企業文化」的 DNA。單單一項價值觀就儼然形成他們旗幟鮮明的企業文化了。

企業文化的一大功用是形成員工們（含老闆）的行為準則。行為有多重要？舉兩個實例：

- 其一，PwC 曾對全球前兩千大企業執行長做調研後說，有 47% 受訪執行長認為「重塑企業文化與員工行為」是他們的優先要務。執行長們常是百事待舉、績效第一，怎麼會這麼優先想到員工行為的改變呢？
- 其二，哈佛名教授、退休後也開了家顧問公司的領導學家約翰·柯特說：**「企業的中心議題從來就不是在策略、結構或系統，問題的核心總是在於人們行為的改變。」**

行為改變並不容易。在美國專門幫助財星 500 大企業執行長與高管們改變不適行為的著名教練葛史密斯說，他通常約需 1 至 1 年半才能成功改變這些高管們的一到兩個行為，而且功成後費用不貲，是六位數字。

員工行為也不是說改就改，需要時間，更需要有個好理由、好激勵——例如，這種行為改變與新準則是源自我們的核心價值觀，或只是新主管個人的好惡？或，我們是認真的，這些價值觀公司已信守 30 年了，未來仍如是，但現在我們很顯然已衰弱式微，需要再振作了。或者，這是我們的新價值觀，經過最近這麼多培訓後，大家都認為對我們未來的工作文化乃至績效會有幫助，因此請大家來討論如何建立新行為吧；還有，這些價值觀所衍生的行為準則也將會是績效考核的一部分的。

例如，誠信正直（integrity）是一家企業的核心價值觀之一，他們很認真、三令五申地在執行著。那麼，你加入這家企業後，能不改變原來的不太檢點而更加注意誠信、也更「刻意」遵守嗎？久而久之也漸成了習慣，還真的變得「更誠信」了？這是很難，但也有許多成功實例，或許是後果中還有開除或法辦在等候著。

行為的背後如果有著很強的方向感、目的感、使命感與目標，就會有具體行動（actions）；有了行動、有了承諾，就指向達標致果了。行為，是起始劑之一，當然重要了。

所以，**價值觀引發的行為、行動，願景引發的方向、目標，使命引發的意義、目的，一起很自然地共同構成了企業文化的**

完整內涵。

　　換個角度看看，有時也會覺得企業文化像水像一條大河，如下圖：

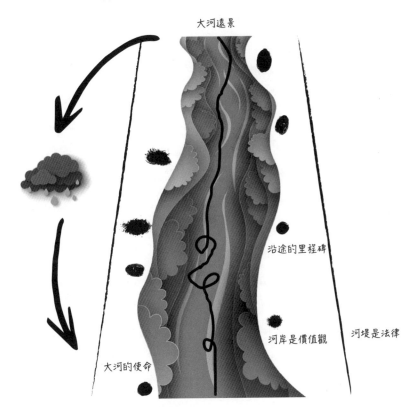

企業文化的大河之戀
員工在河中自在、自律地創新工作著

大河遠景

沿途的里程碑

河岸是價值觀　河堤是法律

大河的使命

402 • 第 6 篇：建立文化

- 大河的兩岸就像是價值觀，是不可逾越的；大河兩岸更遠處有河牆，在防止河水氾濫，河牆也像法律，法律是道德、倫理、價值觀後面的最後一道防線，治理企業不應以最後防線為依據。價值觀是大河民族悠游自在游泳時的準繩，河內還是有些道德與倫理要遵守的。對領導人而言，違反價值觀已是很嚴重的事了。

- 員工們在河中自在游泳，時而奮力向前、時而返回反省；時而創新迴游、時而奮力前游。但，總體上是有紀律、很努力地向前游——前頭有里程碑與目標。

- 願景在最前方，最前方是眾所嚮往的大海，大海裡有著各種大小夢想，我們現在還有一段不近不易的旅途，仍有待征服。

- 沿途有許多使命仍有待逐段完成，如灌溉滋養、美景休憩、裝載搬運、地貌改變、電能產生，以及建立部落文化乃至提升部落文明。使命必達，功績無限也希望無窮。

- 大河終於入海，但也不止於海。大海任遨遊後，重新得提煉、昇華為海面霧、為天上雲、為山上冰，再復為水，找回大河源頭，重新奔流而下。如此這般源遠流長，生生不息的流水宛如文化，代代河民悠游其中、努力其中，成就不凡。這就是我們的大河文化，河民們有很強的信心，有願景、使命、價值觀，知道永續經營。

故事

在大河裡，人們強烈感到大河文化；在企業裡，企業文化飄盪在空氣中，空氣是如何影響企業人的重要決策與日常行為呢？

下述以九條問題為例，分享我們 2022 年在一家大型企業裡有關企業文化的研討會上，對高管們所進行的對自己與部屬在決策準則與每日言行上的挑戰。

1. 你這樣做，合於我們「誠信」的價值觀嗎？
2. 我這樣做，有「顧客導向」的精神嗎？（不只是在名目上而已）
3. 我們這樣想 / 這樣做，算「當責」嗎？
4. 你 / 我這樣想 / 做，足夠「創新」嗎？
5. 我們的策略與我們的企業文化一致 / 一貫嗎？
6. 我們系統 / 制度 / 流程 /SOP/ 活動與企業文化一致嗎？
7. 你今天提醒 / 勉勵部屬 / 同事幾次當責了？
8. 你今天創新了嗎？在產品、技術、服務、管理、流程、活動上……又增加了客戶或公司的新價值了嗎？
9. 你這樣做，遲早會傷害我們的被信賴度嗎？

有時候問題是，這樣的教與導是基於公司文化而不是基於主管們的特別 / 個別要求的——尤其是主管在權威領導時。主管們的行為會逐次向下影響，最後終於到了基層，廣大基層的行為被認識、認同後才會形成真正的文化。這些文化是透過各

階層，傳給了顧客、供應商、媒體、投資人乃至社會與家人。有天，鄰居看到了公司的形象廣告後，你的家人會說：真的，這家公司就是這樣！或者說，那是廣告啦，看看就好？

　　1990 年代早期，我曾經讀過 IBM 一位退休銷售副總裁的傳記，他寫了一段難忘往事──我看後也至今難忘：有天一早，他接到鄰州大客戶來電要求他過去解決一個產品大問題，他就緊急飛了過去。在解題過程中，祕書來電下午董事長的會別忘了，他大驚，一急還真忘了，但他還是把客戶問題解決了再即刻飛回。回到辦公室後，祕書面色焦急，說董事長在等他，他進了會議室發現更不妙，大家都在等他，董事長面色鐵青。隔了一陣尷尬後，董事長終於質問了：明知下午有重要會議，為何一早還飛出去？他想了想便直說原因，也說明解決了客戶什麼重大問題。會議室還是一片寂靜，他道歉也說到：我們 IBM 的核心價值觀就是服務、服務客戶，我一急就忘了會議。會議室仍是一片寂靜。他偷眼望了董事長面色還是鐵青，然後慢慢有了些改變……。感覺是很久後，董事長終於講話了，說：Roger（副總裁的名字）是對的，客戶服務是我們核心價值觀，是更重要的；我們繼續開會吧。

　　哇！這位董事長可是創辦人的兒子，他尊重企業價值觀若此，故事如一路傳下去時，還有誰敢不重視服務客戶？

　　文化向下傳至基層後會是何模樣？再舉三例：

　　一，台灣杜邦公司在台成立於 50 幾年前，依循母公司文化，特重安全──從工廠安全到辦公室安全，到居家安全、開車安

全、旅行安全……全都重視。早年時，在台北開車坐車是沒人繫安全帶的，但杜邦人連坐計程車時也很自然地就唰一聲拉下、戴上安全帶。後來有個故事說，有司機就斜著眼，奇怪地問：啊，你是杜邦人嗎？後來，我在北京做生意，坐他們出租車時也是習慣性地拉下並扣上安全帶。師傅看了看，不悅地說：我的駕車技術是很好的。我意會後也連忙解釋，但下車時放回安全帶，卻赫然發現，從未被使用過的安全帶已積疊了厚厚的灰塵，在我的西裝、白襯衫與領帶上，留下一道斜斜的灰影。原來，這樣守價值觀也是要付出代價的。

二，在跨區、跨國舉辦研討會時，因多地連線視訊因素，我只好提供了原本就不提供的講義 ppt 電子檔供使用，言明講完後刪除原檔──還需再進入垃圾桶再刪一次，確保資料沒有留存。有次，我還有點質疑是否真的全刪除了，正懷疑時，客戶 HR 也感覺到了，他說：老師請放心，「誠信正直」是我們的核心價值觀，我們不會那樣做的。哇！我完全相信他們了，他們可是一家大型電子公司。

三，是小事，卻也印象深刻。剛上完 2 天有關建立企業文化的課程與討論，感覺全會實在是很精采熱烈，我們之後還給了 40 ～ 50 頁的總結報告，他們說也會把學員評估報告給我們做參考。但，前後再提醒了兩、三次，仍未果，我們就「不好意思」地不再提了，他們的價值觀中也有誠信正直耶。奇怪，這麼簡單已答應的事，就是說到做不到呢？是只對客戶嗎，而我們是算供應商？

圖譜之 69

建立你的部門、團隊、甚至個人文化

不要以為……
建立企業文化只是大老闆們的事：

It's the tail wagging the dog!
別等待公司的，但要記得 align

小部門有成就，終會影響到全公司
—— Simon Sinek, *Find Your Why*

圖解

　　在企業裡，事業部或部門的「次文化」（sub-culture）是具體與合理地存在的。技術部門與銷售部門的工作屬性本來就有很大的差異──例如技術專家們常因此跨部門批評銷售部門的人不懂銷售，反之亦然。但，次文化也應與企業文化對齊、連線，相互輝映，以相得益彰。畢竟，企業文化所揭櫫的可是如「大憲章」般的家國大法。

　　與企業文化連線的，也不只是事業部或部門級的次文化，還有其下的團隊文化──你的團隊要一起工作至少一年半載

的，怎麼可能沒有共同行事守則、目標與目的？光靠隊長們每日監視與催逼嗎？如果沒有共同目標、行為準則、角色責任認知、團隊目的，還是照樣在最後一刻成功達標，那是老天太厚愛了，你應也是位「福將」，但可能不易成為老闆的「愛將」。記得前面有圖簡述「團隊章程」（team charter）嗎？一個很簡易古樸的提醒就如圖譜之 25 所示。

　　試過嗎？這小好幾號的「團隊文化」，可能會激發出成員們心底的熱情。不要老是只談「大棒子與胡蘿蔔」了，那已公認是管理動物如騾子驢子們用的──人們已越來越不像動物，老闆們常忘了。

　　如果，公司有效明確的「企業文化」一直遲遲難產，或者大老闆們根本不想產，那麼，你就應該為你的事業部／部門／團隊，建立「次文化」，你會因此而更凝聚團隊實力、潛力與全力而更成功，我們在海峽兩岸大小公司有許多的成功實例。在事業部層級上成功後，是會影響更上層級的，這是青壯派領導學家賽門·西奈克（Simon Sinek）的名言：「小部門有成就，終會影響到全公司。」他的觀察是這樣的：一隻小狗全身都在動時，其實最早動的是尾巴，後來引動屁股、繼續引動身體軀幹，最後影響到狗狗的頭。英文這樣說：「It's the tail wagging the dog.」如果，你正在經營一個事業部或部門，你已在軀幹上了，成功後很快可撼動狗頭的。

故事

我們在中國南征北伐時，一直推動的是當責的理念、工具
與文化，有過一家大客戶，他原是一個大事業部的執行長，每
年經營著年收數百億人民幣的生意，也很賺錢。他很喜歡當責，
於是把當責文化推動得很紅火，才幾個月已是績效斐然。後來，
驚動了企業裡其他事業部派員來訪──就被直接安排到現場與
他們的員工們交談。然後，當責文化不久就又擴充到其他事業
部，最後則是到了總公司總管理處；最後，當責也成為了總公
司公告周知的三大核心價值觀之一，事業部執行長後來也升官
了。我們在數十次課程與課後的多次訪問裡，廠內沿途總是旗
海飛揚，旗子上有字如「不當責，零容忍」，第一次眼見時，
還覺得有點觸目驚心的。連洗手間都張貼著各種實踐當責的小
故事，大官們也在公司外大城裡開始對外分享以當責為價值觀
而推動整體企業文化的成功經驗。

另個小故事，如一家美商公司的中國與亞太業務，也是
數百億人民幣級別的製造事業，當責原本就是他們美國總公司
四大核心價值觀之一，故事主角是這位「項目經理」（即，專
案經理）。他的主管發現，他連續主持了幾個跨部門項目都很
成功，執行項目時總有一套共議完成的團隊章程與成員守則，
ARCI 的角色責任很清楚。他身體力行，說到做到，簡單的行為

與行動總是導向了大大的成功。

再到最小級別的個人級文化上，**你發掘並建立了自己的價值觀、願景、使命了嗎？你常很有信心地說：「問心無愧。」是的確問了心，心也有所本嗎？**所本的是如：

- 自己或組織／企業所奉行的「價值觀」，或
- 自己專業領域裡的「倫理」，或
- 所處社會普遍認同的「道德」，或
- 所處國家的法律──不只是法條，也含法條後面的精神。
- 也問問自己原定的使命與願景？

一般人在說「問心無愧」時，大多數是沒真問的，真問時也沒基準的，所以常是不負責任的空話。所以，**你有了「價值觀」後，又更進一步探索，也記下了自己的人生使命與願景，你就更能自勉勉人了。**佛家箴言的「不忘初心，方得始終」中，華嚴經文裡的「初心」是指最初的理想、目標與準則。是勉人在歷經風吹雨打、千錘百鍊後，仍然「我心依舊」，那麼，終能成就心願，功德圓滿了。

最令人動容的故事當是唐朝玄奘大師的真實故事。他 13 歲時出家學佛法，長年遊學國內各地，參禮名師，深深感受到佛學裡異說紛紜，他實在無從獲得正解，於是亟思正典以求正本清源。最後，他是發願要從長安（今之西安）出發，西行印度求取佛法正經。他一人一騎──沒有傳說中的孫悟空、沙僧、豬八戒等隨行，在未得唐太宗准許下乘民亂出境，歷經無數沿途劫難，終抵印度又修行 13 年。他始終堅守本心與信條，終於

功德圓滿。

　　所以，這裡所說不忘的「初心」裡，是更近一步地全有了願景、使命與價值觀了，玄奘活出了神佛級的人生，讓我們永遠仰望了。

如果，只用一個價值觀描述一個國家…

Dr. Mandeep Rai, *The Values Compass*, Simon & Schuster, 2020

圖解

　　本書開卷時，談的是人生與事業 CSF（關鍵成功要素）的
「責任感」，旋即論述了「當責」（accountability）這個國際上
已是越來越重要的價值觀，然後，又依序論述了發揚當責更成
功時必備的其他三個相輔相成的價值觀：賦權（empowerment）、
賦能（enablement）、與敬業（engagement）。

　　當然，事業與人生要成功是還有其他適宜加用的三、四十

種價值觀可供擇取，它們可概分為終端型（terminal）與工具型（instrumental），或核心型（core）與營運型（operational）。我們談價值觀也從企業／組織的高層級談起，往下談到部門級、團隊級與個人級，往上則可觸及社會級、國家級乃至人類級的價值觀。

價值觀是構成「文化」（culture）的三要素之一，於是，我們加上了願景（vision）與使命（mission）後，談了企業／組織文化、部門次文化、團隊文化與個人文化，也往上談了社會文化與國家文化──國家文化裡最容易被識別的總是數種代表性的價值觀。現在挑戰可大了，有人嘗試著要用單單一個價值觀來描述一個國家的大體文化！

這挑戰可真大，在這 101 個國家裡只各用一個價值觀，能在宗旨、生命與領導力上，教導我們什麼？或者，也讓我們開始初步認識了一個國家，開始延伸我們的世界觀，乃至於未來在事業上有用的國際觀？

目前，我們這個星球上，有近 200 個國家，在「聯合國」這個組織裡則有 193 國，這些國家如果以國民價值觀的角度來看，各國各有何特色？如果，又只能用單一個價值觀來描述這個國家，有何意義嗎？又有何挑戰？

瑞曼迪（Dr. Mandeep Rai）女士在「全球價值觀」這個相關領域裡有個博士學位，她曾經在倫敦政經學院、哈佛、MIT修習哲學、政治學與經濟學，後來在摩根、BBC、路透社、聯合國、歐盟與其他許多國際 NGO 組織裡做事。因此，她足跡曾

遍及 150 多國，與各國領導人、專家、朋友及路上完全的陌生人訪談過。她在 2020 年時出版了如上圖所示的書，出版後廣受政界、學界與企業界許多名人們推崇，她很大膽地用單單一個價值觀來分別「代表」她所認識的這 101 個國家。選擇過程中當然是經歷了許多的會議與爭論，選定後的那一個價值觀也並非就此代表了那國國民的同質性，但，深具參考性。

她認為一個國家不論是多麼多元化與異質化，生活有多麼複雜與多變，都有可能「蒸餾」出一個最普遍的價值觀，在反應著、激勵著、鼓舞著這國家的國民。各國文化是隨著在演化著，她也歡迎該國讀者們的異議。

在真實世界裡，新加坡政府曾經大力推動五個國家級的價值觀，很成功地改造了這個進步小國家。中國，也曾大肆推行過十二個社會主義核心價值觀，可惜失敗了。其他許多大國如美國、法國、德國……也都曾想到要把他們若隱若現、時強時弱的數個國家級核心價值觀再做出整理，並強化運作，也防止因大量外來移民而稀釋弱化，他們仍是在斷續進行中。

一個國家的價值觀是源自廣大來源的，例如，這個國家的歷史、地理、宗教、傳統、人口統計學等的變化與沉澱，代代相傳或已經演化、沿革了幾百年、幾千年了；但，有些特質基本上也沒什麼改變，仍是代表著這個國家所習稱的「精神」。有個全球性調研組織，稱作 WVS（全球價值觀普查）的，他們依價值觀／文化把世界分成了下述幾大塊，如：孔子教義區、基督新教歐洲、天主教歐洲、東正教歐洲、拉丁美洲、西南亞

洲、非洲—伊斯蘭區，以及其他說英語的世界等八個大區。

國家級價值觀與個人級的價值觀也相似，可能是傳統、潛意識中固有的，也可能有向外面、向未來、向夢想中吸收的。

真挑戰。雷曼迪博士因公或因私遍訪了 150 餘國後，以「價值觀專家」（博士級）的眼光與視野，為其中 101 國找出了單一個「國家價值觀」。肯定有其爭議性，但，人們卻也肯定其中的知識性、教育性與頗具說服力的代表性，同時也應可增進個人的世界觀與人生觀了。

在本書裡，我們又更進一步精選介紹了其中 38 個與我國較有關聯的國家為實例一覽如下，請讀者參考：中國（務實主義，pragmatism），丹麥（平等，equality），法國（抗議，protest），蘇格蘭（影響力，influence），新加坡（秩序，order），南韓（衝勁，dynamism），美國（創業家精神，entrepreneurship），阿拉伯聯合大公國（願景，vision），奧地利（傳統，tradition），德國（內省，introspection），義大利（關照，care），瑞士（精密，precision），越南（堅韌，resilience），澳洲（夥伴關係，mateship），巴西（愛，love），馬來西亞（和諧，harmony），荷蘭（率直，directness），北韓（忠誠，loyalty），瑞典（合作，cooperation），泰國（體諒，consideration），土耳其（好客，hospitality），加拿大（開放，openness），日本（尊敬，respect），紐西蘭（環保主義，environmentalism），西藏（奉獻，devotion），阿根廷（熱情，passion），比利時（謙

虛，modesty），捷克（技藝，craftsmanship），英格蘭（堅毅，steadfastness），芬蘭（沉靜，silence），印度（信仰，faith），以色列（放膽無忌，chutzpah，美語讀音如「何足怕」，英語則讀如「酷吃怕」），俄羅斯（不屈不撓，fortitude），不丹（幸福，happiness），西班牙（享樂，enjoyment），菲律賓（家庭，family），挪威（外交手腕，diplomacy），蒙古（自主自治，autonomy）。

這些國家的單一價值觀描述中，在我個人的認識與經驗裡竟有許多的雷同。例如，中國的務實主義是瀰漫在企業世界與日常生活裡——「黑貓白貓，會抓老鼠的，就是好貓」；巴黎街頭上永遠不斷的諸般抗議示威；總是敬天、敬地、敬人、敬萬物的日本世界；蘇格蘭散發出來在宗教、政治、企業界的長期影響力；南韓朋友高麗棒子式的比拼衝撞；美國無所不在更以矽谷為典範的創新、創業精神；越南在抗法、抗美、抗中裡不絕如縷的堅韌歷史；加拿大宛如刻意般自然流露的開放心態與作法；還有以色列在世局應對上的大膽無忌，乃至荷蘭人率直地 Go Dutch！與芬蘭人的沉靜少語等等，諸多一語中的。

我們台灣可愛可敬、也很有特色可惜沒被列入。那麼，各位台灣讀者們，如果要為台灣選一個頗具代表性的價值觀時，那會是什麼？我想到的是「彈性」（flexibility）。往好處看，台灣人的生活與事業都充滿了彈性、靈活性、適應性、柔性、可撓性、伸縮性、隨遇而安，往壞處看也是缺乏原則、缺乏守則、愛耍小奸巧、缺乏在價值觀上的堅持吧。其實，普羅大眾

也太不明白我們的國家價值觀、國家精神或台灣精神是什麼。我們需要找出、定出，然後發揚光大嗎？

另外，我們也認為，「友善」（friendliness）應能代表台灣的那個單一價值觀，台灣人民有純樸善良的本性，善對各色各樣人等，所以來過台灣的，多能感受台灣人民的友善，發自內心地想幫忙，也希望對台灣留下好印象。讀者們，你認為還有什麼價值觀很能、很合適表現出現在與未來台灣人的精神呢？

故事

上述 3、40 個國家價值觀實例中，讀者諸君是否有發現哪個價值觀其實也能真實地與你個人激起共振共鳴的？我們可以借取以用為個人價值觀嗎？

當然可以，而且勢在必行。你想像過在如許紛亂世境中，讓個人價值觀幫助你取得一些「錨定」作用嗎？紛亂世境有如：

- 新聞總是被各方勢力刻意操控。
- 政治團體不明所以、毫無原則，越來越衝撞。
- 舊時代良善信念不斷被侵蝕、詆毀。
- 傳統信仰正萎縮或不斷演化著。
- 新技術與標準正在狂炸也擾亂著我們。

明確的個人價值觀會影響自己的人生觀，再影響到世界觀；

也將影響著國家價值觀，再影響著國家對國家之間的國際觀。
所以，認識並映射自己的個人價值觀已越來越重要，再看看下
述五大理由：

1. 幫助了解自己——自己生而為人充滿激勵的基本信念，
   不僅僅是短暫性的「激因」（motive），是長程有序的「激
   勵」（motivation），更是更深沉的「感召」（inspiration）。

2. 幫助了解他人——衝突常植因於背後價值觀之爭，因此，
   知彼知己後產生的同理心更有助於解決難題，志同「道
   合」（價值觀相同）的團隊更容易成功。

3. 幫助詮釋自己的生活與成長——價值觀如何演化並形塑
   自己；後來，又如何加強運作或演化、或極需向外學習
   以進化。

4. 價值觀中的 terminal values（終點型價值觀）有助於我們
   活出長期渴求的人生——如羅盤的導航與錨定、激勵自
   我實現。

5. 價值觀幫助自己建立行為準則，也幫助建立更好、更穩、
   更一致的人際關係，更重要的是在人生與事業中的許多
   兩難抉擇處，做出主導權。

瑞曼迪博士也認為，是可以參酌並在這些 101 種價值觀中
協助找出個人或團體（家庭或事業）的價值觀的，她提供的方
法是，在 101 個（或本書已簡化的 38 個）中，首先篩減成 15
～ 20 個，再減為 8 ～ 10 個，最後只取 5 個——她說：5 個也不
少了，每隻羅盤也只有 4 個基本方向啊。

其實，我們認為，如果你不想用這 101（或 38）個國家的價值觀作為起始點，那麼也可在網路上輕易地 Google 得到例如企業常用的 250 個、190 個、75 個、70 個、50 個、48 個、30 個、18 個……等的價值觀圖表，列出備用，只是這些國家級的，更具體而實用罷了。而且，國內國外許多企業常有的「核心價值觀」的確常只是 5 個左右，太多了就不能、不是「核心」了。

篩選的步驟也有下列三個可參考：

1. 從 101（或 38）個國家中，或網路上的 70 種價值觀中，察覺出與自己最強力共鳴、共振的，也與自己經驗最有直接相連的。例如，回顧也前瞻你的人生：真正有的、要的快樂時光是什麼，又為什麼？特別失望的時候，為什麼？最感煩亂時，為什麼？還有，人生最後的標的是什麼？有相連的嗎？如此思考過就能刪到只剩 15 ～ 20 個價值觀了，甚至再減至 8 ～ 10 個。

2. 找到三位熟識好友，取得他們的建言。例如，一位摯友、一位家人、一位同事或專業上的工作夥伴。與他們分享這 8 ～ 10 個價值觀，分別問問他們的觀點與實際感受。

3. 如此行，可幫助自己了解別人如何看待自己，以及與自我觀點的距離。分清楚真實的你與只是渴望中的你。誠實善待自己，重估重要性；也想想：如果失去這個價值觀後的嚴重性。最後留下 5 個最基礎、最核心的價值觀——你會勇敢奮鬥以維護的，不管環境如何也不會隨意放棄的。

所以，現在起，這些在心中的核心價值觀，要如口袋裡或手機上的羅盤，隨時準備拿出來、做出來，幫助你錨定前進的準則與方向。加油。

圖譜之 71

有全人類級的價值觀嗎？

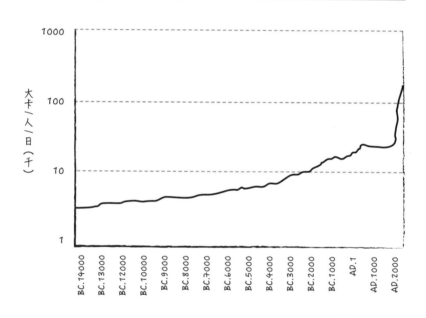

圖解　　故事

　　人類每年平均所能捕獲的「能量」，終是形塑了人類價值觀、文化與文明。

—— 伊安·摩里士，《人類憑什麼》

　　上圖所示，是從西元前 14,000 年到現代的西元 2,000 年間，

人類平均每日每人所能捕獲的能量（energy capture）。這些捕獲的能量的大小，決定了人口的多寡與密度，也決定了哪種社會組織型態是更有效的，又隨後決定了某些價值觀是比其他的價值觀更有效率與效能、更成功、更具有吸引力。

所以，當人類每年捕獲的平均能量增加時，更有效的價值觀便開始調適並運作，文化也開始發展，文明也有了機會開始提升了。

這是伊安・摩里士（Ian Morris）在他的巨著《人類憑什麼》（*Foragers, Farmers, and Fossil Fuels: How Human Values Evolve*）（直譯是，覓食者、農耕者、化石燃料使用者：人類的價值觀是如何演化的）中的基本論述。摩里士是美國史丹佛大學人類與科學學院副院長、古典學院主席，以及社會科學歷史研究所所長，著書甚豐、獲獎無數。在這本 400 多頁的書中，他暢述研究成果，說到**幾乎所有人類都深深共享著下述這些核心價值觀：公平、正義、愛、恨、尊敬、忠誠、危害預防，以及對某些事物的神聖感**；而且，這些核心價值觀都有其生物演化上的調適特性。

當人類從環境中所能捕獲的能量越大時，用於自身活動及其他活動的能量也就越大，在食、衣、住、行、育、樂上會更積極地展開，人口、團隊、組織、城市也越大；社會組織改變後，人類需求也會隨著改變並提升。為了更有效而成功地滿足需求，人類的價值觀也會調適並提升。

他的研究橫跨了過去 2 萬多年。如上圖所示，摩里士把人

類文明發展分成了三個大時期，即：

1. 覓食者（foragers）時期：約 2 萬年前至約 1 萬年前。

2. 農耕者（farmers）時期：約 1 萬年前至工業革命的 18 世
   紀末期。

3. 化石燃料使用者（fossil fuels）時期：19 世紀以至現今。

在這三個時期中，人類展示了三種不同的方式從他們的環
境中捕獲到所需的能量，能量捕獲量的大小，改變了人類的價
值觀。

下表中，摩里士說明了「不平等」與「暴力」這兩個負向
價值觀分別在三個時期內，有了不同程度的容許度。

	覓食者	農耕者	化石燃料使用者
政治不平等	不容許	容許	不容許
財富不平等	不容許	容許	中
性別不平等	中	容許	不容許
暴力	中	中 / 不容許	不容許

人類因為能量捕獲的大小程度不同而調適了價值觀，改變
了文化，也提升了文明，這個立論仍有爭論，但也普獲近代許
多著名物理學家、天文學家們的支持，例如蘇聯時期的天文學
家卡達肖夫（Kardaashev），就把人類文明分成了如下三級：

- 一級文明：能利用自己行星（例如人類的地球）所能捕
  獲的所有能量。

- 二級文明：能利用所圍繞恆星（例如人類的太陽）所捕

獲的所有能量。

- 三級文明：能利用所處星系（例如人類的銀河系）所捕獲的所有能量。

第三級文明可真是膽大到包了天！後來，又有天文學家把這個基礎繼續延伸進入更廣大宇宙，形成了不可思議的七級文明乃至十二級文明，我們已難想像。

卡達肖夫提出「卡達肖夫指數」時，是在 1964 年，正是蘇聯在太空競賽上遙遙領先美國的年代，他還有「定量」描述的，例如，在三種文明裡，人類在應用總能量的功率瓦特（Watt）數是：

- 一級文明：4×10^{16} 瓦特
- 二級文明：4×10^{26} 瓦特
- 三級文明：4×10^{36} 瓦特

1970 年代美國著名的天文學家卡爾·薩根（Carl Sagan）對這些數字做了些修正，並有計算公式如下：

$$K（文明指數） = \frac{\log_{10} P - 6}{10}$$

其中 P 是指人類捕獲使用的總能量功率，也以瓦特計。那麼，如此這般地，他算出來現代的人類文明指數是 0.73。

紐約市立大學理論物理學與天文學教授加來道雄（Michio Kaku）認為，人類可能會在 100 ～ 200 年內達到一級文明，在 1,000 至 2,000 年內達到二級文明，在 10 萬至 100 萬年後達到三

級文明。

人類過去 2 萬年來的文明、文化與價值觀演化仍然是班班可考；但，也爭論頻頻，未來千百年後則難於想像了。近一點的，例如下一個世紀的 22 世紀裡，會不會有「後人類超級生物」出現，他們的思維與價值觀也難以想像。

愛因斯坦（Albert Einstein）曾戲言：「我不知道第三次世界大戰會如何進行，但我知道第四次世界大戰會用哪種武器作戰：石頭。」那麼，人類又掉回覓食者時代也恢復到當時的價值觀了？

人類共有、共享的價值觀也稱為普世價值觀（universal values），也時有爭議。維基百科上說，心理學家史瓦茲（S. H. Schwartz）曾對 44 個不同文化國家做過一系列調研後發現，的確存在著 56 項很具體的普世價值觀，分屬於下述這 10 種不同大類型價值觀如：

安全、享樂、權力、成就、刺激、自主、普世道德、慈善、傳統、社會整合。

史瓦茲說，他還試了「靈性」這個大類型——例如，在生命的意義上，可惜他沒發現到普世性，有普世性的，應與榮格所論述人類共有的集體潛意識有關吧。

我們在人類價值觀、文化與文明的演化路上，回頭整理了 2 萬年，也往未來看了百年、千年、億萬年後的大宇宙；再回頭往人體內看，也發現了有個也很複雜無比的小宇宙，大小宇宙

還像是相通的。

　　上個世紀在交流電、電磁學、無線通信上成就非凡的天才發明家尼古拉·特斯拉（Nikola Tesla）說：「宇宙中的任何一小部分，都包含著整個宇宙的所有信息。」這個一小部分是包括你與我，甚至於是我們的細胞，都包含著整個宇宙的所有信息。所以，人不可妄自尊大——侈言人定勝天，也不宜妄自菲薄——雖然在浩瀚宇宙裡，我們整個太陽系都已渺小到不如一粒灰塵、一顆微粒。

　　人類肯定是有共享的普世價值觀了，我們於是也有了機會建立相通的文化與進步的文明。如果，「宇宙中的任何一小部分，都包含著整個宇宙的所有信息。」那麼，你的宇宙觀呢？這是個意識的宇宙？還是個物質的宇宙？

第 7 篇

前進文明

Energize Them!

圖譜之 72

從當責文化到當責文明

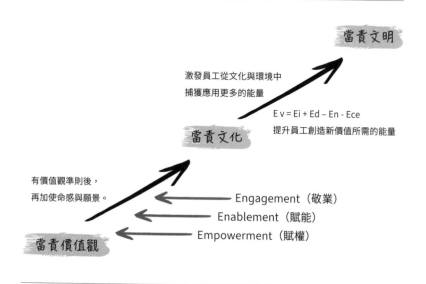

當責文明

激發員工從文化與環境中
捕獲應用更多的能量

$Ev = Ei + Ed - En - Ece$
提升員工創造新價值所需的能量

當責文化

有價值觀準則後，
再加使命感與願景。

Engagement（敬業）

Enablement（賦能）

Empowerment（賦權）

當責價值觀

圖解

　　如果，能量捕獲是人類學家與社會學家在評量古時與今時文明的重要標準；如果，能量捕獲也是物理學家與天文學家在評量未來宇宙文明的重要標準。那麼，在今日世界裡，能夠幫助企業捕獲更多能量的「當責文化」是不是也在往「當責文明」的路上推進著——這個能量計算式即是：$Ev = Ei + Ed - En - Ece$，如前圖文所詳述。

　　文化（culture）與文明（civilization）中文相差一個字，相差在哪裡？談文化，我們是從企業／組織文化談起的，文化的最重要元素是價值觀，價值觀形成後會影響人們的信念、哲學、原則、心態、態度、行為，乃至其後的行動、績效與成果，所以企業界領導人很重視。價值觀所形成的工作意義如果再加上工作的中長程目標（如策略與願景），又加上為何工作的目的（如宗旨與使命），就會形成很完整的企業／組織文化了。

　　文化還表現在行為守則、決策方式、儀式、工具、圖騰、語言……上，企業人簡言之是：我們這裡都是這樣做事的。

　　文化也以傳統風俗習慣、倫理道德、價值理念為其基礎，表現在國家社會人民的食衣住行育樂等生活方式上，綜合起來民眾也會說：我們這裡的人都是這樣生活與做事的。至於背後的意義、目的、目標就不怎麼在意，也很少人去深究了。

　　文明，以我們在前圖中的大角度、大幅度來看，有如人類2 萬年來的三大人類文明，或更遠大到宇宙等級的一至三級，乃至於七級或十二級未來宇宙文明——現在則是不到一級的 0.73 級文明。所以，文明是有客觀的、計量的標準的，一級一級地躍升。算計的標準是人類在環境裡所能捕獲的總能量，這些能量運用後會影響人口繁盛、生活型態、生活品質、組織秩序……等人類進步的要素。能量的捕獲、運用，以及效率與效能，人類也用「生產力」在計算著，所以文明的程度與提升，也與科技創新有了密切關係，也有了我們常聽到近來的西方科技文明。所以，極端一些的人們，也極端地認為人類文明史其實只有工

業革命值得研究。

當然，文明不應只在談科技與創新，文明的原意是與「野蠻」相對立的——文明是不野蠻、不暴力，是有教養、有秩序、講道理、講和諧的，要努力學習、是要進步的。所以，文明宛如有兩翼，一是能量捕獲與生產力提升的物質文明，一是不野蠻、有教養的精神文明，二者並重相輔相成。其實，文化與文明二者雖相異卻也是相輔相成，例如：

- 文化是中性的，或有強勢、弱勢，但並無高下之分，在國際化時代要維護自己文化也要尊重他國文化；文明是有褒意的，有高下之分，是客觀地綜合呈現了進步的物質生活與更有教養的精神生活。

- 文化常具體表現在：風俗、道德、哲學、宗教、藝術、音樂、舞蹈、文學等上面，有內容精緻化的提升；文明則常表現在法制、紀律、科技、工業、行政上的基本結構、社會上的追求真善美努力與成就等，是總體層面的發展與達成。

- 文化是人們思考、行為與行動的方式；文明是一種流程、進程與成果，是要把人類的發展與組織提升到一個更高的層次的。

- 文化是個終站（an end），沒有好壞的測量標準，如：我們就是這樣做事的，談的是差異；文明是方法與手段（a means），有其高低優劣的世界標準——如：你們這樣工作太不文明了，可以改進嗎？

- 沒有文明時，文化仍是可以存在與成長的；但是，沒有
  文化時，文明無法存在與成長。

聯電創辦人曹興誠董事長也有個很簡單明白的分析，他說：

- 有人類群居就會有文化，文化只反映事實，有文化未必
  有文明；文明需要求真（科學）、求善（宗教）、求美（藝
  術），三方努力有所成就才能顯現出來。

- 文化是主觀的，有喜歡、不喜歡與適應、不適應的問題；
  文明是客觀的，會評價出高低、優劣的。

- 「沒有文化」是說不通的，人有活動就有文化；「沒有
  文明」是說得通的，有文化不一定有文明。

- 有文化衝突——如不吃豬肉、不吃牛肉；沒有文明衝突
  ——文明是衡量人性提升與知識進步的指標，整體在衡
  量不斷求進步。

曹董對文明還有一段精闢說明，他說「文明」是人類要：

- **掙脫：匱乏、無能、自私、殘忍、醜陋、剝削他人、缺
  乏自由等狀態。**

- **走向：富足、智慧、創造、自由、平等、慈悲、重視藝
  術美感的過程與成果。**

一口氣讀完這兩段，但覺鏗鏘有力、意涵十足。

所以，文明是一種流程、進程與成果，是要把文化、工業、
技術、組織、社會、政府提升到一個更高的水準上。提升時總
是需要能量的——發揮自己更大的能量，或在環境裡捕獲更大
能量，在捕獲與應用實還要有效率、效能的生產力。

　　所以，人類學家、社會學家、心理學家、物理學家、天文學家與企業家們，一致地把人類所能捕獲或消費的總能量與生產力定出了人類文明的各種等級——例如可能在 22 世紀後才能開展的人類文明第二等級。只是，文明的另一些衡量標準如「不野蠻」不知是否也計算進去？否則，那時人類的文化與價值觀大變後，人類又遭逢了另一個大滅絕，就不只是一個文明的毀滅了。

　　回到我們「當責」的價值觀、文化與文明上。

　　「當責」是一個在國際上越來越受重視的提升生產力、執行力、領導力的價值觀，這個價值觀的理念與工具在化為可見的行為——行為準則、行為模式、甚至每日例常，日日行之，加上有關的語言、口號、儀式、標竿人物、符號、標章、標誌……等，在個人、團隊、部門、企業 / 組織，乃至國家社會等級上是會形成「當責文化」的——我們這裡的人都是這樣「當責」地在做事的。

　　如果要由「當責文化」提升到「當責文明」，我們還需要更多一些相輔相成的價值觀，如：

- 賦權（empowerment）
- 賦能（enablement）
- 敬業（engagement）

合併經營後，我們更可以讓員工及其後的企業 / 組織，能以更高的生產力捕獲與運作更大的能量而創造出員工與社會福祉。

　　例如，在下列能量公式裡，當責、賦權、賦能、敬業（亦即，A + 3E）即是在幫助員工增加更多的 Ed 與 Ei，並且減低 Ece，讓員工們有更多的能量去創造有附加價值或新價值的工作 Ev；這個創造過程還會是以更有生產力的方式來進行。

　　這個能量公式也是我們在圖譜之 67 中說明的，再述如下：

Ev = Ei + Ed - En - Ece

　　在當責世界裡，在創新文化上，用科技創新與更高生產力來捕獲與運作可用的更多能量，在附加價值或新價值的工作上，就是一種文明的流程、進步與成就了，我們稱它是「當責文明」，它也會是人類文明進程裡的一支經典工具吧。

故事

　　用一般話來說，「文明」有兩翼，都代表著進步，其中一翼是：不「野蠻」；就是不要用野蠻的方式來互相對待，多些尊重、同理心、愛心。其實，在文明社會裡，連對待動物如貓狗的也已不野蠻，也是多了同理心與愛心了——不只是對動物，很多人對植物如花與樹，甚至礦物如水與沙等也有愛心的，他們說萬物皆有情，還萬物相通——回推到宇宙大爆炸與初成時，萬物可真是都由相同元素合成的。

　　想起以前在《讀者文摘》上讀過的一則小故事，他們在一份調查報告中說，東方人比較不禮貌，因為他們在星馬發現，

434 • 第 7 篇：前進文明

大部分人在開門而出後，不願為後面的人隨手擋一下門，這樣是不禮貌、不體貼、不夠尊重後面的別人。在西方這可是天經地義的自然動作，後面的也順勢地幫再後面的人擋了一下。

記得當時東方人可是群起抗議，稱是：我們本來就是這樣開門出門的。是真如此；不過，我也體驗過，當前面的人順手幫忙擋一下門時，我是有感受到友善、被尊重，會謝謝他／她，也覺得這世界好像更美好些，更「文明」些。

也可能會產生另一個「文化」的笑話，我在台灣與中國都遇過這樣的情形：我是要幫隨後的人很西式、很禮貌地擋一下門，但後面的人不接手，於是，一串人就跟著魚貫而出，我成了開門與把門人。哈哈一笑是「文化」不同外，也不忍稱是「不文明」了──文化也有改進的空間嗎？我們企業人可是很在乎文化的，文明是會更有力量的。

或許，開門擋門太西方，你仍是不以為然，不想改變或改進？下面是另一個小故事。

我有次去廣西看我的經銷商時，他們請我到一家超有名氣的著名土雞店吃火鍋，我舀了第一碗後就不再吃了，因為忘了叫大家要用公筷母匙。其實，很多人也還是難改，他們說縱使有他人口水也已高溫殺菌過了，「我們已這樣活了幾千年」──古老文化也有改進的空間嗎？我們企業人可是很在乎進步的，文明會更有力量的。

你的企業／組織文化已行之多年，也有改變或改進空間嗎？以前多是自利型價值觀的，可以再加一些共利，甚至利他型價

值觀嗎？以前多在為股票持有人奮鬥的，可以再加入一些重要利害關係人的利益嗎？我們現代企業人可是很在乎的，文明會更有力量的。

在個人價值觀上，能夠循著馬斯洛的新需求八階層，或巴瑞特的七階層意識／價值觀，一層一層或連跳幾層往上提升嗎？然後，**讓轉型層上的價值觀如當責、賦權、與其他新價值觀引領新文化、進入新文明，這也將是企業文明經營上的一個大躍進吧。**

結語

從「價值觀」開始的，我們談願景、使命，談文化、談能量、談文明，循序以進，要創造更高的能量與進步

　　我出生、也成長在竹南（新竹之南）很鄉下的山上，小學到初中總在幫忙農事與放牛，上學時其實蠻害怕暑假的，因為農事特多──我們家種有山田的花生、番薯、樹薯、西瓜、南瓜、甘蔗……，還加有水田的水稻。念新竹高中時，我每天大清早要走過許多蜿蜒山路沙路小河、其他村莊、一大片森林和公墓，約 1 小時後才能到火車站，搭火車約 20 分到新竹站，又要走另外 20 分才能到新竹中學上課。下課後走原路回家，常是上下學兩頭黑。天天如此行走過 3 年，現在想來很覺得不可思議。

　　考上大學可是一件轟動鄉里的大事，方圓數里內沒人上過大學吧？尤其還是當時極為少數的「國立」大學──學費低些

是很重要的。4年後，我居然也如期畢業了，老農老爸很開心，放鞭炮、宴客慶祝時，記得我曾小心翼翼穿過老爸那桌，意外聽到他酒話連篇時提到我：這孩子這樣靦腆、內向、害羞，念完大學後，怎麼「出社會」啊？我當下心裡一驚，是啊！講得沒錯。我自己更是擔憂——還是不懂世事，連一句話也講不清楚。好險，我是學化學工程的，當時很容易找工作，也真的很快找到了很喜歡的中油煉油廠工作，也順勢立志要當個好工程師、大工程師、總工程師，盡量少管那些人事百事的煩事吧。

如果，那時有個神算鐵口直斷地對我說，20、30年後，我需要與洋人打交道，管理工廠、亞太區供應鏈，做國內外區域銷售——每個月有業績要求，為了應收帳款還要陪同財務去討回。後來，得自己開個顧問公司，對大小客戶老闆們開班授課如何做好策略、銷售與管理。我一定會對那個算命的說：那種事業不是我想要的，我也絕對不要過活那種人生！

如今，我是如此這般地走過來了，也深深愛上這些工作。有時，還覺得自己蠻有講台魅力的——記得有次在中科一家美商公司，講「當責式品質管理」時，一位老美主管在課後評論，讚賞有加，還說我讓他想起了以前他住在美國中西部時的牧師証道——誠懇又有活力與說服力，又說我還像個rocker（搖滾樂手）——怕我誤會，還加以說明是讚美之詞……許許多多類似場景，我後來說給中學大學同學會眾人聽，沒人相信。

想過嗎？一個到大學畢業就業時仍是個十足靦腆、內向、害羞的人，如何走向3,000多人的講台，有時像個rocker般表演，

有時又像牧師般布道——布當責之道。怎麼辦到的？你可能想，
需要拿把槍，在背後頂著他上台？也聽說美國人最害怕的十件
事中第一名正是上台公開演講，死亡才只算是第四名；所以，
他或許會說，你就開槍吧。

　　回首審視人生，我發現是「價值觀」的改變與確立，改變
了我的事業與人生。還記得圖譜之 60 中的「行為改變三角學」
嗎？又如下圖所述：

績效與成果

行為 Behavior

Attitude

率性而為：

Mindset

放膽無忌而為, or

Principle

Philosophy

鎖心自顧自憐

Beliefs

價值觀 Values

個性 Personality

右下角的 personality 是個性，是很難改變的，我的個性就是靦腆、內向、害羞，是農夫基因加上封閉的成長環境有以致之吧。後來，經過工作環境裡的不斷「修理」、修煉與自我審查、修正，逐漸確立了包含過去與未來的幾項重要人生價值觀（values）——更顯著的是，來自美商工作環境中不斷成敗磨練出來的，例如：

- **當責**；就是要交出成果，沒有成果怎麼還能害羞。「臉皮這麼薄，怎麼當主管啊！」所以，你敢去跟最難搞的客戶要到訂單、收回帳款……日久也成了習慣。

- **誠信**；感謝公司政策，讓我在為人處事上越來越有「誠信」——一條不斷改進的路，雖然有名人說：你不可能讓一個不夠誠信的人變得更有誠信。台人常被批是貪小便宜、愛耍小「奸巧」，也請大家一併改改；心意誠正，是天不怕地不怕的。

- **專業**；是不斷地學習與改進，把一招學到絕、做到絕，就能成為絕招。例如，我們當初就決定以當責一招走天下，反對台人的斜槓百出；以新教式的天職自勵自勉自強：一項天職勝過十個斜槓（也請注意：工餘興趣可是不同於斜槓副業的）。

- **熱情**；有了上述三項價值觀後，加上對人對事的熱愛，就會自然流出熱情了，所以客戶們常說，他們聽課是從第一分鐘 high（嗨）到第二天最後一分鐘，還問哪來的精力？有學員下課更好奇跑來查看保溫杯裡裝的是什麼

祕方……當然是溫開水。中國人稱熱情是「激情」，差堪比擬了。

- **幽默**；希望能幽默以對世人世事，心中藏有太多笑話，也就不覺自然流出，偶爾也會壞了事，總也一笑置之。笑自己，太重要了。所以，一個硬梆梆的「責任感」主題，卻讓聽眾們笑聲不斷，幽默感幫助人們歡喜對待困難人生。

所以，這些日日思之行之的價值觀也形成了個人文化或個人風格，更重要的是它們讓一個靦腆、內向、害羞的純鄉下人，有為有守、脫胎換骨般地走向國際舞台，也活得更愉快，更望有助於世道人心。其實，下了講台或舞台後，私下裡還是自覺難脫靦腆、內向、害羞——或許，這段「個性」仍是屬於個人潛意識或基因中難以改變的部分吧。

這本書，仍算是有關價值觀的進階闡述——在國內外，還沒有人把當責、賦權、賦能、敬業這四種重要價值觀的來龍去脈與前因後果，如此美妙如光譜般地串起來，繼續往前行，還要在文化與文明的層級上發光、發亮。我曾在約 4 年前出版了《價值觀領導力》一書，想在超冷門的台灣價值觀理念市場打一場該打的仗；今天想想，戰果也不凡。舉二實例以分享：

其一：世界著名，在台灣分公司也屢創佳績的一家美國有關領導力養成的培訓公司，曾把這本書列為他們的「管理經典」之一，公司裡一百多位講師，人手一冊地參考閱讀。聞之令人心振奮，價值觀鎖定並激勵台灣人，應是又多了些希望吧。

其二：去年，台南新樓醫院劉院長偶然間讀到這本書，很有感動，於是順藤摸瓜地又讀了《當責》。然後，就直接找我到醫院做簡報，後來不得了，我們在新樓醫院裡開辦「當責式管理」先後開了十幾天、二十幾場，參加人員含醫師、護理師、管理師、一般人員，到合作的供應商，最後加上了董事會，總共約有 1,800 人先後參與。現在，新樓醫院正熱誠推動當責文化與敬業文化了。劉院長結合了基督教會與台灣第一家西醫院的工作，鋪平了清晰明確的「MedEvangelism」（醫學傳道主義）大道，也讓我們當責價值觀在台灣醫療業的應用更加發揚有望了。

我們在這本書的自序與 72 張圖譜中不斷地提到**當責、賦權、賦能、敬業是相輔相成、相得益彰的四個國際級重大「價值觀」**，它們再加上其他也適宜的各自價值觀以及願景與使命後，就自然包含了組織或企業的目的、意義、目標與宗旨等的成功要項而形成「文化」了——我們也**從個人文化，談到團隊文化、部門文化、企業文化、組織文化，乃至社會文化、國家文化與人類整體文化的變遷與應用**。在圖譜之 72 中，我們還進一步說明文化（culture）與文明（civilization）的異同，文明是褒意的，是正面成就與各方進化進步的總和，是在生產力與能量捕獲量及「不野蠻」上有了進步、是有客觀量度標準的。我們論述到**當責文化執行成功後，是有助於組織或企業更能捕獲也釋出更大的員工能量與生產力的；因此，當責文化終是會提升到「當責文明」的。**

當責文化或當責文明捕獲、釋出的更多能量又有何用途？

號稱是「世紀經理人」（the manager of the century）的傑克・韋爾契經營 GE 公司 20 餘年，創造了 GE 傳奇。當時，他培育各階層領導人，用的是這招「4E + 1P」，這些也算是五種營運價值觀（operational values）吧，確是當時各階層領導人所必備的：

1. Energy：要有很高的個人正向能量，總是 go、go、go 地在行動中茁壯、成長、繁盛。

2. Energize others：總是在激能、激勵他人，常自問：同仁們在與自己互動後會很沮喪嗎？

3. Edge：知道何時停止評估並做出艱難的是 / 否式的決定嗎？不是模稜兩可，也不怕被不喜歡。

4. Execution：做完決定後帶領員工前進，通過重重阻力、混亂、意外等阻礙，交出最後成果。

5. Passion：喜愛不斷學習與成長，熱心於工作目標，也能感染周遭的人。

簡言之，領導人需要能量——激發出自己的能量，也激發出別人的能量，我們常見到的優秀領導人總是好像有用不完的能量似的，進入人群後也總會帶出周遭許多能量，他走過的路線宛如一條能量線。

當責文化也以 1A + 3E 為基礎要幫助你激起、釋出更多能量與生產力，巴瑞特的公司還有公式要計算的，記得嗎？是：

$Ev = Ei + Ed - En - Ece$

最後總結是，「當責學」（accountability-ism）綜合學習了下述這些管理要項：

- A： Accountability （當責，要分層當責）
- 3Es： Empowerment （賦權，要充分賦權）

　　 Enablement （賦能，要有效賦能）

　　 Engagement （敬業，要全心敬業）

- V： Values （再加上組織中其他適要之價值觀並融合願景與使命）
- 2Cs： Culture （要發展為企業／組織文化；沒有文化，就不會有文明）

　　 Civilization （文明是人類各方方面面進步的總和）

——初稿成於 2023 年 3 月中旬，阿里山花季賞花途中

附記

　　三月的台灣，四處美不勝收，不單是阿里山，全台處處盡可賞花。在這次的阿里山之旅中，一大清早甚至整個早上就是在寫稿，其他時間才是賞花——各種美花，如：錫葉藤（紫）、麝香木（白）、九重葛（紅）、櫻花（白、粉）、紫藤（紫）、風鈴木（黃）……，還賞山、賞巨木、賞雲、賞藍天，也賞人；美不勝收外，也有了不美事——看見有人為了照相而折花、攀花也聒噪無比。這是人心自古皆然嗎？或是今人仍受古人影響？憶取了賞牡丹盛世的唐朝裡，一首失名詩人的名作：

> 勸君莫惜金縷衣，勸君惜取少年時；
> 有花堪折直須折，莫待無花空折枝。

　　前兩句是勸人不要太早追求功名利祿、榮華富貴，是要珍惜少年時光——年少正是求學求知、築夢逐夢的大好時光；下兩句心境一轉折卻做出了「壞榜樣」，有野蠻也有悔恨，又彷彿在勸人享樂要及時，還不需顧及他人。曾經最欣賞這首詩的有名男主人（唐代一位節度使）與女主人（一位歌姬）下場也是蠻悲慘的。

　　所以，我又想改歌詞了——下兩句應該改成：

> 有夢堪追直須追，莫待無夢空追悔。

　　年少是築夢、逐夢並規劃圓夢的大好時光，一定要珍惜的。

而且，這個夢比較不是在夜晚床上做的雜亂無序、也毫無邏輯的亂夢，甚或是連連惡夢；這個夢是在白天裡，在山上、海邊、花下，是深思邈想的「白日夢」（daydream）。

白日夢裡是有邏輯、有深意、可望實現的，抓住它！你需要的是繼續往下思考、規劃，把它化成願景（vision），或如柯林斯式的 BHAG。然後，再加些佐料如：為什麼（why）？怎麼樣（how）的使命感與價值觀，然後，再往下走出一條條短中長期的策略。於是乎，本書內容就是要接手幫助你逐夢、圓夢了。

所以，我們也要勸勸來人們：莫惜金縷衣或小確幸了，該惜的是各種大夢與大夢轉成功的大願景；然後，追逐有道，道在此書中。終是：

勸君莫惜金縷衣，勸君惜取少年時；
有夢堪追直須追，莫待無夢空追悔。

祝福各位讀者們事業與人生因「當責學」而更成功。

附錄

「當責學」名家名句集錦

1. 當你知道你的價值觀是什麼後，做決策就不會那麼難了。
   ——洛伊‧迪士尼（Roy E. Disney）

2. 價值聚焦在外面，價值觀則來自內在；價值注重他人因我們的努力而收穫的，而價值觀注重的是：我們是誰。
   ——戴夫‧由利奇（David Ulrich），
   RBL 集團創立人，美國密西根大學著名教授，著作等身。

3. 當你越是聚焦在產品或服務的「價值」上，「價格」就變得越不重要了。
   ——博恩‧崔西（Brian Tracy），著名行銷顧問

4. 領導人應讓價值觀清晰可見。
   ——馬歇爾‧葛史密斯（Marshall Goldsmith），全球著名 CEO 教練

5. 只追求「價值」而不在乎「價值觀」的人，對我而言像是希臘神話中，人身牛頭的怪物——麥那托（Minotaur）。
   ——道格拉斯‧史密斯（Douglas Smith），社會觀察家 / 麥肯錫顧問

6. 可以用來創造「價值」的各種組織策略，要依靠的是：被組織的「價值觀」所賦權的員工們。
   ——道格拉斯‧史密斯，社會觀察家 / 麥肯錫前顧問

7. 一個只會賺錢的事業，是一個可憐的事業。
   ——亨利‧福特（Henry Ford），福特汽車創辦人

8. 一個人如果重視他的特權超過他的原則，那麼，他很快就會同時喪失特權與原則。
——德懷特‧艾森豪（Dwight Eisenhower），美國前總統

9. 倫理是知道下述兩事之間的差別：你「有權利」去做的事，與你要做的「對的事」。
——波特‧斯圖爾特（Potter Stewart），前美國最高法院大法官

10. 做對的事極為重要，符合法律的字面意義是不夠的；我們應熟記於心的是法律的精神與意涵。
——大衛‧謝德拉茲（David Shedlarz），輝瑞大藥廠財務長

11. 人們如果只提倡「價值」而不提倡「價值觀」，勢將掏空並病化個人與團體的靈魂。
——道格‧史密斯，社會觀察家／麥肯錫前顧問

12. 沒有價值觀的教育，依舊有用處；但，似乎是讓人們成為更聰明的魔鬼。
—— C.S. 路易斯（C.S. Lewis），牛津與劍橋大學教授／作家

13. 好的價值觀好像磁鐵一般，會吸引住好的人才。
——約翰‧伍登（John Wooden），洛杉磯加大（UCLA）籃球總教練

14. 我寧願成為一家價值觀驅動式的公司，全力以赴，交出成果；不願成為一家成果驅動式的公司，雖也具有價值觀。
——芭比‧亞伯特（Bobby Albert），知名企管教練

15. 在激勵員工上，只有極為少數的領導人選擇用啟迪法（inspire），而不用操控術（manipulate）。
——賽門‧西奈克（Simon Sinek），美國著名作家與激勵大師

16. 如果你只有鐵鎚，每件事看起來都像釘子。
——亞伯拉罕‧馬斯洛（Abraham Maslow）

17. 在我們所有的研究個案裡，我們發現，偉大的領導人們都在乎價

值觀，在乎目的（purpose），在乎有用性（being useful）。他們
的驅策力與標竿最終都是來自內在──在內在深處的某處升起的。
　　　　　　　　　　──吉姆·柯林斯（Jim Collins），《十倍勝，絕不靠運氣》

18. 企業的中心議題，從來就不是在策略、結構或系統；問題的核心
　　總是在關於人們行為的改變。
　　　　　　　　　　──約翰·柯特（John Kotter），領導學專家、哈佛前教授

19. 你官位越爬越高，越來越大的問題會是在行為上。
　　　　　　　　　　──馬歇爾·葛史密斯，全球著名 CEO 教練

20. 公司真正的價值觀──不同於好聽的假價值觀，它們是會彰顯出
　　哪位員工可以得獎、可以得到拔擢，或被請走路。
　　　　　　　　　　──《Netflix 文化手冊》

21. 新進人員不論有多麼聰明與多有經驗，如果個人的價值觀無法與
　　公司的文化連線一致，那麼總體生產力必將下降。
　　　　　　　　　　──《華爾街日報》報導

22. 鼓勵我們戮力活出超越平凡的一生，讓我們選擇艱苦的正路，不
　　是平易的歧途；而且，絕不在可以贏取全部真理時，卻滿足於一半。
　　　　　　　　　　──摘自〈西點軍校生祈禱文〉（Cadet Prayer）

23. 文化可以驅策出績效，是因為可以解放出人們的潛能。
　　　　　　　　　　──理查·巴瑞特（Richard Barrett）英國作家 / 領導力教練

24. 我們要做（登月）這件事，不是因為它容易做，而是因為它很難做。
　　　　　　　　　　──約翰·甘迺迪（John F. Kennedy），美國前總統

25. 如果你能理解與覺悟，那麼經營事業總是有一套邏輯方式的──
　　依據產業的環境與事實。
　　　　　　　　　　──艾佛瑞·史隆（Alfred Sloan），通用汽車董事長 / 執行長約 30 年

26. 強力支撐著永續發展（sustainable growth）的核心價值觀，如互信
　　互倚（interdependence）、同理心、公平、個人責任感與跨世代正

義等，已成為唯一的基礎平台，也足以建立一些確切可行、更美好世界的願景。

——波里特（Jonathon Porritt），美國著名環境學家

27. 事情常常自發性地轉成更壞——如果不是被有計畫地轉成更好。

——法蘭西斯·培根（Francis Bacon），著名哲學家

28. 我總是深信著，規劃時要做很大；但，我也總是在事後發現我們的計畫不夠大。

——艾佛瑞·史隆，《我在通用汽車的歲月》

29. 領導力是一個流程，是把你的願景與價值觀保持在你的前方，然後把你的人生與它們連線一致。

——史蒂芬·柯維（Stephen Covey），成功學大師

30. 沒有其他事可以如此令人信服地證實：一個人領導別人的能力，一如他日復一日地領導他自己時的作為。

——湯馬斯·華生（Thomas J. Watson），IBM 創辦人與執行長

31. 如果你在追求領導力，那麼你至少要投資 50% 你的時間在領導你自己上。

——迪·哈克（Dee Hock），Visa 創辦人與前執行長

32. 任何事改變了你的價值觀，將改變你的行為。

——喬治·席翰（George Sheehan），美國醫生與跑步專家

33. 你的價值觀是你領導力的靈魂；它們將形塑你的行為，並且影響你的領導方式。

——約翰·麥斯威爾（John Maxwell），美國領導學大師

34. 勇氣是嚇得要死，但還是安上馬鞍，出發上戰場。

——約翰·韋恩（John Wayne），美國老牌牛仔英雄電影演員

35. 勇氣讓人敢站起來說話，也讓人能坐下來傾聽。

——邱吉爾（Winston Churchill）

36. 當應該抗議時，沉默也是一種罪，它讓人變成懦夫。

　　　　　　　　　　　　　　　　──林肯（Abraham Lincoln）

37. 員工敬業是第一要務；無庸置疑地，無論大小公司，如果不能激能他們那些已信任公司使命、也知道如何達成使命的員工們，都將無法贏得長期的勝利。

　　　　　──傑克·韋爾契（Jack Welch）與蘇西·韋爾契（Suzy Welch）

38. 在今日管理中，員工敬業是個單一最嚴肅的議題。如果，你無法在價格上競爭，你必須在創意與品質上競爭；如果沒有了敬業員工，兩者皆不可能。

　　　　　　　　　　　──大衛·衛斯特（David West），英國大學教授

39. 敬業是一套正向的態度與行為，它驅動高績效工作，這些工作是與組織的使命調和一致的。

　　　　　　　　　　　　──約翰·史東尼（John Stoney），美國教授

40. 如果，你要了解你組織的總體績效，那麼下面三種計量幾乎就可以告訴你所有要了解的事了：員工敬業度、客戶滿意度與現金流量。

　　　　　　　　　　　　　──傑克·韋爾契，《Business Week》

41. 員工敬業的單一最重要驅動因子是：文化。

　　　　　　　　　　　　　　　──大衛·衛斯特，英國大學教授

42. 如果，我可以讓我公司的員工也希望這家公司成功，像我一樣迫切；那麼，我們就沒有什麼問題無法一起解決了。

　　　　　　　──詹姆斯·林肯（James Lincoln），林肯電器創立人

43. 我看到的是，領導力不是從權力開始的，而是從一個令人嘆詠的願景或追求卓越的目標開始的。

　　　　　　　──佛列德·史密斯（Fred Smith），聯邦快遞前 CEO

44. 人們在認同願景之前，必先認同領導人。

　　　　　　　　　　　　　　　──約翰·麥斯威爾，美國領導學大師

45. 整體而言，領導力的提升一如減肥。我們都知道，如果我們做出了正確的事，它就會發生，但，這需要承諾、犧牲與專注；因此，人類的本能反應總是在問：有沒有一種藥丸，我可以用吃的？
——羅賓·斯圖亞特—科策（Robin Stuart- Kotze）

46. 卓越經理們的關鍵性貢獻是，他們提升了他們底下部屬們的敬業度。
——保羅·米契曼（Paul Michelman），《哈佛管理新報》

47. 談到員工敬業時，請記得，我們不是在談一些平常事例如：上班開會要準時，或工作服裝要整齊，我們談的總是員工心與腦之所繫，例如：員工對他們的組織成功所做出在情感上與理智上的承諾。敬業的員工會在他們工作上表現出強烈的目的感、目標感與意義感，他們想奉獻出他們多一份的心力，多走一哩路，邁向組織的目標。
——羅賓·斯圖亞特—科策

48. 敬業如要長存，雇主與雇員之間必須相互有承諾。雇主要幫助雇員發展他們未開發的潛能，雇員要幫助雇主達成並超越事業目標。
——鮑伯·凱立赫（Bob Kelleher）

49. 不要做小計畫，因為那些小計畫沒有力量去攪動人們的血液。
——馬基維利（Niccole Machiavelli），1514 年

50. 大部分我們所稱的「管理」，是由許多讓人們很難以把事情做成功的成分所構成的。
——彼得·杜拉克（Peter Drucker）

51. 老闆們都喜歡授權一半（half-delegate）。但，那是不會成功的。
——湯姆·彼得斯（Tom Peters）

52. 授權主要的目的是為了授責，授責應該比授權重要很多；被授權的人要是沒想到有授責，那就根本不應該被授權。
——張忠謀，台積電創辦人

53. 如果，你認為你已經到達了那境地，那麼你是還沒邁開腳步；如果，你認為你仍有有一段漫漫長路要走，那麼你便已經上路了。

　　　　　　　　　　　　　　　　　　　　——傑克・韋爾契

54. 高階經理人要自殺成功最確定可靠的方法是：拒絕學習如何與何時去授權給何人。

　　　——詹姆士・潘尼（James Penney），J. C. Penny 百貨連鎖公司創辦人

55. 授權的白金守則是：絕不授權給任何人任何一件事——如果這件事是連你自己都不願意去做的——包括煮咖啡。

　　　　　　　　　　　　　　　　——馬克・塔爾（Mark Tower）

56. 讓我們的工作人員自由化與賦權化的主意，並不是一種啟蒙運動，而是有其競爭力上的必要性的。

　　　　　　　　　　　　　　　　　　　　——傑克・韋爾契

57. 因為權力是一種能量，它必須在組織內流動；如果，把組織改造為參與式管理或自主式團隊，讓權力能在組織中共享，定會產生積極向上的創新力量。

　　　——瑪格麗特・惠特利（Margaret Wheatley），《領導力與新科學》

58. 權力可以取得，但無法給予，這個「取得」的流程就是賦權本身。

　　　——葛羅利亞・史坦能（Gloria Steinem），女性主義先鋒

59. 賦權是讓人們去做出決定、去做成他們認為對的事，交出成果。對這些成果，他們是負有當責的。

　　　　　　——丹尼斯・傑夫（Dennis Jaffe），《重燃承諾》

60. 賦權讓人們深切投入也興趣盎然。

　　　——卡莉・菲奧莉娜（Carly Fiorina），惠普前 CEO

61. 參與式管理是通向更大賦權的工具。

　　　——羅莎・坎特（Rosabeth Kanter），哈佛名教授

62. 最好的經理人都具有足夠能力，可以選出優秀人才去做應做的事；

也具有足夠的自制力，防止自己干擾了這些優秀人才正進行的事。
　　　　　　　——老羅斯福（Theodore Roosevelt），前美國總統

63. 好的領導人不是在豐盛（enriching）自己，而是在賦權別人。
　　　　　　　——約翰・麥斯威爾，美國領導學大師

64. 當管理階層不斷地插手干預專案時，通常的假設是，管理階層想做關鍵性決策。於是，專案領導人通常就傾向於等待被告知要做什麼，而這正是災難事件的真正原因。
　　　　　　　——赫伯德（Bob Herbold），微軟前營運長

65. 如果，你刻意地規劃你的目標比你所能達成的更低，那麼我要警告你，你在你的餘生裡都會不快樂的。
　　　　　　　——亞伯拉罕・馬斯洛

66. 反授權多發生在部屬請求幫助時，老闆說：讓我想一想……我隨後會再跟你談談……或給你答案。
　　　　　　　——麥可・艾伯拉蕭夫（Michael Abrashoff）艦長，《這是你的船》

67. 賦權如果缺少了方向，就會成了無政府式的混亂。
　　　　　　　——哈默爾（Gary Hamel）與普哈拉（C. K. Prahala）

68. 當你給別人權力與權柄去做決策時，同時也提供了一個有關價值觀的架構（framework），那麼，他們就會成為你在建立動量（momentum）上的好夥伴。沒有賦權，就沒有了真正的承諾，這時動量就會死了。
　　　　　　　——蘇珊・貝慈（Suzanne Bates），《人人都要學的熱血激勵術》

69. 當代企業中，新工程師的口令是：熱誠奉獻、賦權、聚焦、創業家精神、個人當責與客戶聚焦。
　　　　　　　——哈默爾

70. 設立邊界可以把能量導入一個確定的方向——就如一條河流，如果沒了兩邊河岸，那麼它就失去了它的動力與方向。

——肯‧布蘭查（Ken Blanchard）

71. 「計畫經理 CEO 化」的經營模式是：每一位 PM 必須藉著更大的當責與賦權，為宛如是經營他自己「創業公司」的計畫，承擔起宛如 CEO 般的角色，並運用高階領導人所用的工具來管理計畫。

——約翰‧揚（John Young Jr.），美國國防部次長，主管併購、科技與供應鏈

72. 賦權你的員工，終將會賦權整個公司。

——巴默（Steve Ballmer），微軟公司前 CEO

73. 賦權不是給予人們權力；人們已經擁有足夠的權力，是富藏在他們的知識與激勵裡，這些權力已足以讓他們壯麗地完成工作。

——肯‧布蘭查

74. 賦權，除非始自頂層，否則將一事無成。

——肯‧布蘭查

75. 不論是賦權中的經理人或可賦權的員工們，他們都需要足夠的時間去習慣這個概念；就如同曾經被綁架過的人們，他們都需要很長的時間才能重新調整，再回到自由世界。

——南西‧佛伊（Nancy Foy）

76. 賦權是一種會傳染的技能，當你用了它後，會傳染給其他人也用它。

——丹尼斯‧傑夫，《重燃承諾》

77. 管理就是共振，企業領導人要扮演共振源的角色。

—— 宣明智，聯華電子榮譽副董事長，《管理的樂章》

78. 領導人要自我管理，理清全身經脈，拔掉釘子、打通任督；也要幫助員工，拔掉經脈上的釘子，提升發展。

——杜書伍，聯強總裁

79. 放手（letting go）需要經理人率先去改變，不是工作者先改變；經理人必須學習如何在他們的組織內，全然地植基於邏輯（logic）

與信心（faith）而放手與培養信任。

——柏姆斯（Paul Palmes）

80. 一個組織如果希望賦權員工，必須要有更強的領導力與當責，也要由高層領導開始，然後，經過所有中間層，直到第一線主管們。

——蘇步拉曼尼教授（M. Subramanian），印度技術與管理學院

81. 如果，你總是告知而沒有提問，那麼，你不會有當責的員工，讓員工解決他們自己的問題，對於塑造當責是極其重要的。

——加利・科漢（Gary B. Cohen），《提問式領導學》

82. 教練（coaching）模式，是在你的員工中建立當責的一個強力途徑。

——麥可・西斯（Michael Heath），國際企業顧問

83. 在一個賦權組織裡，創新與不斷改進將成為一種生活方式。

——強生（Ron Johnson）與雷奇蒙（David Richmond），《賦權的藝術》

84. 管理者必須學習，如何在無權下令的狀況下管理事物；既不受他人控制，也無法控制他人。過去一百年來的傳統組織裡，其架構與內部結構仍是階級與權力的結合。在新興企業組織裡，必然是以相互體諒與相互負責為其架構。

——彼得・杜拉克，《後資本主義社會》

85. 當一個團隊自己做成了決定，也得到了你的支持後，這個團隊才算是真正得到賦權。

——保羅・哈曼（Paul Hartmann），全錄公司董事

86. 賦權送給了團隊一個清晰的信息：要鼓勵團隊成員獨立思考，冒些風險；還有，尋求有創意與「箱子外」的解題方案。

——瑪麗・希凡（Mary Sylvain），巴德公司團隊領導人

87. 一個偉大團隊最獨特的特質是：以「當責」這個觀念聚焦的一種心態變革——是一種很難啟動的心態變革。

——古特曼（H. M. Guttman）

88. Empowerment（賦權）= Direction（方向）× Support（支援）× Autonomy（自主）× Accountability（當責）。如果，其中有任何一項為 0 時，賦權 = 0。

　　　　　　　　　　　　——史密斯（Smith）與德斯莫（Tesmer）

89. 賦權員工，是指給予員工所需要的工具與權柄，去做偉大的工作。當你讓你的員工去做他們的工作時，你就釋放了他們的創意與承諾。

　　　　　　　　　　——鮑勃·尼爾森（Bob Nelson），《管理聖經》

90. 在我的經驗裡，最有創意的工作從來就不是在一個人不快樂時完成的。

　　　　　　　　　　　　　　——愛因斯坦（Albert Einstein）

91. 所有真正的承諾，都是自動自發的承諾。

　　　　　　　　　　——比爾·戈爾（Bill Gore），戈爾公司創辦人

92. 「當我願意去做時」，我會比「當我必須去做時」做得更好。

　　　　　　　　　　——約翰·威摩（John Whitmore），績效教練

93. 賦權我們的工作成員，去做資訊充分的決策，去創新，去回應我們客戶的要求。

　　　　　　——亞伯托，朱比塔（Alberto Zubieta），巴拿馬運河管理局長

94. 沒有清晰的負責與當責，執行計畫將會一事無成；了解如何達成這個清晰度，是執行成功的中心重點。

　　　　——赫比尼克（Lawrence Hrebinik），賓州大學華頓管理學院教授

95. 膚淺的人，仰賴幸運；強壯的人，相信因果。

　　　　　　　　　　　　　　——愛默生（Ralph Emerson）

96. 高階經理人虧欠組織與員工的是：在重要工作上，容忍了缺乏績效的人。

　　　　　　　　　　　　　　　　　　——彼得·杜拉克

97. 要打動人心，你必須上火線，把罩門打開。

——王文華，《史丹佛的銀色子彈》

98. 領導力無法被授予，無法被任命，無法被指派；領導力唯有來自影響力。

——約翰・麥斯威爾，美國領導學大師

99. 你不能光坐在自己的「穀倉」（silo）裡，期望大功告成。

——哈特雷（Paul Hartley），全錄公司前副總裁

100. 四方來會是個開始，聚結一起是個進步，工作在一起就是成功。

——亨利・福特

101. 如果你不能描述，你就不能計量；如果你不能計量，你就不能管理。

—— 柯普蘭（Robert Kaplan），哈佛教授，平衡計分卡創立人

102. 沒有任何一個人，能成為一位偉大的領導者——如果他想自己包辦所有的事，佔有所有的功勞。

——卡耐基（Andrew Carnegie），美國鋼鐵大王

參考書籍及延伸閱讀

1. 張文隆著，《當責（全新增訂版）》，商周出版，2021 年
2. 張文隆著，《賦能》，商周出版，2014 年
3. 張文隆著，《價值觀領導力》，商周出版，2019 年
4. 張文隆著，《賦權》修訂版，久石文化，2020 年
5. 許倬雲著，《現代文明的批判》，天下文化，2014 年
6. 陳竹亭著，《丈量人類世》，商周出版，2022 年
7. Antonio Damasio 著，李明芝譯，《感與知》，商周出版，2021 年
8. Francis Fukuyama 著，李宛蓉譯，《信任：社會德性與經濟繁榮》，立緒，2014 年
9. Ian Morris 著，李函譯，《人類憑什麼：覓食者、農民、與化石燃料——人類價值觀演進史》，堡壘文化，2021 年
10. Marc Benioff、Monica Langley 著，周宜芳譯，《開拓者》，天下文化，2020 年
11. Scott Barry Kaufman 著，張馨方譯，《巔峰心態》，馬可孛羅，2021 年
12. Stephen Hall 著，許瑞宋譯，《智慧之源：從哲學到神經科學的探索》，時報，2022 年
13. D.K. Smith, *On Value and Values*, iUniverse, 2011
14. Dr. Mandeep Rai, *The Values Compass*, Simon & Schuster, 2020
15. F. Trompenaars, *Riding The Waves of Culture*, 4th ed. nb, 2020
16. Ian Morris, *Foragers, Farmers, and Fossil Fuels: How Human Values*

Evolve, Infortress, 2015

17. Jim Clifton & Jim Harter, *Culture Shock,* Gallup, 2023
18. Marc Benioff, *Trailblazer,* Currency, 2019
19. Mark Carney, *Value(s),* William Collins,2021
20. M. O'Leary & W. Valdmanis, *Accountable, The Rise of Citizen Capitalism,* Happer, 2020
21. P. House, *Nineteen Ways of Looking at Consciousness,* 2022
22. Robert Chesnut, *Intentional Integrity: How Smart Companies Can Lead an Ethical Revolution,* St.Martin' 2020
23. Stephen M.R. Covey, *TRUST & INSPIRE,* Simon & Schuster Inc., 2022

作者介紹

張文隆（Wayne W. L. Chang）

當責顧問公司總經理

張文隆是「當責式管理」的先驅者與發揚者，他悉心研究並推廣其應用已 30 餘年，應用於高科技、一般製造、服務、金融保險、建築營造、醫療、研究機構、大學中學、政府機構……等等。在美、台、日、星、中、越、馬、印等國已開辦過 1,000 餘場研討會，參與者多從最高階團隊開始，然後再向下推動，常造成震撼式迴響與隨後的熱情推動，客戶營業規模從數千億營收者至幾千萬的乃至新創者都有。

張文隆畢業於臺灣中央大學（學士）及美國密蘇里大學（碩士）。曾任職中油、工研院、美國德州 Thermon，後來加入杜邦任事業部總經理。曾在許多國家從事工廠值班、工程設計、

研究發展、專案管理、行銷管理、策略顧問等工作,近年來也從事高管的教練工作(Executive Coach)。

　　張文隆著有《當責》、《賦權》、《賦能》、《價值觀領導力》四書,傾力於釐清企業管理中有關角色、責任、權力、能力、價值觀與文化等的管理與領導議題,全心推動「分層當責,充分賦權,有效賦能,全心敬業」的管理模式。四書中曾獲獎如經濟部金書獎、政大十大科技管理好書、國家文官學院年度 12 選書、金融研訓院年度 12 選書等。在海峽兩岸很受歡迎,成為許多大小企業團購研讀應用的選書。

　　張文隆因推動「當責式管理」有成,曾獲頒「100 MVP 經理人獎」,與「國家智榮獎」表彰在智慧傳承上的貢獻。

徐紀恩(Shirley Hsu）

當責顧問公司專案經理
　　徐紀恩在數個國家中推動過數百場當責研討會,撰寫過數百篇課後總報告與行動建議書,屢獲客戶高度讚許為國際水準。輔導客戶建立當責文化的各項活動,許多經驗與精彩故事,都呈現在本書中。

國家圖書館出版品預行編目 (CIP) 資料

當責學應用圖解 / 張文隆、徐紀恩著 . -- 初版 . -- 臺北市
: 商周出版 : 英屬蓋曼群島商家庭傳媒股份有限公司城邦
分公司發行 , 民 112.8 面 ；　公分 -- （新商業周刊叢書 ；
BW0829)

ISBN 978-626-318-782-5(平裝)

1.CST: 領導 2.CST: 組織管理 3.CST: 組織文化

494.2   112011149

新商業周刊叢書 BW0829

當責學應用圖解

作　　　　者／張文隆、徐紀恩
責 任 編 輯／陳冠豪
版　　　　權／吳亭儀、林易萱、江欣瑜、顏慧儀
行 銷 業 務／周佑潔、林秀津、賴正祐

總 　 編 　 輯／陳美靜
總 　 經 　 理／彭之琬
事業群總經理／黃淑貞
發 　 行 　 人／何飛鵬
法 律 顧 問／台英國際商務法律事務所
出　　　　版／商周出版
　　　　　　　台北市中山區民生東路二段 141 號 9 樓
　　　　　　　電話：(02)2500-7008　傳真：(02)2500-7759
　　　　　　　E-mail：bwp.service@cite.com.tw
　　　　　　　Blog：http://bwp25007008.pixnet.net/blog
發 　 　 　 行／英屬蓋曼群島商家庭傳媒股份有限公司城邦分公司
　　　　　　　台北市中山區民生東路二段 141 號 2 樓
　　　　　　　書虫客服服務專線：(02)2500-7718・(02)2500-7719
　　　　　　　24 小時傳真服務：(02)2500-1990・(02)2500-1991
　　　　　　　服務時間：週一至週五 09:30-12:00・13:30-17:00
　　　　　　　郵撥帳號：19863813　戶名：書虫股份有限公司
　　　　　　　讀者服務信箱：service@readingclub.com.tw
　　　　　　　歡迎光臨城邦讀書花園　網址：www.cite.com.tw
香 港 發 行 所／城邦（香港）出版集團有限公司
　　　　　　　香港灣仔駱克道 193 號東超商業中心 1 樓
　　　　　　　電話：(825)2508-6231　傳真：(852)2578-9337
　　　　　　　E-mail：hkcite@biznetvigator.com
馬 新 發 行 所／城邦（馬新）出版集團【Cite (M) Sdn. Bhd.】
　　　　　　　41, Jalan Radin Anum, Bandar Baru Sri Petaling,
　　　　　　　57000 Kuala Lumpur, Malaysia.
　　　　　　　電話：(603)9056-3833　傳真：(603)9057-6622
　　　　　　　E-mail: service@cite.my

封 面 設 計／兒日設計　　　　　圖片繪製、內文排版／李偉涵
印　　　　刷／韋懋實業有限公司
經 　 銷 　 商／聯合發行股份有限公司　電話：(02)2917-8022　傳真：(02) 2911-0053
　　　　　　　地址：新北市新店區寶橋路 235 巷 6 弄 6 號 2 樓

■ 2023 年（民 112 年）8 月初版

定價／ 600 元（紙本）　420 元（EPUB）
ISBN：978-626-318-782-5（紙本）
ISBN：978-626-318-792-4（EPUB）

Printed in Taiwan
城邦讀書花園
www.cite.com.tw